肉牛繁育实操手册 (第四版)

加拿大阿尔伯塔省农林业和农村经济发展部　主编

孙忠军　赵善江　主译

郑庆丰　信维力　冯　番　副主译

中国农业出版社
农村读物出版社
北　京

图书在版编目（CIP）数据

肉牛繁育实操手册：第四版／加拿大阿尔伯塔省农林业和农村经济发展部主编；孙忠军，赵善江主译．—北京：中国农业出版社，2022.9（2022.11重印）

ISBN 978-7-109-28696-2

Ⅰ．①肉… Ⅱ．①加… ②孙… ③赵… Ⅲ．①肉牛—繁育—指南 Ⅳ．①S823.93-62

中国版本图书馆 CIP 数据核字（2021）第 162986 号

加拿大"阿尔伯塔省"官方译名目前为"艾伯塔省"，原书出版时为"阿尔伯塔省"，为了忠实原文维持原意，本书未做更改。

肉牛繁育实操手册（第四版）

ROUNIU FANYU SHICAO SHOUCE DI-SI BAN

中国农业出版社出版

地址：北京市朝阳区麦子店街 18 号楼

邮编：100125

责任编辑：姚 佳 文字编辑：陈睿赜

版式设计：杜 然 责任校对：刘丽香 责任印制：王 宏

印刷：北京通州皇家印刷厂

版次：2022 年 9 月第 1 版

印次：2022 年 11 月北京第 2 次印刷

发行：新华书店北京发行所

开本：700mm×1000mm 1/16

印张：18.25

字数：330 千字

定价：300.00 元

《肉牛繁育实操手册（第四版）》

编译出版委员会

主　　任：豆　明

副 主 任：朱化彬　信维力　左　正　冀　伟

委　　员：赵善江　韩　博　高　健　原　萍
　　　　　王　贺　蒋丽娜　尹杰夫　陈联奇

翻译委员会

主　　译：孙忠军　赵善江

副 主 译：郑庆丰　信维力　冯　番

委　　员：韩　博　高　健　柴雪伦

审　　校：朱化彬

工作人员：刘　艳　曹　婷　刘日强　赵恒鑫

序 言

　　肉牛产业是我国畜牧业的重要组成部分，对满足我国城乡居民生活需求和乡村振兴具有重要作用。中国已经成为全球牛肉第二大生产国，同时中国也成为全球牛肉第一大进口国，说明中国国内牛肉需求缺口巨大，中国肉牛产业发展面临巨大挑战。近年来，随着各地政府不断加大对肉牛产业政策支持的力度，以及社会资本向肉牛产业聚集，我国肉牛产业呈现蓬勃发展之趋势。

　　肉牛产业的基础是能繁母牛及其繁殖效率，然而，随着我国农业现代化的快速发展，繁殖母牛存栏量，特别是传统的农区肉牛养殖优势区域养殖的繁殖母牛数量，呈现下降趋势。同时，肉牛养殖模式也发生了深刻变化，传统的一家一户饲养几头繁殖母牛的养殖模式正在被规模化养殖场（企业）所取代，而且存栏几千头，甚至万头的大规模繁殖母牛养殖场层出不穷。所有这些肉牛养殖新变化对母牛养殖场的基础设施、饲料营养和饲养管理、犊牛的饲养管理以及环境控制的等提出了更高的新要求。

　　孙忠军、赵善江等编译的《肉牛繁育实操手册》一书详细介绍了加拿大肉牛养殖技术。虽然加拿大肉牛养殖模式、饲料资源、环境气候和技术水平等可能与目前我国肉牛养殖业存在很大的不同，然而俗话说"他山之石可以攻玉"，这本译著对我国肉牛养殖牧场（企业），特别是对规模肉牛能繁母牛养殖场具有重要参考价值。

　　十分有幸提前阅读了《肉牛繁育实操手册》译稿，受益匪浅。本译著在尊重原著语言和图例的基础上，既力求专业术语翻译准确、贴切，又力求翻译语言通俗易懂，是肉牛养殖场广大技术人员十分实用的参考资料。

　　遵译者之邀，作此序言，聊表敬意。

朱化彬

2022 年 6 月 20 日

译者序

改革开放四十多年来，中国人民的生活变好了！老百姓对牛肉的需求在快速增加，中国肉牛养殖业需要提高自己的饲养和管理水平来满足这样的变化。

加拿大的肉牛养殖水平处在一个比较高的水平，而作为其核心养殖区的阿尔伯塔省，更是其典型代表。由阿尔伯塔省农林业和农村经济发展部组织编写的《肉牛繁育实操手册》一书已经出版发行了将近五十年（目前为第四版），为当地的肉牛养殖户提供了巨大帮助。我们相信"他山之石可以攻玉"，现将该书的中文版呈现给大家，希望能为中国肉牛养殖业提供帮助。

该书从牛群管理、遗传改良、犊牛管理、营养饲喂、健康管理、虫害控制、牛场设施等七个方面对肉牛场的日常管理和具体操作提供了很好的建议。具体的管理指标，可以用来横向比较（场间分析），也可以寻找与先进地区或国家的差距，发现问题，解决问题，不断提高自己的管理和饲养水平。

本书的翻译得到了北京布瑞丁畜牧科技有限公司信维力先生的鼎力支持，尤其是在疫情肆虐的困难情况下帮助我完成了翻译工作；在图书出版过程中安格斯杂志社豆明先生提供了巨大的帮助，在此对两位表示我衷心的感谢。

在联系原版书版权方的过程中，得到加拿大驻中国大使馆原萍女士和加拿大阿尔伯塔省农林业和农村经济发展部 Rachel Luo 女士的大力帮助，在此也表示感谢。

中国农业科学院北京畜牧兽医研究所的朱华彬老师在百忙中给本书第二章（牛群管理）、第三章（遗传改良的方法）、第八章（牛场控制动物的设施）审稿，提出了宝贵的修改意见；中国农业大学的韩博教授和高健副教授在本书第六章（动物健康管理）和第七章（牛虫害及其控制）的校对过程中付出了很多的时间和精力，在此也一并表示感谢。

正如原版权方加拿大阿尔伯塔省农林业和农村经济发展部在《版权和免责声明》中所言，本书内容仅供您参考。在翻译过程中，我们力求做到准确，但由于能力有限，错误在所难免，在此既希望得到您的批评指正，也对此表示深深的歉意。

孙忠军

2022 年 7 月 10 日

目 录 CONTENTS

Chapter 第一章
阿尔伯塔省肉牛产业的经济状况

肉牛繁育场是典型的盈利空间不大、投资回报率较低的行业。养殖户需要积极地管理各自牛场，注重经济状况及生产效率，才能做到长期的盈利。

本章将讨论阿尔伯塔省的肉牛行业，以及其在加拿大肉牛业的重要性和未来增长的潜力。此外，还将讨论肉牛价格和供应的周期变化、出口市场的重要性和肉牛繁育场的经济状况，并探讨影响短期和长期盈利能力的关键因素，为养殖户提供了一个分析表格，供养殖户分析和理解牛场的经济状况。

一、肉牛行业的性质

肉牛繁育场和肉牛肥育企业是阿尔伯塔省农业产业的重要组成。对阿尔伯塔省农业现金收入的估计（图 1-1）说明了肉牛行业在其农业产业中的重要性。肉牛产业所产生的收入从 1993 年的 210 亿加元增加到了 2002 年的 390 亿加元，占到 2002 年阿尔伯塔省农业现金收入的一半左右。然而在 2004 年，肉牛产业所产生的收入仅仅是阿尔伯塔省农业现金收入的 1/3 左右（图 1-2）。

阿尔伯塔省农场现金收入受到 2001 年和 2002 年连续两年干旱的影响。其中养牛场的收入又受到 2003 年牛海绵状脑病（BSE，又称疯牛病）的影响。但相对于过去六年中的低点 2003 年，2004 年的养牛收入有了一定的恢复。2004 年阿尔伯塔省养牛场的直接收入（项目付款）达到新的历史高点 14 亿加元，较 2003 年增加了 7 130 万加元（5.2%）。

肉牛繁育场在阿尔伯塔省都有分布，但各牛场的性质和用于饲养牛群的饲料原料因地区不同而有很大差异。

阿尔伯塔省的肉牛肥育在过去 20 多年发生了很大的变化。将肉牛架子牛肥育到屠宰体重的大型专业肥育场的数量明显增加。

肉牛繁育场和肥育企业之间还有一个板块在快速增长。对养殖户来说这代表着一个明显的发展机会。该板块就是断乳后架子牛的饲养，一般通过草场放牧或使用高粗日粮饲喂以达到肥育场的入门体重。架子牛饲养对秋天进入市场的断乳犊牛的分散供应方面有关键作用。断乳犊牛（204～272 千克）可能直接进入肥育场；或者进入架子牛饲养场，在那里将被饲养到 408 千克左右，然后再被卖往肥育场；或在春天放在草场放牧，在 8 月下旬或 9 月再卖往肥育场。

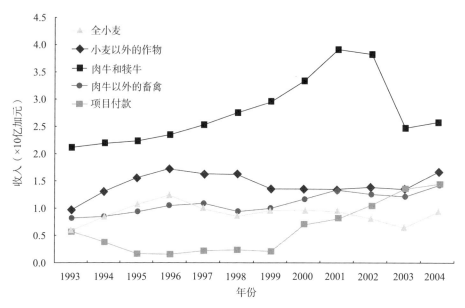

图 1-1　1993—2004 年阿尔伯塔省农场现金收入的变化

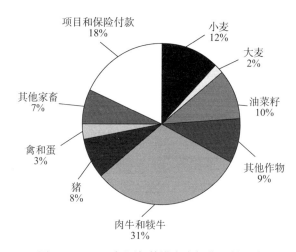

图 1-2　2004 年阿尔伯塔省农场收入的组成

　　历史上肉牛养殖都能为农场经营带来合理的盈利机会。在农场经营中融入肉牛养殖，可以让农场更有效地利用所有资源，并使农场经营多元化。肉牛繁育和架子牛饲养更多的是利用粗饲料。由于阿尔伯塔省很多土地不太适合种植粮食和油料作物，很多农民就可以利用其来生产粗饲料或进行放牧，从而增加了土地资源的利用机会。

　　由于农场经营多元化而增加肉牛养殖量，可以在其他产品收入较低的时期为养殖户提供更多的灵活性。对于那些拥有良好土地资源和具有专业管理知识的养殖户而言，就可以实施有效的风险管理。

二、阿尔伯塔省在加拿大肉牛产业中的地位

2005年1月1日，加拿大肉牛养殖场大概有590万头成母牛和怀孕后备牛（图1-3），其中235万头（39.8%）在阿尔伯塔省，171万头（29.0%）在萨斯喀彻温省，这两个省的繁育牛群占到了加拿大全国的2/3，形成了加拿大肉牛养殖的中心地带。

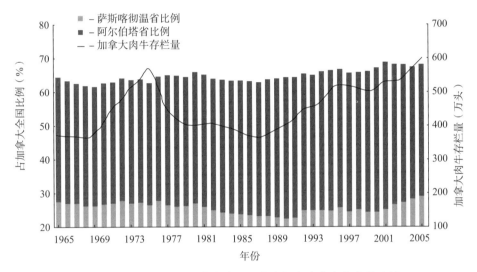

图1-3　阿尔伯塔省和萨斯喀彻温省在加拿大肉牛业中的比例

从曼尼托巴省到不列颠哥伦比亚省，通过肉牛养殖业的扩张和屠宰能力的提高，进一步加强了加拿大西部省份在肉牛产业中的地位（图1-4），从1980年到2000年，阿尔伯塔省去势牛和年轻母牛的屠宰量从占加拿大总量的44%上升到了76%。这个时期，阿尔伯塔省的肉牛屠宰量几乎增加了一倍。由于2003年受疯牛病的影响，屠宰量有所下降；在宣布发生疯牛病之后，屠宰场完全停止了肉牛的屠宰。

三、未来的增长潜力

全球牛肉市场的规模主要受人口、可支配收入、消费者的喜好（特定产品的特点）和牛肉相对于可替代产品如猪肉或禽肉的价格所驱动。尽管人口被认为是牛肉消费增长的主要驱动力，有关国内和国际的其他因素也对牛肉消费的数量和市场销售的价格具有明显的影响。

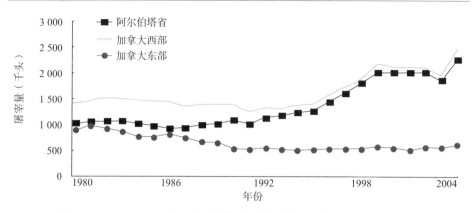

图 1-4　1980—2004 年加拿大联邦检验的去势牛和年轻母牛的屠宰量

随着世界人口的收入水平增加，牛肉的消费量也在增加。消费者的喜好更加局限于食品的便捷性、稳定性和健康性。针对特定市场精加工的牛肉产品为牛肉产品的增值提供了巨大的机会。

未来行业的增长很大程度上取决于繁育牛群和饲养能力的增长速度，以及该行业为消费者提供满意产品的能力。肉牛行业的盈利能力，在成本和盈利方面都将推动该行业的发展。

肉牛生产扩大的主要途径：繁育牛群的扩大；从美国和其他省份进口更多的架子牛；提高生产效率。

改善总体生产效率和净生产效率的措施，有时候因成本太大而难以实现，而效果又需要一段时间才能体现出来。养殖户需要评估投入回报，才能决定是否采取这些措施。

肉牛养殖的扩大与土地密切相关。加拿大肉牛养殖业将很快到达这个时间点，那时肉牛数量的增加，特别是更加依赖粗饲料生产的繁育牛群和架子牛饲养，将取决于该行业与其他农业生产的竞争力。基于土地供应限制的管理措施有：改善现存牧场和放牧草场的管理水平；通过利用作物剩茬、冬季放牧时补充储存的饲料和条列式放牧等方法延长放牧季节；改善粗饲料处理、收获和饲喂方法；利用不能产生经济效益的一年生庄稼地并将其转化为粗饲料生产；将现存农场的边角地用于粗饲料生产。

肉牛业的增长取决于养殖场、屠宰场、加工厂和零售商之间的合作，因为他们在农场到餐桌的各个环节中都有重要作用。将消费者的诉求准确地反馈给养殖户，也为该行业创造价值和改善盈利增加了机会。

四、肉牛养殖的周期

北美牛肉生产符合一个大约 10 年的价格供应或库存周期（图 1-5）。这个周期是牛群数量对应经济的长期波动变化所形成的。具体就牛的供应周期而言，一般是由7年的扩张期和3年的收缩期所组成。

盈利机会（较高的价格）和产量反应（牛群扩张）之间的滞后时间延续了牛的供应周期。当肉牛供应量最小时，牛的价格趋于上涨。养殖户看到较高的肉牛价格，他们的反应就是扩大自己的养殖量、减少淘汰率、留养更多的后备牛用于繁育，这是扩大牛群的常用方法。这些行为又进一步减少了肉牛的供应，推高了牛的价格。由于肉牛养殖的周期，从牛群开始扩张到更多的产品上市，持续2～3年。最终，由于市场的上涨动能，供应量进一步增加，牛的数量和产量就继续增加。

同时，消费者面对较高的牛肉价格，他们的本能反应就是减少消费或选择可替代的肉品。由于繁育牛群的扩张所导致的价格上涨，对牛肉价格形成更大的压力。牛肉需求受到伤害，而肉牛存栏量继续在增加。从需求方面看，就蓄积了市场下行的力量。

这种情况下，养殖户基于两三年前的价格做出的扩大养殖规模的决定，转变为市场上更多的牛肉供应。产量上升的动能，加上消费者需求的下降，快速推动牛肉价格下跌，牛场的盈利减少。养殖户对盈利减少的反应就是通过淘汰减少牛群规模。这又使得更多的产品进入市场，牛肉价格就进一步下跌，因此行业的盈利能力就消失殆尽。

周期的最后一个环节，对牛肉价格下跌的反应是消费者开始购买更多的牛肉。当产量下行的力量出现时，创造了需求增加的力量，这个周期就周而复始地发生了。

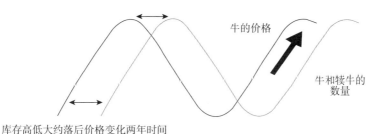

图1-5　牛肉价格供应周期变化

预测价格的高低变化和什么时候出现反转没有任何的可靠性。肉牛养殖户面临的挑战就是根据价格变化相应地调整牛群规模。牛群的扩张与收缩和肉牛行业的周期变化相协调，将会对牛场的盈利能力产生深刻影响。现代通信系统和对全球肉牛供应的监测可以对牛场的决策提供一些必要的信息。但是，很多因素都影响肉牛日常和长期的价格供应关系。

对于广大肉牛养殖户的挑战就是在合适的时间做出合适的决定，做到持续的供需平衡。需要监测的两个重要指标是屠宰牛的数量和屠宰牛中去势牛和年轻母牛的比例。这类信息可以从阿尔伯塔省农林业和农村经济发展部以及加拿大养牛人协会获取。

五、牛肉市场的全球化

从很大程度上看，加拿大和美国养牛业在北美市场内合理地无缝合作，服务着北美大陆的牛肉需求和出口市场。尽管美加边界也有一些规定和贸易限制，但在正常情况下两个国家的活牛和牛肉运输相对比较自由。

出口市场，包括美国市场和其他国际市场，都深受疯牛病的影响。这也说明了牛肉市场的全球化将会如何发展。

对加拿大和阿尔伯塔省来说，肉牛场都是出口导向型企业。当市场对加拿大的牛肉产品失去信心，不管有无合理的理由，出口贸易就会被停止。出口限制一般都是源于对食品安全性较低的认知，或由是否具有向另一个国家传播疾病的风险来决定。这两个方面的限制都会影响已经存在的贸易和潜在的市场机会，而贸易的恢复又需要很多年。

六、将来阿尔伯塔省的肉牛生产

很多因素都会影响肉牛生产的长期目标和消费信心所带动的牛肉需求。下面一些因素将影响该行业的未来发展：

• 大型养殖场继续降低生产的单位成本。

• 北美肉牛行业针对消费者喜好研发满足特定需求的新产品。

• 公开市场对肉牛生产的投资、企业管理的研究、养殖技术的进步和推广，都能和全球范围的同行保持竞争。

• 粮食和油菜籽板块的长期盈利能力，使得土地利用的竞争加剧。

• 不管国内还是国际市场，对贸易和管理问题的解决，都能为该行业的可持续性发展和盈利扫清路障。

• 肉牛行业向消费者和一般大众传递信息的能力。阿尔伯塔的养殖户和加工厂对土地和家畜都很负责，对待家畜也很人道，并且在努力地生产健康和安全的食品。

加拿大，特别是阿尔伯塔省，在一段时间内将继续在全球牛肉市场中扮演重要角色。但是，在这个复杂的行业中，盈利不是那么简单。

七、肉牛繁育场的经济状况

肉牛繁育场是典型的盈利空间不大、投资回报率较低的行业。通过对生产和经济状况的积极管理，养殖户能够实现长期的盈利。一般当企业管理者检查盈利潜力时，检查的第一个地方就是销售产品所能获得的价格（图 1-6）。但是，从长期策略性的观点以及肉牛繁育场的性质来看，把价格当作盈利的主要驱动力可能会有误导，最终出现很差的净收入。经济研究显示养殖户维持断乳犊牛单位体重的低成本，经营会更加稳定，并具有更加可靠的盈利能力（图 1-7）。

图 1-6　阿尔伯塔省中部架子牛的价格（第四季度）

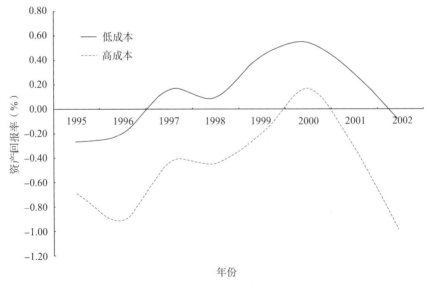

图 1-7　低成本和高成本繁育场的盈利能力

① 磅为非法定计量单位，1 磅约合 4.54 千克。

维持较低的成本并不意味着花费最少。管理肉牛繁育场就是通过管理以保持收入与支出之间的平衡。较高的生产效率（如较大的每头断乳犊牛平均体重）就会转变为较高的营收。但是，从成本方面看，在某一点投入生产的成本将会超过所能带来的营收。因此，使用断乳犊牛较低的单位成本来监测和管理牛场的经济表现就非常重要。生产投入和企业投资的水平由其所能带来的盈利所决定。常见的一种解释就是，成本增加到一定水平，投入所能带来的营收就成了负值。尽管这似乎很简单，但在这个原则下为了实现目标而进行积极管理才是肉牛繁育场的成功之道。

八、管理领域的关键

肉牛繁育场的成功都在于细节。生产管理的增量变化、投入利用或投资等很少能带来盈利能力的大幅改变。但是，系统性地管理生产效率和成本支出将会成为企业盈利的稳定改善因素。

这并不意味着你就得亲力亲为管理养殖场的方方面面。许多地方不需要你持续的关注，但是企业的规划、预算、监督和控制，却是你必须参与的，日常管理中必须下大力气实现经营计划中设定的目标。

肉牛繁育场主要影响盈利的 3 个方面：一是生产效率最优化（不是最大化），以每头断乳犊牛体重来衡量；二是控制饲料成本；三是控制固定成本或间接费用。在这些因素中，有些决定可能影响短期表现，比如 1 年的生产周期；而有些决定可能导致很多年的盈利或经营负担。

短期管理主要是以饲料成本（冬季饲喂和放牧期间）为主的成本控制。需要考虑的因素包括：提供性价比高的日粮以满足所需要的生产水平，常常需要关注牛群内的不同群体；管理放牧资源，以性价比合理的方式满足牛群的繁殖和泌乳需要；管理与牛群饲料生产有关的经营成本（燃油和人力）。

在管理这些成本因素之外，对生产效率（每头的断乳犊牛平均体重）的持续关注也能降低单位断乳体重的成本。

长期的管理结构也对盈利能力有显著影响，如人力和开销。人力是牛场经营方面一个很有价值的投入，特别在维持生产效率水平方面。如果牛场转变为饲养平均体型更大的母牛，饲喂和产犊管理方面就需要更多的人力。人力需求的变化比较慢，增加的成本也不那么明显。但间接费用如饲喂和饲料处理设备的投资，可能就是个双刃剑。尽管设备增加了投喂饲料的效率，但也产生了长期的折旧成本。

九、生产能力和经济效益的衡量

肉牛繁育场衡量生产和经济表现的能力对于其长期盈利非常关键。精明的养殖户都会维持一套合理的生产和财务账目，作为制订管理计划的参考。如果了解生产效率、经济和财务信息，养殖户就能轻松勾画出盈利路线。他们是在控制自己的企业，而不是让企业控制他们。图 1-8 显示：有关生产和经济的信息养殖户掌握得越多，就越有用。养殖户了解越多有关牛群的信息和管理技术，就能更好地降低生产的单位成本，即每千克断乳犊牛体重的成本。

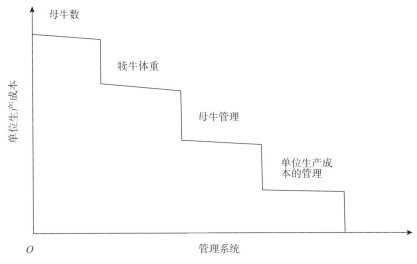

图 1-8 管理系统及有关的生产成本示意

企业分析，包括对物质和经济表现信息的分析，对养殖户来说也很重要。一是可以制订未来生产的年度预算和目标；二是可以作为成本和生产信息的参考来进行部分预算和生产经营改变的评估；三是可以作为监测年度进展的工具。

表 1-1、表 1-2 和表 1-3 数据来自阿尔伯塔省农业和食品部农业生产经济研究项目，养殖户可以作为参考。其中的低成本平均值来自 2000—2002 年该地区单位断乳犊牛体重成本较低的养殖户，后面的空格可以用来分析自己的牛场。

低成本平均值还可以作为分析自己牛场的参考，也可以作为判断自己牛场经营状况的比较标准（基准值）。如果没有足够的记录或经验来估计自己的成本，可以参考这个值。

由于生产管理和成本结构等方面的差异，各牛场的单位生产成本差异很大。更多有关肉牛场经济指标的信息可以访问阿尔伯塔省农业和食品部的网站。

表 1-1　阿尔伯塔省南部肉牛繁育场总览：生产成本及经营表现的比较

比较项目	低成本牛群（加元）		你的牛场成本（加元）	
生产成本	每头母牛	每磅断奶重	每头母牛	每磅断奶重
A——生产价值				
1. 断奶犊牛	682.37	1.350		
2. 新生犊牛	0.00	0.000		
3. 淘汰母牛及空怀后备牛	123.98	0.245		
4. 公牛	17.53	0.035		
5. 怀孕母牛及怀孕后备牛	22.00	0.044		
6. 其他收入	0.39	0.001		
7. 政府项目	0.00	0.000		
8. 库存调整	89.43	0.177		
9. 减去：买牛成本	264.55	0.523		
合计 A=	671.15	1.327		
B——可变成本				
1. 冬季饲料	132.85	0.263		
2. 垫料	2.21	0.004		
3. 草场	220.53	0.436		
4. 兽医及药品	13.94	0.028		
5. 配种费用及公牛租赁	0.22	0.000		
6. 卡车和销售费用	18.04	0.036		
7. 燃油	11.37	0.022		
8. 维修：机器	5.49	0.011		
9. 维修：围栏和建筑	8.95	0.018		
10. 水电和各项支出	18.74	0.037		
11. 雇工工作及特殊人工	36.26	0.072		
12. 运营贷款利息支付	0.24	0.000		
13. 支付的人工及福利	13.46	0.027		
14. 未支付的人工	40.51	0.080		
合计 B=	522.81	1.034		

（续）

比较项目	低成本牛群（加元）		你的牛场成本（加元）	
生产成本	每头母牛	每磅断奶重	每头母牛	每磅断奶重
C——总的资产成本				
1. 共享/租赁牛付款	3.45	0.007		
2. 税、税费、保险	9.15	0.018		
3. 设备和建筑　　（a）折旧	25.40	0.050		
（b）租赁费用	3.57	0.007		
4. 支付的资产贷款利息	4.13	0.008		
合计 $C=$	45.70	0.090		
D——现金成本　　$D=B+C-B14-C3$（a）	502.61	0.994		
E——总的生产成本　　$E=B+C$	568.51	1.124		
F——毛利润　　$F=A-D$	168.55	0.333		
未支付人工的回报　　$A-D-B14$	143.15	0.253		
投资回报　　$A-E+C4$	106.77	0.211		
资产回报　　$A-E$	102.64	0.203		
总投资（加元）	1 650.17			

生产表现	
得犊率（%）	84.5
产犊率（%）：第一次和第二次发情	90.0
断奶犊牛体重/配种母牛（磅/头）	453.5
断奶犊牛体重/过冬母牛（磅/头）	505.6
断奶犊牛体重与母牛体重的百分比（%）	43.1
日增重（磅）	2.61
过冬母牛数（头）	237
人工（小时/母牛）	5.2
饲喂天数（天）	91.4
G——断奶体重（磅）	536.4
O——空怀率（%）	8.2
L——产犊季长度（天）	78.9
D——犊牛死亡损失（%）	3.6

表 1-2　阿尔伯塔省中部肉牛繁育场总览：生产成本及经营表现的比较

比较项目	低成本牛群（加元）		你的牛场成本（加元）	
生产成本	每头母牛	每磅断奶重	每头母牛	每磅断奶重
A——生产价值				
1. 断奶犊牛	736.39	1.316		
2. 新生犊牛	0.12	0.000		
3. 淘汰母牛及空怀后备牛	120.24	0.215		
4. 公牛	15.15	0.027		
5. 怀孕母牛及怀孕后备牛	24.49	0.044		
6. 其他收入	0.44	0.001		
7. 政府项目	0.00	0.000		
8. 库存调整	112.65	0.201		
9. 减去：买牛成本	286.50	0.512		
合计 A=	722.99	1.292		
B——可变成本				
1. 冬季饲料	260.77	0.466		
2. 垫料	20.83	0.037		
3. 草场	162.81	0.291		
4. 兽医及药品	21.53	0.038		
5. 配种费用及公牛租赁	0.90	0.002		
6. 卡车和销售费用	11.91	0.021		
7. 燃油	18.29	0.033		
8. 维修：机器	12.03	0.021		
9. 维修：围栏和建筑	4.60	0.008		
10. 水电和各项支出	19.09	0.034		
11. 雇工工作及特殊人工	4.12	0.007		
12. 运营贷款利息支付	3.70	0.007		
13. 支付的人工及福利	7.58	0.014		
14. 未支付的人工	54.72	0.098		
合计 B=	602.79	1.077		

（续）

比较项目	低成本牛群（加元）		你的牛场成本（加元）	
生产成本	每头母牛	每磅断奶重	每头母牛	每磅断奶重
C——总的资产成本				
1. 共享及租赁牛付款	0.90	0.003		
2. 税、税费、保险	6.83	0.012		
3. 设备和建筑　　（a）折旧	37.43	0.067		
（b）租赁费用	0.00	0.000		
4. 支付的资产贷款利息	7.00	0.013		
合计 *C*=	53.16	0.095		
D——现金成本　　*D*=*B*+*C*−*B*14−*C*3（a）	563.80	1.008		
E——总的生产成本　　*E*=*B*+*C*	655.94	1.172		
F——毛利润　　*F*=*A*−*D*	159.19	0.284		
未支付人工的回报　　*A*−*D*−*B*14	121.76	0.218		
投资回报　　*A*−*E*+*C*4	74.04	0.132		
资产回报　　*A*−*E*	67.04	0.120		
总投资（加元）	1 939.25			

生产表现	
得犊率（%）	89.0
产犊率（%）：第一次和第二次发情	84.7
断奶犊牛体重/配种母牛（磅/头）	520.2
断奶犊牛体重/过冬母牛（磅/头）	559.6
断奶犊牛体重与母牛体重的百分比（%）	46.0
日增重（磅）	2.72
过冬母牛数（头）	194
人工（小时/母牛）	6.4
饲喂天数（天）	187.7
G——断奶体重（磅）	584.2
O——空怀率（%）	7.2
L——产犊季长度（天）	101.5
D——犊牛死亡损失（%）	2.6

表 1 - 3　阿尔伯塔省北部肉牛繁育场总览：生产成本及经营表现的比较

比较项目	低成本牛群（加元）		你的牛场成本（加元）	
生产成本	每头母牛	每磅断奶重	每头母牛	每磅断奶重
A——生产价值				
1. 断奶犊牛	703.18	1.307		
2. 新生犊牛	0.47	0.000		
3. 淘汰母牛及空怀后备牛	109.66	0.204		
4. 公牛	17.39	0.032		
5. 怀孕母牛及怀孕后备牛	72.55	0.135		
6. 其他收入	1.44	0.003		
7. 政府项目	0.00	0.000		
8. 库存调整	29.40	0.055		
9. 减去：买牛成本	261.12	0.485		
合计 A=	672.97	1.251		
B——可变成本				
1. 冬季饲料	227.71	0.423		
2. 垫料	13.32	0.025		
3. 草场	144.92	0.269		
4. 兽医及药品	18.14	0.034		
5. 配种费用及公牛租赁	2.11	0.004		
6. 卡车和销售费用	11.69	0.022		
7. 燃油	11.25	0.021		
8. 维修：机器	11.88	0.022		
9. 维修：围栏和建筑	5.36	0.010		
10. 水电和各项支出	14.33	0.027		
11. 雇工工作及特殊人工	6.62	0.012		
12. 运营贷款利息支付	5.46	0.010		
13. 支付的人工及福利	13.76	0.026		
14. 未支付的人工	50.73	0.094		
合计 B=	537.29	0.999		

（续）

比较项目	低成本牛群（加元）		你的牛场成本（加元）	
生产成本	每头母牛	每磅断奶重	每头母牛	每磅断奶重
C——总的资产成本				
1. 共享/租赁牛付款	1.30	0.002		
2. 税、税费、保险	5.66	0.011		
3. 设备和建筑　　　（a）折旧	23.27	0.043		
（b）租赁费用	1.21	0.002		
4. 支付的资产贷款利息	13.49	0.025		
合计 C=	44.93	0.084		
D——现金成本　　D=B+C−B14−C3（a）	508.22	0.945		
E——总的生产成本　E=B+C	582.22	1.082		
F——毛利润　　　F=A−D	164.75	0.306		
未支付人工的回报　A−D−B14	141.48	0.263		
投资回报　　A−E+C4	104.24	0.194		
资产回报　　A−E	90.75	0.169		
总投资	1 650.90			

生产表现	
得犊率（%）	88.8
产犊率（%）：第一次和第二次发情	85.8
断奶犊牛体重/配种母牛（磅/头）	506.9
断奶犊牛体重/过冬母牛（磅/头）	538.0
断奶犊牛体重与母牛体重的百分比（%）	45.9
日增重（磅）	2.71
过冬母牛数（头）	245
人工（小时/母牛）	6.4
饲喂天数（天）	189.8
G——断奶体重（磅）	570.9
O——空怀率（%）	7.4
L——产犊季长度（天）	108.1
D——犊牛死亡损失（%）	3.0

本 章 小 结

阿尔伯塔省在加拿大肉牛养殖业中具有重要地位，肉牛养殖业也是阿尔伯塔农业产业的重要组成。2004 年，阿尔伯塔肉牛繁育场和肥育场的现金收入占到阿尔伯塔省农场现金收入的 1/3 左右。阿尔伯塔省肉牛业未来的发展很大程度上取决于繁育牛群的扩张速度和饲养能力，以及该行业为消费者提供理想产品的能力。

北美肉牛生产符合价格供应周期，一般包括 7 年的扩张期和 3 年的收缩期。盈利机会（较高的价格）和生产反应（牛群扩张）之间的滞后时间导致和延续了牛的供应周期。预测价格的高低变化和什么时候出现反转没有任何的可靠性。肉牛养殖户面临的挑战就是根据价格变化相应地调整牛群规模。

阿尔伯塔省的肉牛场属于出口导向型企业，出口市场包括美国和其他国际市场，受 BSE 的影响很大。

肉牛繁育场是典型的盈利空间不大、投资回报率较低的行业。通过对生产和经济状况的积极管理，养殖户能够实现长期的盈利。把价格当作盈利的主要驱动力可能会有误导，最终出现很差的净收入。养殖户维持断乳犊牛单位体重的低成本，经营会更加稳定，并具有更加可靠的盈利能力。驱动肉牛繁育场盈利能力的三个主要因素包括：生产效率的最优化（以每头母牛的平均断乳犊牛体重来衡量），控制饲料成本，控制固定成本。

肉牛繁育场衡量生产和经济表现的能力对于其长期盈利非常关键。精明的养殖户都维持一套合理的生产和财务记录，作为制订管理计划的参考。由于了解生产效率、经济和财务信息，养殖户就能轻松地勾画出盈利路线。

牛群管理

肉牛场最为重要的一个方面就是繁殖管理。有时候繁殖管理的重要性被极大地忽视了，本章将讨论提升牛群中成母牛、后备母牛和公牛繁殖表现的管理措施。

一、种用母牛的管理

当 1 头母牛生产了 1 头断乳时体重很大的犊牛，但如果其不能再次配种并妊娠，也是一个失败。没有恰当的繁殖管理，每 12 个月牛群中每头母牛都能生产 1 头健康并能存活下来的犊牛是不可能实现的。繁育牛群的营养不足、繁殖管理不当，都可能导致产犊率的下降。

（一）繁殖效率评估

繁殖效率可以通过几个方面来评估：

得犊率常被用来衡量繁殖效率。它是断乳犊牛的总数除以可繁育母牛总数计算而来，在阿尔伯塔省一个可以接受的标准（目标水平）是 85％。如果繁殖效率低于这个水平就说明牛群管理还有改善的空间。

每 50 千克可繁育母牛所获得的断乳犊牛体重是衡量繁殖效率一个更好的指标。一个基础的目标是每 50 千克可繁育母牛体重所获得的断乳犊牛体重在 20 千克左右。但如果只看断乳体重，一个群体的生产效率似乎很高，但考虑到可繁育母牛断乳的犊牛百分率或断乳体重与母牛体重的百分比时，牛群的总生产效率可能非常低。例如，一个牛群的平均断乳体重为 250 千克，但得犊率只有 80％，那么每头可繁育母牛的平均断乳体重仅为 200 千克（表 2-1）。

表 2-1　得犊率对每头可繁育母牛所获得平均断乳犊牛体重的影响

得犊率 （％）	每头可繁育母牛所获得的平均断乳犊牛体重（千克）				
100	181	204	227	250	272
90	163	184	204	225	245
80	145	163	182	200	218
70	127	143	159	175	190

实行人工配种的牛群，每次妊娠的配种次数是衡量单头母牛繁殖力的一个良好指标。

就牛群而言，妊娠率是指妊娠牛数量占可繁育母牛总数的百分比，是衡量繁殖效率的一个良好指标。

（二）体况和繁殖

体况是一头动物携带脂肪数量的一种表达方式。体况评分是预测牛群繁殖力和制订饲喂计划的一个有用工具。体况和繁殖表现之间的相关性很强，是获得高水平繁殖表现必须考虑的因素。总共有五点需要考虑，包括：

·进行体况评分的原因、方法以及在何时进行体况评分；
·体况和产后繁殖力的关系；
·体况和犊牛断乳体重的关系；
·饲喂策略与体况的关系；
·体况评分的实际应用。

1. 为什么进行体况评分

体况评分是衡量一头动物携带脂肪数量的工具，具有易学、快捷、简单而廉价的特点。体况评分不需要特殊的工具，又足够准确，在管理方面有很多指导意义。

讨论到体况，体况评分能让每一个参与的人都说相同的语言，是基于对一头牛膘情的数字评分系统，而不是基于简单眼观评价而出现的含混不清的文字描述。

2. 如何进行体况评分

体况评分是衡量你的手对牛体脂肪覆盖情况的感觉。这个评分不是眼观评价，因为被毛可能隐藏很差的体况。要衡量牛体 4 个主要部位的脂肪覆盖情况：脊背、短肋骨、臀部（髋骨和坐骨）以及尾根（图 2-1）。

首先，对牛整个身体进行综合评估。仔细观察身体这些部位脂肪积累或损失的情况，包括脊背、短肋骨、臀部（髋骨和坐骨）以及尾根，然后手从脊背下滑检查脊椎的情况。

其次，评价短肋骨的情况（图 2-2）。把你的手放在短肋骨上，指尖朝向脊背，按这个姿势，大拇指用足够的力挤压牛皮和脂肪层，去感觉骨头。用你的拇指在肋骨的端头上下滑动，感觉是光滑还是比较尖锐。因为短肋骨的端头和皮肤之间没有肌肉，拇指所能感觉到的厚垫是脂肪。

再次，用手检查臀部的情况，包括髋骨和坐骨，用力下压，感觉是否有脂肪覆盖。

最后，用指尖挤压尾根到坐骨的区域，查看这一部位有没有脂肪覆盖。

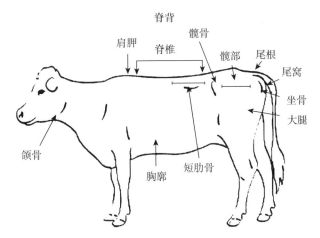

图 2-1 肉牛母牛体况评分的主要部位

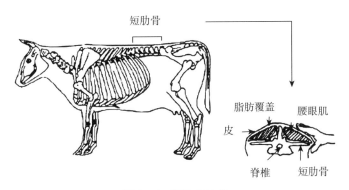

图 2-2 评价短肋骨

3. 加拿大的体况评分标准

加拿大体况评分系统可以用如下描述来定义每一个评分。

（1）评分 1。

身体极端消瘦，可以看见整个骨架；没有明显的肌肉组织，也没有外部脂肪；被毛粗糙，是否能经受住应激都是一个疑问（图 2-3）。

脊背：可以感觉到每个脊椎的椎突，而且非常尖锐。可以把手指放进每一个椎突间隙。

短肋骨：肉眼看每根短肋骨非常明显，触感非常尖锐。

尾根和臀：肉眼看尾根和臀骨角度非常明显，髋骨、坐骨和尾根周围没有脂肪。

（2）评分 2。

动物比较瘦，脊背边缘的椎突比较明显；肌肉组织比较明显，但不够饱满（图 2-4）。

图 2-3 评分 1 肉牛体况　　　　　　图 2-4 评分 2 肉牛体况

脊背：可以触摸得到单个椎突，但不是很尖锐；指头不能放进每一个椎突间隙。

短肋骨：触摸可以感觉到每一根短肋骨，感觉比较尖锐（不是非常尖锐）。眼观可以看清每一根肋骨。

尾根和臀：尾根、髋骨和坐骨周围有一些组织，用力下压时可以感觉到这些组织，但不是脂肪垫。

（3）评分 3。

体况评分 2.5～3.0 是产犊时的理想体况，可以隐隐看见肋骨的轮廓，肌肉组织接近最大限度。肩后有明显的脂肪堆积，尾根的每一侧都基本填满，但没有突出（图 2-5）。

脊背：触摸能确定每个椎骨，但很难触摸到椎突的端头。

短肋骨：短肋骨完全被脂肪覆盖。每一根肋骨只有用力挤压时才能感觉得到，感觉比较圆，肉眼看不见。

尾根和臀：尾根两侧都有脂肪堆积，很容易就能感觉得到。可以看见髋骨和坐骨，但不明显。尾根到坐骨区域覆盖有脂肪，指头下压时感觉呈海绵状。

（4）评分 4。

动物骨架结构基本上看不清。骨骼结构很难鉴别，肋骨和大腿处开始有脂肪层出现（图 2-6）。

图 2-5 评分 3 肉牛体况　　　　　　图 2-6 评分 4 肉牛体况

脊背：脊背平坦。除非非常用力，否则感觉不到单个椎突。

短肋骨：即使用力压也感觉不到单根的短肋骨，肋骨和髋部开始有脂肪层出现。

尾根和臀：尾根两侧有明显的脂肪覆盖，看起来有点圆，触摸比较软。

（5）评分5。

动物很肥。呈块状外观，骨架基本看不见。由于大量的脂肪堆积，动物的运动能力受到影响（图2-7）。

脊背：脊背看起来像个平面，即使用力也感觉不到椎突。

图2-7 评分5肉牛体况

短肋骨：短肋骨完全被脂肪覆盖，即使用力压也感觉不到。肋骨、髋部和大腿都有明显的脂肪层。

尾根和臀：髋骨和尾根到坐骨区域的两侧都被脂肪所埋没。

4. 加拿大和美国体况评分系统的比较

你可以用加拿大或美国的评分系统对动物进行体况评分，两者一样准确。加拿大系统使用1～5的评分表，而美国系统使用1～9的评分表。表2-2显示了两者之间的关系。在加拿大系统中，如果动物的体况落在两个分值的中间，使用半分制。比如：体况2.5代表动物的体况评分处于2和3之间。

表2-2 美国和加拿大体况评分系统的比较

体况评分系统		一般描述
加拿大	美国	
1	1	消瘦至极端消瘦，无精打采
1.5	2	很瘦，外观有点消瘦
2	3	瘦，可以看见单个的肋骨
2.5	4	中等，单个的肋骨不明显
3	5	好，肋骨和尾根可以感觉到有脂肪覆盖
3.5	6	非常好，需要用力压才能感觉到短肋骨
4	7	有点肥，背部看起来比较平，肋骨外感觉有弹性
4.5	8	肥，肉非常多，感觉不到短肋骨
5	9	非常肥，肉非常多，外观呈块状，尾根被脂肪埋没

5. 进行体况评分的时间

最好是每个繁殖年度做3次体况评分。体况评分应该发生在：①秋季孕检或冬季饲喂项目开始时，评分最好是3.0。②产犊时，成母牛的体况评分最好是2.5，而头胎牛的评分是3.0。③配种开始前的30天，所有母牛的体况评分最好是2.5。

这些最佳值有变化的空间，只要认识到有多少头牛偏离了最佳值，就要通过调整管理措施予以纠正。一般而言，如果母牛较这个最佳值瘦，繁殖力会下降。如果母牛较这个最佳值肥，牛群的生产效率不会提升，就会在饲料上浪费不必要的钱。

6. 体况评分和产后繁殖力的关系

产犊前后充足的营养对于维持牛群最佳的繁殖表现非常关键。由于饲喂原因导致母牛产犊时过瘦或产犊后的体况损失，会使产犊到发情（站立发情）的时间间隔增大。产犊到发情的天数增加或受胎率下降，也使得配种季节的前3周妊娠牛的数量减少。

表2-3总结了几项研究的数据，显示体况评分为2或更低的母牛较体况评分2.5或更高的牛需要更长的时间才能恢复到正常的发情周期（简称情期）。产犊时体况评分为2或更低的牛在配种季节的前期妊娠率较低。无论产犊后的饲喂情况如何，产犊时体况非常好（3.5）的牛在产后60d内发情的比例非常高（91%），而体况比较差（2.0）的牛这一比例只有46%。

表2-3 产犊时体况评分对后续繁殖的影响

体况	显示发情的牛的比例（%）		
	产后40天	产后60天	产后80天
瘦（2.0）	19	46	62
中等到好（2.5～3.0）	21	61	88
非常好（3.5）	31	91	98

为了使产后的繁殖力达到最佳，成母牛产犊时的体况评分应该在2.5～3.0，并能将这个体况维持到配种季。快速增强能量，就是在配种季开始前的几周时间饲喂能量水平非常高的饲料，只对体况略低于最佳水平的牛有作用，这些牛能在饲喂期间将体况提升到2.5～3.0（表2-4）。快速增强能量的饲喂策略对体况评分1.5或更低的牛没有用，这些牛不能在饲喂期间恢复足够的体况。体况评分2.0的牛在配种季开始前的30天增强能量并控制犊牛哺乳，对其再次妊娠有帮助。控制犊牛哺乳的措施包括将犊牛隔离48小时，或每天只允许犊牛吃一次乳直至母牛发情。

表2-4 快速增强能量对肉牛繁殖表现的影响

	产前—产后的能量水平			
	低—低	低—高	高—低	高—高
产后间隔（天）	73	54	66	68
产后60天发情（%）	33	56	53	54

7. 体况评分和犊牛断乳体重的关系

母牛营养不足的一个负面影响就是犊牛断乳时的体重降低。研究报告显示产犊时体况评分低于 2.0 和产后由于哺乳而导致体况下降的母牛，其犊牛 205 天校正断乳体重减少 5%～25%。根据品种、草场放牧前营养不足的严重程度、整个放牧季节的草场质量，当年这些牛的生产性能表现差的持续时间有差异。如果牛群在大多数犊牛出生前的 45～60 天开始在良好的草场放牧，当年犊牛群的断乳体重下降就不如上面所说的那么厉害。

断乳犊牛的体重损失主要发生在第二年。由于营养不良的母牛在当年配种比较晚，第二年这些牛所产的犊牛断乳体重也下降。断乳体重受犊牛断乳日龄的显著影响。如果从出生到断乳犊牛的平均日增重为 1 千克左右，那么母牛的空怀时间每增加一个情期，犊牛断乳日龄就减少 21 天，体重降低大约 19 千克。表 2-5 显示了次年相关损失的估测情况，基于当年产犊前后不同管理措施下断乳犊牛的体重情况。

表 2-5　体况对当年饲料成本和次年断乳犊牛体重的影响

产前	冬季饲料成本（占维持需要量的百分比，%）	产犊时母牛的体况	产后	受孕延迟的周数（80 天空怀期）	次年犊牛断乳体重
体况由 2.5 下降至 2.0	85～90	2.0	体况由 2.0 下降至 1.5 或更低	10	损失多达 70%
维持 2.0 的体况	100	2.0	维持 2.0 的体况	8	损失多达 40%
体况由 1.5 上升至 2.0	120～130	2.0	体况由 2.0 上升至 2.5	5	损失多达 15%
体况由 3.0 下降至 2.5	85	2.5	体况由 2.5 下降至 2.0	2	损失 5%
维持 3.0 的体况	100	3.0	维持 3.0 的体况	0	0 损失
体况由 2.5 上升至 3.0	120～130	3.0	维持 3.0 的体况	0	0 损失

注：1. 只有已知体况改善或损失的情况才能计算出相对于维持需要的冬季饲料成本。每头牛每天损失 0.23 千克体重，可能导致 200 天内体况评分下降 0.5 分，饲料成本下降 10%～15%。体况改善 0.5 分所需要的能量是体况损失 0.5 分所省的能量的两倍。

2. 受孕延迟的周数为 0 表示在第一个 21 天的情期妊娠。

3. 本表没有包含由于胎儿生长所导致的体重变化。

（三）体况评分和饲喂策略

改善体况所需要的饲料成本是牛动用自身体况来弥补能量摄入量的两倍。

因此，养殖户应该在日粮能量成本最便宜的季节（通常是夏季）来改善体况，在日粮能量成本最贵的季节（通常是冬季）来损失体况。但是体况的快速损失很不安全，而且体况的快速改善基本是不可能的。

如果牛的饲喂允许在整个冬天损失 0.5 个单位的体况评分，就能节省冬天的饲料成本。相反，如果想要在一个冬天改善 0.5 个单位的体况评分，与那些维持相同体况的牛相比，饲料成本将会增加 20%～30%。和前面显示的一样，成母牛产犊时的体况应该在 2.5～3.0，并能够在整个配种季维持这一体况。

虽然体况评分是评价当前牛能量状况的一个有用工具，但对于衡量牛是否需要接受足量其他重要的营养物质如蛋白质、维生素和矿物质却没有帮助。

脂肪就是身体里存储的能量，牛在能量供应过剩的时候积累体脂，建立能量储备以保证需要的时候可以动用。常说的"背膘动员"就是指使用之前积累的体脂。

肉牛脂肪的积累过程效率不高。以体脂的形式保留可消化能（DE）的效率，从饲喂低质量日粮的非哺乳牛的大约 30%，到饲喂高质量日粮的哺乳牛的大约 60% 不等。为了改善体况评分一个单位，需要大约 1 900 兆卡[①]的 DE；这大约相当于 544 千克饲料大麦或 900 千克干草。体况评分损失一个单位只能供给相当于 900 兆卡的 DE。这从数字上显示了动员背膘作为能量来源相对于饲喂足够的能量水平是多么的昂贵。

实践中是如何控制体脂来降低饲料成本的呢？一个常用的方法就是给哺乳牛饲喂高质量的饲料，产后在草场上放牧 6～8 个月。另外，这种方法也刺激了乳产量，通常还有相当大的增重，特别是哺乳晚期。成母牛在草场放牧期间体重增加超过 90 千克（相当于体况评分 1 个单位）。秋季断乳时一个合理的体况目标是 3.0，如果在夏季放牧季节结束时不能达到这个目标，养殖户就应该考虑提前断乳，那么母牛至少还有一个月的秋季放牧时间去获得冬季饲喂开始前所需要的体况。

母牛进入冬季时体况评分 3.0 较体况评分小于 2.0 的牛有好多好处。额外的脂肪组织除了提供更好的保暖以避免体热损失之外，还能为那些为了降低冬季饲喂成本而限制饲喂的牛提供能量储备以满足身体需要。在冬天，一头 590 千克体重、体况评分 2.5 的母牛需要足够的能量和蛋白来维持体重和体况，并为生长的胎儿提供营养，它每天需要 12 千克的干草来达到这个目标。但是，体重 635 千克、体况评分 3.0 的母牛每天可以动员大约 225 克的体脂来消耗，这就降低了饲料的需要量，它每天大约需要 11 千克的干草。在所有的饲喂系统中都应该考虑饲料浪费因素，提供的干草数量必须增加以达到这样的采食

---

① 卡（全称卡路里）为非法定计量单位，1 卡路里≈4.184 焦耳。

水平。

有时候，母牛进入冬天时比较瘦（体况小于2.0），就需要在产犊前获得足够的体重。一头母牛改善一个单位的体况（大约增重90千克），其饲喂量必须增加大约50%以达到这个增重目标。

母牛产犊时体况小于2.5则需要快速增加体重。如果在产后的60天体况改善0.5个单位，大约需要增重38千克，就必须饲喂高质量的日粮。除正常的维持需要和泌乳需要外，每天大约需要饲喂5千克的饲料大麦。很多情况下，在产犊到配种期间为体况评分小于2.0的牛提供足够的营养以获得良好的繁殖力是非常昂贵的。

按体况分群，按需要饲喂。使用体况评分将同样营养需要的牛分成一群。妊娠后备牛和体况瘦的牛较体况评分2.5～3.0的成母牛需要更多的能量。如果分开饲喂，它们就能因采食竞争的减弱而受益。

（四）体况评分的实际应用

养殖户不需要记住所有五个评分标准。最有用的评分标准是3.0（好的体况）。记录单个牛的体况来确定具体某头牛没有妊娠的特殊原因。母牛应该在秋季、产犊时和配种季开始前的30天进行体况评分。如果产后对母牛进行两次体况评分不好实施，可以一年进行两次；一次在秋季，一次在产犊以后。尽管在产后和配种季开始前进行体况评分不是很方便，但在这个关键时期，营养不足导致的配种问题最有可能被发现。大型牛场可以对一群牛进行代表性评分，以作为牛群平均体况的指标。

1. 瘦牛（体况2.0或更低）

• 可能的原因：

缺少足够的饲料；料槽竞争过于激烈；体内或体外寄生虫；疾病或受伤。

• 可能遇到的问题：

难产的概率增大；死胎损失增大；配种延迟或空怀；断乳犊牛体重降低。

• 补救措施：

将年轻牛和瘦牛与体况足够好的成母牛分开饲喂；改善冬季日粮以提高繁殖效率，而不是对瘦牛进行短期的快速增强能量；控制寄生虫；对常见疾病进行免疫接种；秋季提前大约一个月进行断乳。

2. 肥牛（体况3.5或更高）

• 可能的原因：

没有给犊牛哺乳；产乳量很少；过量饲喂。

• 可能遇到的问题：

难产的概率增大（体况4.0或更高）；犊牛活力或存活率降低；繁殖力降

低；断乳体重低；饲料成本太高。

• 补救措施：

淘汰不育牛或所产犊牛太小的牛；体况已经足够好（体况 2.5）的牛不能过量饲喂，必要时分群饲喂；让离开草场时体况为 3.0 或更好的牛在冬季损失一部分体况。

（五）肉牛母牛的繁殖管理

为了获得或维持肉牛群的高效生产，必须考虑以下与肉牛群良好繁殖效率密切相关的因素。

1. 配种管理

肉牛养殖的成功取决于对生物周期的准确管理以获得稳定的生产。肉牛母牛的生物周期很稳定而且已被准确定义。这个周期可以分为 4 个明确的阶段和 1 个可变的阶段（表 2-6）。

表 2-6　肉牛母牛的生物周期

生物阶段	时长（天数）
妊娠期的前 3 个月	94
妊娠期中间 3 个月	94
妊娠期最后 3 个月	94
产后阶段（再配种）	83
断乳前阶段	可变
总天数	365

肉牛母牛的妊娠期为 270～300 天，平均为 282～285 天。头胎牛较成母牛的妊娠期略短。西门达尔牛、利木赞牛和塞勒斯牛较英系品种（如海福特牛、短角牛和安格斯牛）的妊娠期略长一些。

根据产后阶段的长短和母牛的配种日期，生物周期有所变化（图 2-8）。当母牛配种后，下一个妊娠期就已开始（前 3 个月）。但是，牛的生物周期还在持续，因为其还必须为犊牛哺乳，在产后大概 205 天时（在 180～240 天间变化）断乳。肉牛每年产一头犊牛并且在

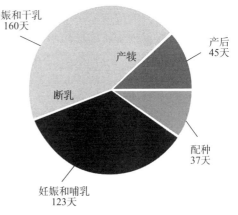

图 2-8　母牛的理想生物周期

下一年再次产犊，是一件很艰难的任务。

生物周期对养殖户来说都很重要。如果 1 头母牛要在 365 天里妊娠并产犊，必须在生物周期的时间框里做对所有的事情。管理策略也必须在生物周期的不同阶段发挥作用。通过选择产犊季以及配种日期，管理措施决定了母牛的生物周期。因为不是所有的母牛在同一天配种，同一个牛群不同母牛的生物周期也有差异。配种季越短，管理策略就越高效。因为肉牛母牛给犊牛哺乳直至断乳，生物周期就有所重叠。

2. 妊娠管理

因为母牛的妊娠就占了一年中的 282～285 天，如果要维持 1 年的产犊间隔，就只有 80 天时间让其再次妊娠。考虑到母牛必须从产犊应激中恢复，其生殖道要恢复到正常的大小和位置（复原）以准备下一次妊娠的到来，同时她还需要哺乳犊牛，这是一个比较短的时间段。

从产犊到母牛再次妊娠这个阶段在母牛的生产周期中非常关键。为了让肉牛母牛生产的繁殖效率和经济效率最大化，这个时间段必须最小。母牛在配种季越早发情，在有限的配种季再次妊娠的机会就越大。配种季的长短影响犊牛的均匀度和断乳时的价值。通过保持其他因素如遗传性、母牛的年龄和营养等稳定，在配种季早妊娠的母牛所产的犊牛，断乳时日龄更大，断乳体重也就越大。

产犊间隔最小化的程度受子宫复原所限制。产后子宫完全复原的时间在 30～45 天，一般母牛需要 45～60 天才出现产后第 1 次发情。通常，产后 20 天内子宫就开始复原，但这不影响母牛正常的发情周期。母牛从产犊到第 1 次发情的时间间隔差异很大，受年龄、营养水平、是否有难产和疾病（如子宫感染）等因素影响。

表 2-7 显示了年龄对产后发情出现时间的影响。产后 40 天只有 15％的两岁或三岁牛和 55％年龄更大的牛出现发情。这个与年龄相关的差异一直持续到产后 80 天，这时年轻一些的牛开始赶上。年轻母牛繁殖力的缓慢回归也有助于解释为什么二胎牛的产犊率一般较低或在产犊季产犊时间较晚。

表 2-7 产后不同时间段发情的母牛比例

母牛年龄	发情比例（％）						
	40 天	50 天	60 天	70 天	80 天	90 天	100 天
5 岁或更老	55	70	80	90	90	95	100
2～3 岁	15	30	40	65	80	80	90

能导致头胎牛产犊后发情延迟的因素较多。年轻牛还在生长，自身系统的

消耗比较大，同时还在哺乳，与年长的牛一起饲养时竞争不到足够的补充料。如果在主牛群配种前20～30天对后备牛配种，头胎牛就有足够的时间准备以进入正常的发情周期，就可以在次年配种季的早期妊娠。

泌乳量高的头胎牛常常在配种季开始前需要饲喂更多的补充料以获得足够的营养。研究发现，如果不进行快速增强营养，泌乳量高的头胎牛就不能妊娠，从而不能在第2个产犊季生产犊牛。成母牛和头胎牛发情延迟，常常伴随繁殖力水平低，相关的受胎率见表2-8。

表2-8 产犊后第1次发情母牛的受胎率

产后天数	第1次配种受胎率（%）
0～30	33
31～60	58
61～90	69
91～120	74

研究还显示产后60天以前和120天以后的受胎率也很低。许多在产后120天不能妊娠的牛都是问题牛，经常在配种季结束后还是空怀。

（六）改善繁殖效率的策略

以下因素与肉牛群良好的繁殖效率密切相关，为了获得或维持高效的牛群，必须予以考虑。

1. 确保足够的营养

牛的营养需要因其生产水平、生产阶段和环境（如寒冷冬季）而有差异。当母牛干乳时对能量和蛋白质的需要量最低，也就是妊娠期的中间1/3。这个阶段也是饲料来源最短缺的时候，从经济角度来说这个阶段可以饲喂较低成本的日粮。该阶段也是体况较差的牛增加体重的最佳时期，因为这个时候营养不会分流到生长或泌乳需要。

妊娠期营养需要增加，特别是妊娠的最后3个月，原因是胎儿的生长需要较多的营养。妊娠期的前6个月，胎儿、胎膜和羊水只获得其最终重量的25%，其余的75%都是在最后的1/3阶段获得的，使母亲的营养需要明显增加。因此，由于该阶段营养需要开始增加，产前3个月的能量和蛋白质供给应该增加（图2-9）。泌乳期的早期营养需要达到高峰，泌乳需要和繁殖需要都使营养需要有所增加。与干乳期比较，泌乳早期和配种季的能量需要量增加了大约60%，而蛋白质需要量增加了1倍。泌乳高峰期如果营养不足，受胎率就会降低。

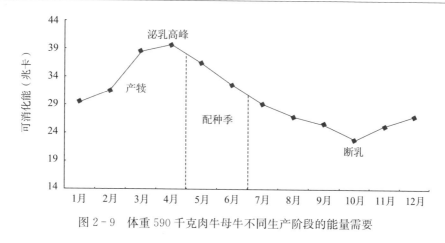

图 2-9　体重 590 千克肉牛母牛不同生产阶段的能量需要

表 2-9 显示产犊时母牛体况的影响,进一步说明了营养好的重要性。体况良好的母牛产后 80 天时发情比例为 98%,而体况中等的发情比例只有 88%,体况差的发情比例只有 62%。大多数体况差的瘦牛都不能维持对肉牛养殖业盈利非常关键的 12 个月的产犊间隔。

表 2-9　体况对产后不同阶段母牛发情比例的影响

产犊时的体况	牛数量（头）	产后表现发情的比例（%）		
		40 天	60 天	80 天
瘦	272	19	46	62
中等	364	21	61	88
良好	50	31	91	98

很多研究都显示营养不足会导致不发情阶段（产犊到第 1 次发情）的延长。研究还显示产前和产后日粮中能量或蛋白质供应不足会使妊娠率降低、第 1 次配种的受胎率降低和哺乳母牛的产犊间隔延长。

2. 缩短产犊季

产犊季早期所产的犊牛断乳时体重更大,产犊季晚期所产的犊牛断乳时体重较轻,而母牛的受胎率很可能较低,是因为母牛的生殖系统为再次配种的准备时间比较少。随着配种季的延长,牛群中的每头牛每年都损失几天时间,最终可能 1 年都不能妊娠。产后尽早恢复发情、提高第 1 次配种的受胎率对于维持较短的产犊季是非常必要的。

一旦准确制定了繁育牛群的管理方案并得以监督落实,70% 或更多的母牛应该在配种季开始后的第 1 个发情周期妊娠。同理,到了 63 天的配种季结束,97% 或更多的母牛预计能够妊娠。如果管理水平非常高,如阿尔伯塔省有些牛场在 42 天的配种季（两个情期）几乎 100％的母牛都能妊娠。这些牛群的产犊季短，秋季断乳时犊牛就更加均匀一致。

缩短产犊季另一个益处就是节省人力。产犊季对人力的需求较其他时间大大加强。如果产犊季延长，常常会出现人力冲突。在春季其他农活开始前，缩短的产犊季已经结束，那么就能将人力分配到其他岗位发挥最佳用途。

3. 维持母牛的体况和营养

阻止产犊季延长到 90 天或更长时间的最好办法就是确保母牛和后备牛为配种季做好合理的准备；确保母牛和头胎牛在产犊时有合适的体况，有助于减少难产；确保产后尽可能早地恢复发情周期。产后繁育牛群的营养对于维持较好的第 1 次配种的受胎率非常重要。体况较差的母牛（2.0 或更低）常常不能配种。配种季和妊娠早期过量饲喂蛋白或瘤胃的能量供应不足，可能导致繁殖力降低。

4. 评价公牛

配种季开始前应该对公牛的配种可靠性进行一次评价。在整个配种季也应该仔细观察公牛，确保其能够继续配种并使母牛妊娠。此外，公牛的营养和健康也很重要。

5. 限制配种季和淘汰管理

通过对营养和健康的管理，公牛和母牛双方都具有高水平的繁殖力，可以将配种季限制到 42～63 天来维持繁殖力水平。早期妊娠检查是识别空怀牛的一个有效方法。空怀的母牛应该予以淘汰。

后备牛较成母牛提前 21～30 天进行配种。后备牛将早一点产犊，这时充足的人力也能给其提供更好的看护，也为头胎牛提供了更多的时间来准备下一次配种，使其进入正常的发情周期并与成母牛一起配种。

6. 其他辅助措施

将犊牛与母牛分开，不论短期还是长久，都能增加配种季恢复发情的牛数；在有些实施同期发情项目的牛群，一个常用的方法是将犊牛分开 48 小时，这被证实能诱导产后头胎牛和成母牛的卵泡发育；为母牛提供干净、干燥、有足够干草和饮水的环境也很重要。当犊牛回到母牛身边后，确保母子能准确汇合。

人工配种或同期发情项目中最有用的一个方法就是注射前列腺素。给处于正常发情周期的母牛注射前列腺素，2～3 天就能观察到发情，然后进行配种。但是，前列腺素和其他激素不能代替良好的牛群管理。最好是在良好的管理下，已经在配种季开始前实现足够的增重，对接近或已经初步表现发情的牛配合使用这些药物。

（七）跟踪牛群表现

1. 评价个体牛和牛群表现

应该在断乳时评价牛群表现（基于个体牛的表现），这时生产周期已经结束。通过评价可以计算不同的牛群表现参数以确定牛群表现好的地方和不足的地方，使用这些信息来改善不足之处，从而改善整体牛群的生产效率和盈利能力。

2. 手写或通过计算机记录

基于手写的记录可以计算一些参数。例如，可以衡量牛群哪些地方还有不足。

应用牛群管理软件，可以计算很多参数。可以和行业平均水平和事先制定的基准水平比较，发现自身有问题的地方，然后在以后的时间里予以改进。

计算机软件还能比较犊牛断乳体重和母牛的体重。这样的比较可以发现牛群里表现最好的牛所生产的后备牛，从而更快地改善牛群的遗传品质。当需要淘汰表现较差的牛或缩小牛群规模时，就淘汰那些生产参数较低的母牛。另外，考虑淘汰牛的标准还有牛的脾气、体型结构和繁殖能力。根据记录和实际观察，对于挑选留群的后备牛或是淘汰牛都非常有用。

最常用的分析所需要的基本信息包括：

- 配种季；
- 单个牛/犊牛的牛号；
- 母牛/犊牛年龄（出生日期）；
- 断乳体重和性别；
- 成母牛体重。

还有配种用的品种（公牛和母牛）、公牛号、孕检结果、配种日期、有无难产、出生时犊牛状况、犊牛死亡原因、分群（配种和管理目的），以及更多的信息可以用来分析牛群。也可以在你所使用的软件中包含其他有特色的功能。

3. "GOLD"管理指标评估

缩写词GOLD代表犊牛的生长、空怀牛的数量、产犊季的长度和犊牛死亡损失。不论是使用计算机软件还是手工计算，都可以使用这些数据来评估自身牛群的生产表现，计算机较人工计算能节省很多时间。

（1）G代表犊牛的生长。

这是使用断乳犊牛的体重占母牛体重的百分比计算而来。基准目标是断乳牛体重是成年母牛体重的43%。还可以表示为单位母牛体重所获得的断乳犊牛体重。一个可以接受的目标水平是每50千克母牛体重所获得的断乳犊牛体重大约为21.5千克。

一个遗传性状受遗传影响的多少称为遗传力。生长性能的遗传力大约为30％，仅为中等水平。这意味着断乳体重的主要影响因素为非遗传因素（如草场质量）。断乳体重的一个主要影响因素是犊牛母亲的泌乳能力和母性能力。考虑到产犊时间晚的影响，实际断乳体重是衡量母牛生产表现的一个良好指标。通过选择断乳体重（遗传力），犊牛的生长潜力就会提升；所选择的后备母牛的泌乳能力也会得到提升。通过这种方法，生产表现差的母牛就很容易被发现。就单个犊牛的断乳体重而言，整个牛群可能看起来很高效；但考虑到断乳犊牛体重占母牛体重的百分比或单位母牛体重所获得的犊牛断乳体重，整个牛群的生产效率可能非常低。

平均断乳体重可用在其他方面来评估牛群管理或配种决策。可以比较公牛的生产表现、草场类型、品种选择以及杂交配种项目，然后基于这些信息采取行动矫正，避免出现管理问题。随着管理水平的提升，衡量项目中还可以包括与增重有关的成本计算，从而制定一个犊牛增重成本的衡量标准。

（2）O代表空怀牛的数量。

这表示牛群作为一个整体的繁殖力水平。它是（配种季过后）秋季孕检确定的空怀牛的数量与可繁育母牛总数的比较。基准水平是63天配种季后的妊娠率为96％。

母牛繁殖力是牛群整体生产效率中最为重要的影响因素，也对牛场的盈利能力有巨大影响。12个月周期内能重复产犊的母牛对牛群整体生产效率的贡献影响最大。不育出现的主要原因是营养不良、疾病或遗传性不育。多数情况下，短期的矫正方案是提供充足的营养和接种疫苗使疾病的影响最小。长期方案是从在产犊季的前3个月或第1个21天产犊的母牛和睾丸较平均水平大的公牛中选育后备牛，从而使得牛群在遗传方面的繁殖力更好。

（3）L代表产犊季的长度。

这是指前一个配种季过后，第1个犊牛出生和最后1个犊牛出生中间间隔的天数，常用来衡量前一个配种季配种成功的母牛的繁殖力。基准目标是63天，即3个发情周期。

产犊季的长短也是繁殖力的一个良好指标。在较短的产犊季能够获得一个可以接受的妊娠率，会使产犊率更加稳定。如果产犊季长于63天，则应逐步缩短，因此，有一些牛就必须得淘汰。

如果养殖户考虑将配种季从120天缩短到70天，那么要分析前一个产犊季并估计哪些牛在这个配种季过后将会空怀。淘汰的牛太多将会影响下一年的现金流，更好的办法可能是在几年时间里逐步缩短配种季。你只需要在前一个配种季大多数牛怀孕后提前10天将公牛分开，或晚10天投放公牛。在接下来几年里如此重复，直到产犊季缩短至60～70天。在第1年过后，大多数养殖户若要继续缩短产犊季，则只需要确定赶离公牛的时间。

一旦养殖户将产犊季缩短至 70 天左右，然后就可以开始小幅调整产犊季（如 5 天）直至达到 63 天。然后如果养殖户想继续缩短配种季，就可以将这个时间段缩小至 42 天（2 个发情周期）。

为了更加仔细地分析产犊季的长度，评价牛群中母牛的产犊间隔。如果有一头或几头牛的产犊间隔较长，则说明这些牛可能有些什么问题，例如管理的问题，或者表示公牛繁殖力比较差。

由于产犊间隔的遗传力较弱，不能通过选育来影响。但是，产犊间隔却和管理直接相关。如果 1 头高产牛的产犊间隔较长而且不稳定，其可能是没有得到足够的饲料以满足其高水平的生产。在这种情况下，改善这头母牛的营养将会解决问题。如果改善效果还不是很理想，可以在市场需求量大的时候卖掉它们。还可以淘汰那些虽然产犊间隔比较稳定但习惯性产犊较晚、犊牛体重较轻、不能盈利的母牛。

（4）D 代表死亡损失。

通过衡量犊牛从出生到断乳期间的死亡数量可以评估牛群健康状况。基准目标是 4%。

犊牛可能在出生时、出生后不久或在草场吃乳阶段出现死亡。死亡的原因和对策也各不相同。咨询兽医、营养师或养殖专家一起制定措施来使犊牛的死亡率最小化。

4. 牛群整体的表现

随着整个生产周期中的损失被控制在一个可以接受的水平，最后用来评估牛群整体表现的一个基准目标就是产犊率。产犊率衡量的是断乳犊牛的数量和前一个配种季配种的母牛数量的比值。如果产犊率下降到低于 85% 的水平，那么生产周期中的某些环节就比较弱，具有改善的潜力。如果牛群实行人工配种，每次怀孕所需的配种次数也是衡量单个母牛繁殖力的一个良好指标。以牛群整体而言，妊娠率表示为妊娠牛占可繁育母牛的比例，也是衡量繁殖效率的一个良好指标。

5. 妊娠检查

妊娠检查是识别没有妊娠或空怀的成母牛或后备牛的一个有效方法。这些没有妊娠的牛将成为淘汰牛的备选，因为它们不能通过产犊来抵销饲料成本。一年中有两个不同时间点可以通过妊娠检查而受益。一个是配种季结束后（越早越好，大约 35 天），这些空怀牛可以再次配种或淘汰。另一个时间点是秋季断乳及冬季饲喂项目开始前。

妊娠检查常可以通过直肠检查来感受子宫内的胎膜或胎盘小叶。有经验的人配种后 35 天左右就可以鉴别是否妊娠，但在 40～50 天时鉴别，准确率会大大提升。超声波检查可以在妊娠后的第 2 周和第 3 周鉴别是否妊娠，但这个时候的准确率较差，到第 4 周或第 5 周的时候就比较准确。实时超声波检查可以在屏幕上显示活动的图像，但高昂的价格限制了它的使用。

妊娠检查可以早发现配种存在的问题，如母牛有配种问题或公牛不育。这样可以按妊娠牛和淘汰牛而分群，可以更好地为每个牛群提供合理的营养水平，以及更加有效地使用牛场设施，特别是产犊季节。

6. 制定淘汰策略

配种季后进行合理的淘汰可以改善牛群的繁殖效率。所有接受配种的牛在断乳时或断乳后都应该由兽医进行妊娠检查。一般而言，所有空怀的成母牛和后备牛都应该被淘汰掉。另外，妊娠牛应该进行眼观健康检查。有放线菌病、眼癌、乳腺炎、乳房下垂、肢蹄问题、繁殖问题或坏脾气的牛也应该被淘汰，通常来说这些牛也接近其生产寿命的尾声。淘汰没有妊娠和健康状况差的牛能够直接改善产犊率，并使与健康有关的损失最小化。

另外，是否淘汰可以基于生产表现。母牛所生产的犊牛断乳时生长表现差，表示母牛泌乳能力差或遗传质量差，也应该被淘汰。淘汰的强度取决于配种母牛的个体价值以及养殖户想要饲养的牛群规模。因生理缺陷或生产表现差而淘汰的母牛所生产的后备母牛也不应该留作繁育牛群。

二、培育后备母牛

培育质量顶级且繁殖力强的母牛的一个关键因素就是母牛从出生到成年的正确管理。为了使其一生所产的犊牛数量最大，1 头母牛必须从 2 岁起每年都产犊。从出生开始，后备牛的看护和管理决策就影响了母牛每年妊娠和再次配种的能力。后备母牛应该通过良好的管理早日达到发情期、在第 1 个配种季早日配种，然后在第 2 个配种季再次配种。

选择断乳时体重较大的母牛犊留作后备牛。断乳体重是遗传特征的体现，也是母牛泌乳能力的体现。通常较大的犊牛来自泌乳高产的母牛，而且年龄也相对较大，因此早妊娠的概率也高；断乳时体重较轻，或从断乳到配种没能增加足够体重的后备母牛，也就不能在理想的时间表现发情。断乳时体重较大的后备母牛较体重较小的牛能够早日配种。

随着每一年的后备牛进入繁育牛群，后备牛的表现也影响牛群整体的繁殖效率，也为核心牛群补充良好的遗传品质，同时也能使养殖户每年都淘汰低于平均生产水平的母牛。

后备牛的饲养需要考虑以下几个方面，从而使牛群繁殖水平更高。

1. 初情期

初情期定义为一头后备母牛表现发情并出现黄体（排卵后卵巢上出现的一

个分泌激素的组织结构）的时期。这也是后备母牛有能力繁殖的时候。

初情期出现在6～14月龄。后备母牛进入初情期的日龄和体重受营养水平、品种、生长速度和杂交优势等因素影响。品种对进入初情期的日龄有显著影响（表2-10）。英系品种较欧陆品种进入初情期的时间早，后者的体重更大。

后备母牛断乳和配种时，年龄和体重更大的母牛对牛群替换的效果更好。年龄和体重小的后备母牛较年龄和体重大的牛进入初情期晚，2岁时再次配种的时间也晚。因为头胎牛在产后80～90天恢复发情（较成母牛晚20～30天），第1次产犊较晚的头胎牛，可能一直都产犊较晚。

表 2-10 品种对进入初情期日龄和体重的影响

公牛品种	15月龄进入初情期的比例（％）	进入初情期的平均日龄（天数）	初情期的平均体重（千克）
海福特牛	96	375	275～300
安格斯牛	97	353	260～300
海福特×安格斯牛	97	377	275～300
瑞士褐牛	97	347	275～300
婆罗门牛	80～95	400～412	320～340
夏洛莱牛	96	399	300～320
齐亚尼那牛	60～85	398～455	320～340
德温牛	98	385	275
格尔布威牛	95～99	341～365	275～300
荷斯坦牛	99	369	275
娟姗牛	92	328～368	215～275
利木赞牛	92	399～402	300·320
曼安茹牛	99	371～402	300～310
平茨高尔牛	96	309	275～300
无角红牛	95～100	360～368	260～300
西门达尔牛	95	369～375	285
南德温牛	87～95	365～382	275～310
塔伦塔泽牛	100	326	275～300
短角牛			260～300

美国肉牛研究中心研究显示欧陆品种的杂交后备母牛至少应该在14月龄配种，以确保在配种季开始时有较高的发情比例。另外，配种开始时的体重应该在340～350千克。配种季开始时大多数英系品种的后备牛最小应该达到14

月龄，体重在 295～320 千克。

2. 饲喂和配种

营养不足会导致即使到了配种时间但表现发情的后备牛数量较少，除此之外营养不足还能导致配种季结束后还有很多后备牛空怀。确保后备牛生长日粮中有足够的能量和蛋白供给，能够提高后备牛的繁殖效率。

后备母牛从断乳到配种季开始每天必须增重 0.7～1.0 千克，增重多少取决于品种类型。生长方面的一个基准目标是后备牛到配种时体重应该达到成年体重的 60%～65%。为了成功配种，后备母牛在 14～15 月龄时应该达到的最小体重见表 2 - 11。

表 2 - 11　第 1 次配种时最小体重的推荐值

品种	体重（千克）
海福特牛	294～318
安格斯牛	294～318
英系×英系	294～318
夏洛莱、西门达尔、曼安茹、利木赞等	340～362
欧陆品系×英系	340～362

防止过度饲喂后备牛，否则会导致后备牛太肥，并且后备牛乳腺组织堆积的脂肪会使脂肪细胞取代泌乳组织，永久损害后备牛的泌乳潜力。

因为一些后备牛不会发情，所以按计划多饲养 50% 的后备牛来配种。通过将配种季限制到 45 天，只有繁殖力最好的后备母牛能够妊娠，它们能在次年春天较早产犊。头胎牛较早产犊就能使这些牛有足够的时间准备和主流牛群一起配种。如果产犊的头胎牛较需要留养的牛数量多，根据断乳前的妊娠检查结果，可以把多余的头胎牛淘汰。

3. 降低头胎牛的难产比例

难产的主要原因是胎儿和母体盆腔大小不匹配。难产最常发生于头胎牛，经常与较大的犊牛有关。胎儿初生重的遗传力是 50%，胎儿生长环境和营养是剩余 50% 的原因。

妊娠期限制营养对于降低出生重的影响很小，除非严格限制饲料的能量水平。即使饲料的能量水平很低，难产也不可能减少。表 2 - 12 显示了澳大利亚对后备牛妊娠期最后 120 天饲喂 3 种能量水平饲料的研究结果。难产没有减少的部分原因是限制饲料能量水平也影响了后备母牛的生长，导致低能量牛群（LP）和维持能量牛群（MP）的盆腔开口较小。还有，低能量牛群所生产的犊牛从出生到站立吃乳的时间较高能量牛群（HP）所产的犊牛长了 3 倍。低能量和维持能量牛群的繁殖表现也较高能量牛群差。

表 2-12 营养对后备牛难产和犊牛出生重的影响

	高能量组（HP）	维持能量组（MP）	低能量组（LP）
产前 12 周后备母牛的日增重（千克）	0.70	−0.13	−0.56
犊牛出生重（千克）	29.9	26.8	23.4
总难产数/总产犊数	3/49	3/49	6/48

基于此项及其他研究，后备母牛在第 1 次产犊前生长良好对于避免难产的发生、提高犊牛存活率和确保产后 60～90 天再次妊娠都很重要。后备母牛在第 1 次产犊时的体重应该达到成年体重的 85%。

4. 为后备母牛配种选择合适的公牛

后备母牛配种最好使用年轻公牛。因为年轻公牛较成年公牛体重轻，可以减少后备母牛受伤的风险。为了使难产的概率最小，选择的公牛应来自难产系数小的父系；并且所选公牛自己出生时没有助产，出生重较轻，以及体型结构好。如果使用的是年长的公牛，则它必须有易产的记录。使用预期后裔差异（EPD）可获得备选公牛家族的最全信息。选择已有品种具有良好 EPD 值并易产的公牛比为了易产而选择另一个品种更重要。总的来说，英系品种较许多大型欧洲品种发生难产的情况少。

5. 初产后备母牛的饲养

第 1 次产犊可能是母牛一生最为关键的时期。2 岁龄的头胎牛在维持生存以外还需要饲料来生长和泌乳。还在生长的后备母牛和正在泌乳的年轻母牛需要高质量的饲料来继续生长以达到成年体重。

确保初产母牛获得足够的饲料非常重要。从产犊到草场放牧这段时间，必须特殊安排以供充足的营养。只有在草场质量很好且放牧时，才不需要给初产母牛提供更多的饲料。

在成母牛配种前的 2～3 周给后备母牛配种，这样在产犊时就有更多的时间和精力来看护，后备母牛在产犊后也有更多的时间来恢复，这样后备母牛就能和主流牛群一起配种。在产犊季的前 3 周产犊的肉牛母牛在接下来的配种季更容易妊娠。如果后备母牛在产犊季的后期产犊，那么这些母牛通常在配种季的后期才能妊娠。

三、公牛的选择和繁殖管理

选择一头公牛来给牛群配种是一笔较大的投资，也会在很多年里影响牛群的繁殖回报率。公牛不仅影响出生犊牛的数量，还影响产犊季的长度、难产情况、犊牛的生长速度和由其女儿所决定的牛群的最终遗传潜力。在配种季较早妊娠的后备牛和母牛也是生产肉品最为经济有效的个体。对公牛正确的饲养和管理对于母牛和后备牛更为高效的配种很重要。

（一）公牛选择

为了使一个繁殖力强且生产高效的牛群继续进步，选择一头公牛时必须维持生产和繁殖特性之间的一个平衡。繁殖和生产并不总是同步的。一方面，具有影响繁殖特性的公牛可能不能获得生长最好的犊牛；另一方面，具有很强遗传能力、能够生产较大犊牛的公牛所生产的女儿可能不符合牛场的管理和环境。因此，在选择一个品种前，应明确自身牛群的需求，考虑能够兼具两种特点并符合肥育场要求的胴体特征的公牛。

公牛选择是改变牛群遗传潜力的一个主要工具。选择公牛必须考虑以下几个因素。

1. 遗传价值

一头公牛的遗传价值或潜力可以通过公牛自身的表现和后裔来进行评估。公牛的表现至少与其原生牛群的平均水平一致，与接受考核的一群公牛的平均水平一致，且优于受配牛群的平均表现。在公牛的培育和选择上，只有那些遗传力中等或更高的遗传性状需要予以重点考虑。不要重点考虑那些遗传力较低或对牛场经济影响不大以及对肉牛生产贡献很小的遗传性状。

牛遗传评估方面的进步使得对公牛遗传价值的评价较以往更加准确。为牛场挑选一头公牛时，基于系谱和表现或后裔信息，寻找能够给后裔传递理想品质（遗传性状）的一头公牛。使用预期后裔差异（EPD）能够预测一头公牛的后裔表现。EPD 值是对公牛表现的一个估计，并能够遗传给他的犊牛作为其遗传性状的延续。

EPD 值将所描述的遗传性状（如出生重、泌乳量或增重）转化为相同的单位，其是基于公牛及其亲属的遗传性状计算而来。一头公牛一项遗传性状的 EPD 值，如出生重，是对其遗传价值更为准确的一个估计。一头公牛可能在几个牛场有很多后代，EPD 值的计算就更加准确，也更有预测性。EPD 值还能比较一个品种内公牛之间的预期表现。如使用出生重和断乳体重的 EPD 值，养殖户就能比较还在哺乳期的小公牛将来所产的犊牛出生重和生产表现是否符合预期。为了与杂交品种比较，也研发了一些校正因子。

另外，使用 EPD 值和表型（身体外貌）来选择遗传性状，一头公牛必须能够在一个较短的配种季里配种很多牛，并在连续几个配种季里保持健康。但是，年轻公牛在配种季里出现问题的概率很大。这些问题包括空怀母牛、配种季的延长和犊牛断乳时体重较轻。因此，公牛的正确饲养和管理对于更有效地配种母牛和后备牛很重要。公牛管理是一项持续进行的工作，在选择和管理繁殖力强的公牛方面，理解繁殖生理学并懂得如何管理非常重要。

品种之间或品种内部公牛达到性成熟或发情期的年龄差别很大。尽管常常看到一头公牛在7个月龄时就有性欲并能交配，但大多数公牛在10～14个月才达到发情期。随着发情期的临近，公牛身体结构发生变化，变得更有侵略性，性欲增加，阴茎和睾丸快速生长。

一般英系品种较欧陆品种早一些达到发情期。饲喂较差的公牛，发情期会晚一些。虽然初次发情期一般出现在1岁左右，但一头公牛的最佳配种能力出现在1.5～2.5岁，并在6岁后衰退。使用1岁多的年轻公牛常常能够提高产犊率。

年轻公牛在配种季结束后继续生长和发育。因此，1～2岁的公牛不应该被过度使用，应提供全面的营养让其骨架和肌肉继续生长。

2. 身体条件和健康问题

（1）身体条件。

备选公牛应该有较好的骨架结构和符合要求的骨架大小（身高和体长的反映），好于平均水平的肌肉丰满度，以及良好的健康状况。公牛能够经常被发现在牛群里有观望、吃草、闻味和走动的活动。任何减少这些活动效率的因素都对公牛的配种效率有负面影响。

检查年长的公牛牙齿有没有脱落或有没有严重磨损。放线菌病是一种骨骼和软组织的慢性感染，一旦发现该病，公牛应立即淘汰。

检查年长的公牛以确保其眼睛没有受伤或感染。应该采取特殊检查以发现是否有眼癌的早期症状。还要检查过往的红眼病结痂是否影响牛的视力。如果发现视力问题，该公牛应该被淘汰，特别是拥有几头公牛的牛群，更应细致检查。

不同牛场对良好公牛的身体状况经常有不同的看法。但公牛应该有足够的能量储备。年龄、牧场或草场的大小、地形、饲料状况、配种季的长短和每头公牛所负责的母牛数量不同，所需要的体况也有所不同。进入配种季，公牛的体况评分在3.0～3.5比较理想。骨骼结构很难鉴别，但肩后和肋骨处的脂肪沉积，以及尾根周围的脂肪覆盖能够明显分辨。

（2）肢蹄问题。

良好的肢蹄结构对于公牛的移动和母牛发情时的爬跨非常重要。一头跛行或腿疼的公牛在牧场或草场条件下就不能完成配种任务。公牛有任何关节炎症状，如关节僵直或肿胀都应该被淘汰。在配种季如果发现公牛有肢蹄的结构缺陷，该公牛就应该被淘汰。肢蹄结构差具有遗传性，最终将显现在女儿身上，缩短其繁殖寿命。一头年轻公牛如果蹄甲过度生长，也应该被淘汰。如果成年公牛蹄甲过长，应该进行修蹄。如果你打算出售终端公牛的所有后代，肢蹄就不是一个问题。

成年公牛的蹄甲可能过度生长，因此需要进行修理（图2-10）。过度生长的牛蹄导致公牛行走困难、不能发现发情的母牛，会严重影响公牛的繁殖能力。

修蹄可能是牛场春季能带来最大经济效益的工作。可以雇佣专业的修蹄师来修理。如果养殖户自身配备有专业的设备、工具以及接受过良好的训练，那么养殖户自己也能很好地进行修蹄。

①设施。一年只有几头牛需要修理的话，使用牛场现有的设施就可以。如果每年都有很多牛需要修蹄，那么就需要投资一台专业的修蹄架。

②设备。一个角磨机；左、右手使用的修蹄刀；碘溶液、硫酸铜，以及已消毒的绷带。

③牛蹄的解剖结构和修蹄技术。蹄底与蹄壁（外缘）结合起到负重的作用（图2-11）。过度生长的角质破坏了这样的结构。修蹄后，牛蹄就能恢复原来的负重功能。

注意，不要把蹄底削得太薄，去除多余的角质直至蹄甲接近正常长度。蹄踵下的角质较蹄尖底部的角质厚。过度要求蹄尖与蹄踵看齐可能会损伤蹄尖底部的敏感结构。

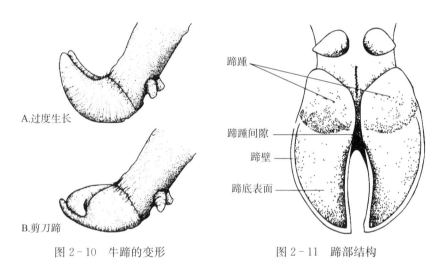

A.过度生长

B.剪刀蹄

图2-10　牛蹄的变形

蹄踵

蹄踵间隙

蹄壁

蹄底表面

图2-11　蹄部结构

（3）繁殖器官的健康问题。

任何繁殖器官都可能出现感染或炎症。如果睾丸出现炎症，即使原来的症状消失过去了很长时间，精子质量可能还会受到影响。新的精子大概需要60天时间来形成和成熟。

其他状况的改变也能影响生殖系统的功能。由于疤痕组织或脂肪组织的增生导致睾丸不能移动时，精子质量也会受到影响。如果不能维持适宜的温度，精子质量也会受到影响。睾丸变软表示精子质量差且组织发生退化。睾丸非常小暗示精子生成的器官发育不良。牛存在脓肿、肿瘤或严重的冻伤也表示有潜在的问题存在。

阴茎问题包括系带紧张（向后拉紧阴茎）、螺旋变形和阴茎上的毛圈。最常见的问题是螺旋变形。公牛如有这种缺陷，则不便配种，应该被淘汰。阴茎系带紧张具有遗传性，阴茎的尖头与阴茎鞘相连不能外伸，这个情况可以手术矫正。阴茎毛圈是指阴茎上有毛发环绕形成的毛圈，最常发生在年轻公牛上。这种情况如果不及时处理，就会感染形成疤痕。其他阴茎问题还包括长疣、阴茎折断或受伤留疤。

阴茎损伤主要发生在活跃的配种季，且可能一直被忽视直至下一次配种可靠性检查，长时间的粘连或撕裂可以阻止阴茎完全伸出，或导致性交疼痛。公牛有任何疼痛性损伤都会使其放弃配种的尝试。

3. 配种能力

（1）配种可靠性。

配种可靠性检查对于确保配种取得成功非常关键。这个检查应该在配种季开始前的 30～60 天进行。这个检查包括对睾丸和阴囊发育、精子质量和身体状况（肢蹄）的评估。成功的可靠性检查是指公牛在受检日的情况表明它能成功地完成配种季的工作。疾病、损伤或缺乏性欲都可能使一头公牛的表现不能达到预期水平。

加拿大、美国和澳大利亚的调查显示，配种可靠性检查可发现 20%～40%的公牛不育或繁殖力降低。一头公牛虽然身体健康、生殖器官正常，但可能由于精子质量差而存在繁殖力低下的问题。购买和饲养一头公牛的成本很高，养殖户负担不起在已经有多头公牛的配种草场里再多饲养一头公牛来补偿繁殖力降低的公牛。公牛如果不能在配种季里尽早让自己所负责的那一部分母牛妊娠，就会导致牛群的繁殖效率降低。

在配种季开始前进行配种可靠性检查，剔除有问题或配种能力不足的公牛，可以提高下一个配种季取得成功的概率，并能在来年断乳时有更多体重较大的犊牛群。在早春季节进行配种可靠性检查很重要，这能使养殖户有时间调整公牛的存栏量，从而不会降低公牛的挑选标准。

大多数种牛养殖户或公牛拍卖会都执行一些常规的配种可靠性检查，这类检查能够保证其出售的公牛有较好的配种能力。

（2）精子质量。

睾丸产生的精子质量非常重要。高水平的产犊率很大程度上依赖于高活力的精子。精子质量差的公牛，正常精子的占比低，第 1 次发情的受胎率也低（表 2-13）。

表 2 - 13 自然交配时精子质量与受胎率之间的关系

精液中正常精子的百分率 （％）	公牛头数	配种的母牛数	受孕母牛数	受孕比例 （％）
76～95	27	339	192	57
60～75	6	90	53	59
40～60	9	139	55	40
小于 40	9	126	37	29

睾丸的坚实度与精子质量密切相关。触诊时睾丸坚实，一般生产的精子质量高。睾丸很硬或很软，则说明睾丸不正常，很可能受过伤。但是，通过睾丸的坚实度来判断精子质量存在误差，精子质量的准确评估只能通过显微镜对精液样品进行检查。配种可靠性检查应该包括对精子质量的评价。

通过电子采精器或人工阴道收集精液样品来进行精子质量检测。样品经肉眼观察和显微镜下对颜色、数量、浓度、活力和形态进行评估。只有符合资格的兽医和技术人员才可以收集和检测精液样品。通过电子采精器收集的样品，不能量化精液浓度。

（3）阴囊周长和形状。

阴囊周长（SC）是一个很有价值的指标。它和每日精子产量和精子质量特性（精子活力、正常精子百分率、精子畸形率）有关。有较大睾丸的公牛能够生产更多的精液，其儿子也有较大的睾丸，其女儿的发情期来得早、繁殖力也强。阴囊周长有很强的遗传力，而且同一头动物不同的人检测重复性很高。阴囊周长有品种差异，同一品种内个体之间也有很大差异。

阴囊形状对睾丸发育和功能有影响。肉牛公牛的阴囊形状一般有 3 种：瓶子形、侧直形和楔形。瓶子形阴囊且有明显阴囊颈的公牛睾丸发育最好，因为睾丸在阴囊壁内由肌肉提升或降低，并由精索来维持稳定的温度以利于精子的发育，所以阴囊形状非常重要。

睾丸有两个主要功能：生产精子和生产睾酮（一种雄性激素）。睾丸的发育在 6～14 月龄非常快。公牛在此期间的饲喂管理必须很好，否则营养不足将会导致睾丸发育缓慢和成年时睾丸较小。

研究显示，由阴囊周长表示的睾丸大小与精子产量密切相关。换句话说，与睾丸小的公牛相比，睾丸大的公牛更有可能成功交配并使更多母牛妊娠。还有很多研究显示公牛的年龄和体重对睾丸发育和发情期的睾丸生长也有很大影响。在发情期后睾丸大小和精液产量之间的相关性不是很强，一般同一品种内体格较大的公牛睾丸较体格较小的公牛大。

加拿大萨斯喀彻温大学的研究显示，随着阴囊周长增加直至 38 厘米，公牛精液质量提高。在155头阴囊周长只有32厘米的公牛中，只有13%的公牛精液质量令人满意。与此相比，在136头阴囊周长38厘米的公牛中，88%的公牛精液质量令人满意。

使用阴囊周长作为精液生产能力的指标时，对公牛的品种、年龄、体重和出肉率要予以考虑。表2-14可见常见肉牛品种不同年龄阴囊周长的推荐值。

表2-14　不同品种肉牛不同年龄时阴囊周长的最小推荐值

月龄	不同品种阴囊周长的最小推荐值（厘米）			
	西门达尔牛	安格斯牛和夏洛莱牛	海福特牛和短角牛	利木赞牛
12～14	33	32	31	30
15～20	35	34	33	32
21～30	36	35	34	33
大于30	37	36	35	34

公牛配种可靠性检查必须通过表2-14中的标准。虽然这些测量是一个很好的参考，但不能保证每一头公牛的繁殖力就很强。低于这个最小推荐值的公牛应予以淘汰，不能用于配种。历史上行业内曾认为，如果公牛1～2岁时阴囊周长小于30厘米，则很可能繁殖力较低。如果使用阴囊周长低于最小推荐值的公牛进行配种，结果可能导致受胎率较低和配种季延长。

后备母牛的繁殖力和或发情期出现的年龄可以通过所使用配种公牛的睾丸指标来预测。科罗拉多大学和蒙大拿州立大学的研究显示，公牛的睾丸大小和所产母牛进入发情期的年龄相关性很强。12月龄时阴囊周长32厘米或更大的公牛所生产的母牛在24月龄产犊的占比较高。北卡罗来纳州立大学的研究也显示，睾丸大小和所产母牛一生的繁殖力改善相关性很强。推测公牛具有较大睾丸的激素组成遗传给了女儿，表现为雌性后裔卜发情期早，繁殖力强。

（二）公牛的繁殖管理

公牛群，特别是青年公牛的正确管理对于确保未来好多年的最佳配种表现很重要。公牛的管理是一个持续进行的过程。

1. 配种系统和设施

配种系统和设施决定了配种季的成功。在配种季前，应该审查一下配种地点、配种方法。审查的设施包括草场护栏、天然屏障、饮水和草料供给设施、围栏情况和工作区域状况。

在配种季，评估配种系统和草场的情况好坏。草场护栏和天然屏障应该足够牢靠，能够限制每一个公牛都待在自己的区域，禁止其他公牛侵入。确保饮水和草料充足以保持特殊牛群的营养需要。发现问题及时改正，如果当年来不及改正的话，做好记录以便下一年改正。

2. 公牛的社会行为和主宰地位

公牛需要发现大多数发情母牛，需要自由走动才能发现需要交配的受体牛。公牛，特别是年轻公牛，当进入一个新环境时可能需要几天时间才能适应新情况。

青年公牛在新家要经历一个学习过程和适应调整才能表现出性行为。在一群牛里有三头或以上公牛时，青年公牛将表现出更多性活力，包括更多的爬跨尝试以进行至少1次交配。如果单个较大的草场里只有1头青年公牛，可能对配种季早期的交配和受胎率有负面影响。

一些公牛的社会主宰地位或侵略行为可能影响主宰地位差的公牛的表现并限制其交配欲望，从而导致受胎率和所产的犊牛数量降低。连续使用两个以上配种季的公牛可能具有强烈的地域观念，会利用大量的时间和能量来打斗以捍卫自己的地域。捍卫地域的打斗将会减少用于交配的时间。因此，引进新的公牛应分批次，并防止可能发生的损伤。

一个牛群有好几头公牛的话，选择哪些公牛同在一个牛群也很关键。社会地位一般是基于年龄和公牛的体格大小，可以影响一大群牛的配种活动。对于任何一组公牛要想配种结果较好，社会地位必须明确。如果公牛之间的主宰地区比较模糊，公牛之间就会消耗能量去打斗以争夺主宰地区，而不是花时间和能量去寻找发情的母牛。

选择社会地位明确的公牛。将最想要的公牛作为主宰公牛放到一个母牛群，然后将不是太理想或多余的公牛作为辅助公牛。因为主宰地位是交配行为的一个重要方面，主宰地位差的公牛能够提升主宰公牛的配种活动，而且可以与主宰公牛照顾不到的那些发情母牛交配。

3. 营养

合适的营养水平对于公牛，特别是性发育阶段的青年公牛，非常重要。营养不足和饲喂过度都会产生问题。饲养的目标是青年公牛每天能够增重0.9～1.1千克，在第1个配种季时的体况评分在3.5。对于成年公牛，目标是在配种季开始时体况评分在3.0～3.5（好或非常好）。饲喂情况不好的公牛可能增重和骨架发育慢。营养不良可能导致精子产量低和活力差，降低牛群整体的繁殖力。

过度饲喂的公牛可能被很多问题所困扰。青年公牛如果营养水平非常高，可导致暂时不育和繁殖力水平低。过度肥胖的公牛阴囊中沉积了脂肪。脂肪包围的睾丸不能降温，导致精子产量低和与精子质量和结构有关的很多问题。多数情况下，公牛如果摄入的能量太高，最终会出现肢蹄的问题，如蹄叶炎以及过度负重导致肢蹄的过度应激。

年长的公牛需要补充维生素 A 以保持最佳的精液产量。正在生长的青绿草中维生素 A 很丰富，可作为饲料饲喂。但是，如果配种季是在草场青绿草生长充足前开始的，就需要给公牛补饲维生素 A 以确保日粮营养充足。或在冬季给公牛注射 1 次或多次维生素 A。公牛还应该能长年自由舔食含钙和磷的矿物质。

如果使用料槽饲喂，确保每头牛有 0.6 米宽的料槽空间。如果在场地上饲喂高能量的颗粒或草块，对料槽的要求就可以降低。在饲喂任何谷物前，应确保所有公牛都在饲喂区；这有助于减少有些公牛的过度饲喂情况的发生，并能保证每头公牛都吃到自己的那一份。

4. 公母牛比例

公牛年龄影响公母牛比例。传统上公母牛比例为 1∶（25～30）。如果草场上的配种季是 60～70 天，表 2 - 15 所显示的比例就是一个总原则。

草场的大小、地形（土地的形状）、配种季的长度和公牛的状况也影响母牛所需要的公牛数。有证据显示母牛发情时就会寻找公牛。山坡或复杂地形、植被过于浓密以及草场过大也限制了一头公牛所能配种的母牛数量。

表 2 - 15　公母牛比例

公牛年龄	公母牛比例
青年公牛（1 岁多）	1∶（18～20）
2 岁	1∶（20～30）
3 岁及以上	1∶（30～40）

青年公牛较成年公牛所需要的营养更多。如果青年公牛在配种季开始时体况较差，就需要补饲。除此之外还可以将青年公牛的使用时间缩短并在配种季轮休公牛。青年公牛还在长身体，如果让青年公牛和母牛待在一起的时间超过 70 天，它们的体况就会变差。

如果可以的话，每 10～14 天让公牛休息 3～4 天，特别是使用青年公牛的时候，让公牛休息是一个很好的管理措施，这能够延长公牛整体的配种能力。

将配种季缩短至 60～70 天能够避免犊牛的年龄和断乳体重的差异。观察公牛和母牛在一起的表现，公牛如果受伤或缺乏性欲不能配种，就应该从配种牛群中赶出。

5. 疾病风险评估

牛群引入新公牛，防止疾病传染是关键。滴虫病是一种可能导致牛群繁殖表现差的疾病。该病能导致母牛在妊娠前 4 个月的流产。

滴虫是一种单细胞的原虫，可在公牛阴茎鞘和母牛生殖道内找到。母牛感染后极易发生流产。之后母牛会出现 2～3 次发情，然后再次具有繁殖力。这种免疫力将维持大约一年。一旦成年公牛被感染，其将一直呈感染状态，并在每个配种季传染易感母牛。

养殖户需要每年对所有配种公牛进行滴虫病的检测。一旦检测阳性就应该立即淘汰。购买公牛应选择较高健康标准的牛场或拍卖会，并在购买前让兽医检测是否患有滴虫病，并同时进行配种可靠性的检测。

四、加拿大牛身份识别项目

自 2001 年 7 月 1 日，加拿大牛身份识别项目开始实施。该项目由加拿大牛身份识别署（CCIA）管理。这个强制项目包括离开原生牛场的所有牛，包括到社区草场、展览场所、检测站或兽医诊所（除非到一个认证的身份标记地点）。每头动物都有一个认证的耳标，标记唯一的身份号码，该号码一直存在到肉品包装厂的胴体检验点。

塑料条码耳标是该项目使用的第 1 代身份标记。2005 年 1 月 1 日 CCIA 引入了强制使用的无线频率身份码（RFID）。这个措施使得国家在发生疯牛病后可以进一步提高追踪溯源系统的质量和效率。

到 2006 年 9 月 1 日，所有离开原生牛群的牛必须有一个 CCIA 认证的 RFID 耳标。条形码耳标将使用到 2007 年 12 月 31 日，以方便 2006 年 9 月 1 日前离开原生牛群的牛运输。

经过广泛的田间和实验室试验，CCIA 评估了 RFID 耳标的存留时间、可读性、机械性和物理性特征，批准了 7 个型号的耳标可以在加拿大使用。

CCIA 批准的耳标刻有 CCIA 的商标（3/4 个枫叶图形和 CA 字母）。另外，耳标还有 15 位号码。

年龄确认是将出生日期和动物身份号码联系在一起。CCIA 加强了基于网络的牛只追踪系统以提升每个养殖户确认犊牛出生日期的能力。CCIA 建立了一个数据库，允许养殖户主动注册单个或群体犊牛的出生日期。加拿大养牛户通过登录 CCIA 网站能够注册和提交诸如犊牛准确出生日期之类的信息，并使之与耳标相关。为了在这个网站上注册，养牛户必须提供他们的姓名和地址，以及 CCIA 的耳标注册号。有关信息都保密。出生日期提交完成后，如果需要的话养殖户可以选择产生一个特定的出生证。没有网络的养殖户可以求助可以使用网络的人提交他们的信息。

当养殖户为当年的犊牛群购买 CCIA 耳标时，可以要求这些耳标号码是连续的。这将使得出生日期的提交更加方便。

加拿大的国际贸易伙伴提议年龄确认信息是出口贸易的先决条件。通过网络注册和提交诸如出生日期等信息，进一步加强了加拿大肉牛业在国际市场的竞争能力。

随着 RFID 技术的进步，它将进一步提高加拿大养牛行业数据自动收集和快速准确地传输有关牛场管理信息的能力。RFID 耳标结合 RFID 阅读器，也使数据记录更加方便快捷，减少了纸面工作，消除了数据错误和"逐行"阅读的必要性。加拿大牛身份识别项目的长远好处是可以通过使用 RFID 耳标和阅读器来完成所有动物在生产、拍卖以及最后肉品包装厂的追踪。

本 章 小 结

理解牛的繁殖周期和繁育牛管理，是维持繁殖效率以保证牛场盈利所必需的。为生产和繁殖提供充足的营养，缩短配种季，检查妊娠、淘汰空怀牛，培育良好的后备母牛，都对养牛场的盈利和高效运行有所贡献。选择和管理公牛群也是维持牛群繁殖效率的必要方面。肉牛繁育场的目标应是牛群中每一头母牛都能在每一年的时间内生产 1 头健康的犊牛。

繁育牛群管理是繁育牛场成功的关键。体况评分是改善母牛繁殖表现、制定最有性价比的饲喂策略和发现潜在健康问题的一个有用工具。在冬季饲喂开始前，最佳的体况评分是 3.0。产犊时成母牛的最佳体况是 2.5，产头胎牛时成母牛的最佳体况是 3.0。配种季开始前的 30 天，所有母牛的最佳体况是 2.5。如果母牛比这个最佳体况瘦或肥，其繁殖表现可能会变差。

一旦牛群通过良好的营养和健康管理建立了高水平的繁殖效率，这个繁殖力水平就可以通过限制配种季为 42～63 天和淘汰秋季空怀的牛予以维持。不同的计算机软件都能帮助养殖户保存单个牛和整个牛群的数据记录。这些信息能够帮助制定有效的牛群管理策略。通过找出牛群中的优点和缺点，保持优点并改正缺点，养殖户就能改善整个牛群的生产效率和盈利能力。

确保肉牛群有足够的能量和蛋白质供给，从而改进牛群的繁殖效率。在产前和产后提供充足的能量和蛋白质，改善妊娠率和第 1 次配种的受胎率。降低母牛哺乳阶段的空怀间隔。牛场如果盲目限制配种季而缩短产犊季，却没有改善其他基本的管理因素，第 1 年就可能有淘汰很高比例晚产犊的母牛的风险。这样做的一个严重后果就是下一年的断乳犊牛和现金流减少。母牛孕检是秋季工作的一部分，主要在犊牛断乳和冬季饲喂开始前开始进行。

生产顶级质量的后备母牛需要从出生就开始的准确管理。良好的营养是一个关键因素。饲喂后备母牛的一个基准目标是配种时的体重应该是成年体重的 60%～65%，产犊时的体重是成年体重的 85%，营养不足和营养过剩都能降低后备母牛的繁殖效率，确保头胎牛在哺乳期间有足够的营养特别关键。选择年轻、易产并有可靠的预期后裔差异的公牛以减少头胎牛的难产问题。在成母牛配种季开始前的 2～3 周开始配种后备母牛，就可以使头胎牛有更多的时间进行产后恢复，可以和主流牛群一起再次配种。

公牛的选择取决于需要配种的母牛类型和养殖户的目标。一个牛群最好的公牛不一定是另一个牛场的最佳选择。潜在繁殖力的完全评价包括身体条件、生殖器官、精子质量和营养状态的评价。选择阴囊周长较大的公牛能够增加公母后裔可遗传的繁殖力。公牛的选择和管理能够增加配种季取得成功的概率。

通过确保牛群充足的营养、缩短配种季和怀孕检查提高牛群的繁殖效率，具有很重要的益处，包括：

- 断乳牛群体重更大、更为匀称；
- 改善可支配劳动力的使用；
- 更好的机会去选择和培育繁殖力强的母牛群；
- 更多的利润。

第三章
遗传改良的方法

牛的遗传改良需要计划、耐心、良好的记录，以及做出什么样的牛最适合自身牛场等诸如此类艰难决定的能力。别的牛场最好的公牛可能不适合自身的牛场，除非管理方式和牛所处的环境都一样。如果牛场草场质量或冬季饲喂项目差异很大，而养殖户又不想在助产上花费太多的时间，那么养殖户最好去别的地方购买繁育牛，或者建立自己的人工配种项目。

本章将讨论：如何选择一个繁育系统，如何选择最适合你牛场的牛，如何购买或挑选合适的后备母牛或公牛，并如何管理人工配种项目。

一、首先采取的步骤

1. 保存记录

遗传改良项目的第 1 步就是数据记录与保存。犊牛断乳体重是在增加还是原地踏步？公牛和后备母牛按通常的时间一起饲养，但为何产犊时间却比通常晚一点点？环境改变，如干旱和低质量的饲料，对遗传性状有重要影响，但通过检查过去几年时间的记录，就很容易将这些环境改变导致的变化从遗传因素中分离出来。有些工作，需要纸和笔来做。目前，有关肉牛场数据记录与保存的很多商用计算机软件都已经过专业的评估，并推广使用。

2. 设定目标

知道所处的现状后，就要计划你的目标。当你的断乳犊牛进入拍卖场时体重要不要增加 25 千克？或许你想要它们的毛色和大小更加均匀一致，更加吸引买家的兴趣？也许你想要后备母牛能够有更多的断乳犊牛，或空怀牛少一些？

某些性状主要是源于遗传因素，而有些方面更多的是受环境和管理水平所影响。一个性状受遗传所影响的多少称作遗传力。当计划一个繁育项目时，高（超过 50%）或中等遗传力的性状可以通过选育进行改良，例如牛的毛色、是否有角具有很高的遗传力。而遗传力低的性状（小于 30%）应该通过管理来改变。表 3-1 列出了常见的几个性状的遗传力。

表 3-1 一些性状的遗传力

性状	遗传力（%）
产犊间隔（繁殖力）	10
初生重	40
断乳重	30
母性能力	40
泌乳能力	30
肥育场增重	45
草场增重	30
增重效率	40
最终体重	60
肌肉丰满度	50

为了实现你所选择的目标，重要的是缓慢地使那些理想的遗传性状做出渐进式改变（表 3-2）。例如，能顺利分娩 35 千克犊牛而不出太多问题的母牛，可能也可以生产 40 千克的犊牛。一头公牛所产的犊牛达到 55 千克，可能导致难产增多和产后发情延迟等管理问题。

表 3-2 研究所选改良目标

想要改良的性状	可能获得的性状
改善胴体的肌肉丰满度	生长缓慢
较高的犊牛断乳体重	动物饲料需要量增加，泌乳量增加
提高饲喂时的增重速度	难产增多，母牛体型增大，母牛和环境的适应性降低，母牛的繁殖表现降低
增加泌乳产量	饲料需要量增加或繁殖力降低
饲喂低质量饲料时的增重能力，"抗干旱"牛	犊牛生长变慢，进入发情期的年龄增大，母牛繁殖力降低

二、育种的原则

基于遗传选择的可靠的育种项目，取决于以下因素：

1. 选择改良的性状数量　选择的性状越多，任何一个性状取得进步的步伐就越慢。但是，一次选择改良好几个性状的累计效应将大于仅仅选择改良一个性状所带来的好处。遗传学家制定了选择系数，能够评价同时选择动物几个重要的经济性状的结果。如果所选择的动物所处的条件和自身的牛场很相似，那么就有很好的机会取得成功。

2. 世代间隔　这是育种牛群内公牛和母牛周转的时间。公牛和母牛被更优秀的牛代替的速度越快，遗传改良就越快。快速改良需要每年淘汰很高比例生产表现差的母牛，而且所使用的公牛只能保留一年或两年。如果牛场正在取得遗传改良的进步，牛群中年轻的牛就比年老的牛表现好。

3. 选择的准确性　如果要取得进步，牛群中的公牛和母牛就必须被所选择的性状更加优秀的牛所取代。使用后裔验证的牛较未验证的牛能够提供更加可靠的选择。如果养殖户选择改良牛群的断乳体重性状，但又购买了不清楚或未验证性状的公牛，最可能的结果是断乳体重的改进非常小。预期后裔差异（EPD）能够用来估计可能的遗传改良的数量。

4. 遗传力　遗传力是任何性状生理变化的一部分，而这些性状是动物遗传的组成成分。遗传力越强的性状，通过选育改良的速度越快。

三、育种体系

育种体系的类型很多，每一个类型又有很多变化。本部分讨论的是纯种繁育和杂交繁育的优缺点。较没有体系而言，任何这些体系都能取得遗传上的改良。没有一个体系适合所有牧场，如果对繁育结果进行监测，就能获得最稳定的进步。最好的监测系统就是生产表现验证项目，可以被用来淘汰表现差的牛、选择后备母牛和购买后备公牛。

1. 纯种繁育

纯种繁育指牛的配种只在同一个品种内进行。纯种牛场使用这个系统来维持牛品种的纯洁度。它包括使用同一个品种的公牛配种母牛，并基于生产表现、类型、系谱或三者结合来进行选择。

纯种繁育 3 个主要的方式为：近亲繁殖、同系繁殖和远亲繁殖。养牛户可能同时在牛群内使用这 3 种繁育方式。

（1）近亲繁殖。

近亲繁殖的理论很有吸引力。有优秀或理想性状的相关个体进行交配以试图获得整齐、均匀且具有相同理想性状的牛群。在实践中，使用亲缘关系较近的近亲繁殖（父亲×女儿、母亲×儿子、兄弟×姐妹）必须特别小心，否则可能有灾难性后果。此外，也可以选择比较温和的近亲繁殖。牛群中犊牛断乳体重大于平均水平的母牛与处于平均水平的母牛相比，近亲关系更为密切。

一般来说，应避免与同一个祖父母关系更密切的动物之间的交配。如果交配的动物之间近亲关系太密切，繁殖力就是第一个受到损害的性状。随着近亲繁殖的增加，牛群健康和总生产效率就会下滑。如果近亲繁殖增加，就需要良好的记录以鉴别繁殖力及犊牛存活率等性状是否在缓慢下滑。

近亲繁殖在过去很流行，目前使用的比较少。所有基因都是成对的，如果一对基因完全一样（纯合子）就很有利，可能获得更好的后代。但不幸的是，近亲繁殖的纯合子也附带了不理想的基因，导致后代活力的下滑。如果要取得实际进步，对表现差的牛就必须严格淘汰，大多数养殖户会发现淘汰率高的成本太大了。

随着近亲繁殖的增加，牛群的健康状态和活力也会下降，剩余牛群的生产效率也降低。但可以肯定的是，繁育牛群基因纯度的增加是值得的。

（2）同系繁殖。

这是比较温和的一种纯种繁殖。相比近亲交配，同系繁殖的牛群选用了最受欢迎的父母的后裔进行繁殖的方法。

同系繁殖是通过长时间使用一头特殊公牛来增加牛群中该公牛的后裔数量而取得进展。一旦不再使用这头公牛以后，这头公牛的一头或多头雄性后裔就开始配种。

很明显，这头公牛使用时间越长，牛群的近亲系数就越高。即使你相信一头公牛是世界上前所未有的好公牛，但如果你的遗传改良项目正在取得进步，你的牛群中任意一头年轻公牛都应该比这头公牛表现好。如果年轻动物的表现不如年老的动物，那可能存在过多的近亲繁殖。

大多数实行同系繁殖的养殖户，如发现父女交配不能避免时，就会淘汰这头公牛。这时，这头公牛就被它的儿子取代。选择这种繁殖项目时，认真选择后备牛就非常重要；近亲繁殖可能造成灾难，也可能获得更多优秀的后代。

当牛群中近交系数太高时，同系繁殖最终会停止产生优秀后代。那时，牛群就应该引入新的遗传物质。

（3）远亲繁殖。

这是指交配的动物基本上没有亲缘关系，主要的原则是使用所能找到的最好的动物来配种，其后裔将会显现出一定的杂交优势（如体格变大、产量和生产表现提高），也就是常说的杂交活力。远亲繁殖可使群体基因库增大，也增大了动物选育的进展步伐。

2. 杂交繁育

研究已经证明了杂交的好处。许多杂交系统也被建议用来获得杂交优势的所有好处。三个主要的杂交类型为特定品种杂交、轮回杂交、复合或合成品种培育。

当一头杂交母牛和一头远亲公牛或一头不同品种的公牛交配时，就能获得最大限度的杂交优势。父母关系越远，杂交优势越大。

杂交优势是杂交个体所获得的某些遗传性状的优异表现高出父母平均水平的现象。杂交优势在试验上是通过杂交动物的生产表现和杂交系统所涉及的纯种动物的平均表现的差异来衡量的。这个差异通常表示为超出纯种动物平均表现水平的百分率。通过以下公式计算而来：

杂交优势＝（杂交平均表现－纯种平均表现）/纯种平均表现×100%

这是一种遗传性状相对于父母平均水平改良的百分比。

比如，如果品种 A 纯种犊牛的断乳体重平均为 206 千克，品种 B 为 202 千克，那么两个纯种品种的平均水平就是 204 千克。如果杂交牛犊的断乳体重平均为 213 千克，杂交优势就被估计为：

杂交优势＝（213－204）/204×100%＝4.5%

一项研究曾经评估了肉牛杂交所能预期的遗传改良。英系品种杂交在生产表现上的影响有：

- 杂交犊牛从出生到断乳的存活率提升 3%。
- 杂交犊牛的断乳体重增加 5%。
- 杂交去势牛周岁体重增加 6%。
- 杂交后备母牛周岁体重增加 8%。
- 杂交后备母牛第 1 次发情的年龄较纯种牛提前 10%。

杂交母牛和纯种母牛生产杂交犊牛的生产表现比较：

- 杂交母牛第 1 次配种的受胎率提高 10%。
- 杂交母牛在配种季结束时怀孕率提高 6%。
- 杂交母牛断乳犊牛数增加 7%。
- 杂交母牛每个断乳犊牛的体重增加 6%。
- 杂交母牛每个受孕牛所生产的犊牛体重增加 15%。

杂交繁殖使犊牛存活率和繁殖力增加，早成熟，生长快。三元杂交比两元杂交的表现更好。

杂交繁殖需要管理上有所改变，有些变化被认为没有益处。这些变化有：

①大多数系统需要两个或二个配种草场，或使用人工配种。当牛群足够人需要好几头公牛时，需要多个配种草场。小牛场可以采用人工配种和一头不同品种的公牛来引入杂交繁殖。

②产乳量多的杂交牛，特别是头胎牛，需要更高水平的饲喂和管理以预防乳腺炎的发生。

③一些杂交牛需要不同的断乳后管理。一些大型品种的杂交去势牛应该直接送往肥育场或直接使用高能量日粮，没有吊架子的饲养阶段。大型品种的杂交后备母牛在第 1 次配种时的体重应该比英系品种重 34 千克。

④需要更加高效的市场体系，特别是卖架子牛的时候。

（1）特定品种杂交。

特定品种杂交是指与一个母性性状（如泌乳）强的品种杂交，为牛群生产杂交母牛作为种用牛。终端杂交也是特定品种杂交的一个类型。轮回杂交包括特定品种杂交，但轮回杂交并不限定一直使用同一品种，可能会增加新品种以获得所想要的遗传性状。

（2）终端杂交。

终端杂交所生产的下一代都被送往屠宰场。在这个系统中，杂交母牛与肉品性状强的公牛配种。终端杂交所产的小母牛不适合用作繁育牛，原因是体型过大或肌肉太多，因此也被卖往屠宰场。除非你想提高牛群的体格大小而增加饲料费用，否则不要保留终端杂交的小母牛作为后备母牛。

终端杂交系统的一个主要问题是维持繁育母牛群。养殖户可以选择购买所有的繁育牛（风险太大）或者分群培育自己的繁育牛。如果培育自己的后备母牛，那么这就需要总母牛群的一半。如果还想自己培育以肉品性状见长的公牛，又需要10%的繁育母牛来实现这一目的。因此，整个牛群就只有40%的母牛来进行终端杂交。这种做法一般需要较多的配种草场，只有大型牛场能够实行。

（3）轮回杂交。

①二元杂交。二元杂交包含两个品种的公牛（如海福特和安格斯，图3-1）。留养第1代杂交后备母牛，再和另一个品种的公牛（和自己的父系不同品种的公牛）配种。

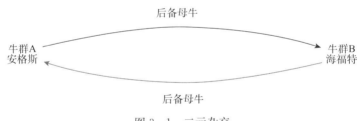

图3-1　二元杂交

二元杂交系统只需要两个配种草场，并在所有情况下都使用杂交母牛。这种杂交方式能够利用到66%的所有潜在杂交优势。

较其他类型的特定品种杂交系统，品种的选择有一点复杂，因为每一个品种既要母性强，又要是终端。最好的选择是具有超级泌乳能力的品种。

这个杂交系统在2～4头公牛的牛群使用效果最好。一头公牛负责的牛群可以使用这个系统的一个变种，即：一个品种的公牛使用3年，然后另一个品种的公牛使用3年。这种情况下有杂种优势存在，但不太高。

②三元杂交。三元杂交（图3-2）需要三个配种牛群，能够获得高达87%的杂交优势。这个杂交系统最大限度地利用了杂交优势。因为所有的品种都被用作母性性状和终端（肉品）性状的来源，所以母性能力特别强或肉品性状特别强的品种都不是最好的选择，一个三元杂交系统需要3～6头公牛。

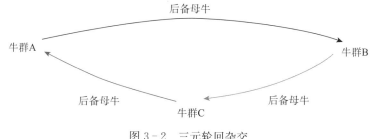

图 3-2 三元轮回杂交

③超过三个品种的轮回杂交。超过三个品种的轮回杂交系统并不能获得太多的杂交优势，只是增加了配种系统的复杂性。如果养殖户希望使用更多品种，可以试一下复合品种繁育或轮回复合品种繁育。

（4）轮回终端杂交。

三元轮回终端杂交的一个主要缺点是会有大约50％的纯种母牛要离开牛群。

从牛群中选择40％～50％的母性能力好的繁育母牛分离出来进行两元轮回杂交。设立这个从属牛群的目的是获得生产效率高的后备母牛。所选择的配种牛应以母性能力为特征，且兼具肉品生产的综合目标。

剩余的繁育母牛使用终端公牛。终端牛群的后备母牛都是年老或生产效率略差但仍可以在轮回系统使用的母牛。选择的公牛都以肉品性状见长，并能和养殖场的牛群交配生产满足市场需求的肉牛品种。

（5）其他杂交系统。

大型牛群还可以使用其他杂交系统，但不在这里讨论。多数情况下，这些项目都会根据特定牛群和管理的需要进行调整。

3. 复合品种培育

复合品种培育、合成或杂交育种是指两个或以上的品种进行杂交以期获得在任一品种内没有出现过的遗传性状。育种目标应该选择繁殖、生长和胴体性状，这样所获得的牛能够最大限度地满足经济生产和市场需求。

复合育种和一般杂交最大的区别不是特定的遗传组合，而是遗传基因所使用的方式。复合育种是用另一个复合品种来配种，以保留我们一般和传统杂交系统联系在一起的一定水平的杂交活力，但没有与外部品种进一步杂交。例如，牛场使用一头安格斯公牛和海福特母牛杂交生产的黑色无毛母牛。如果牛场主决定用一头黑色无毛公牛来与其相配，保留女儿甚至是儿子作为后备牛，我们就可以认为这头母牛是一个复合品种。因为养殖户选择一样的杂交品种来与其相交配，预期保留一定的杂交优势，但没有进行进一步的杂交。

阿尔伯塔大学有一个繁育牛群是夏洛莱牛、安格斯牛和加洛韦牛的复合品种，在最初的杂交后的几年里又添加了瑞士褐牛和西门达尔牛的血统。其复合牛群较纯种牛有稳定的优越表现，并在同一场所经过 20 年的选择和选育一直得以维持。

复合牛群生产过程中最困难的工作就是销售。牛的毛色可能变化非常大，如果选育目标很好，不管毛色如何，所有的牛将会有很好的生长特性。然而，除非买家也是一个杂交牛爱好者，否则不太好找买家。

位于内布拉斯加州的美国肉品动物研究中心在一个繁育牛群混合了 8 个品种，维持了大约 85％的杂交优势，同时牛群保持封闭（公牛和后备牛都是从牛群内部挑选的），每隔几年引入新鲜血液以抵消近交影响。一般大型牛群杂交优势能保持相对较高的水平。

重要的是区分复合品种培育者（育种者）和复合品种用户（商业养殖户）。培育一个复合品种的牛群需要大量的母牛和公牛（500～700 头母牛和 25～35 头公牛）经过一段时间的初步杂交，再经过几代的牛群内部交配和剔除最初的父母牛群。生产表现是选育的主要目的，养殖户进行复合品种培育过程中试图保留一定的花色，但毛色的选育将阻碍生产表现的提高。尽管复合品种毛色变化很大，但其他重要的经济性状都表现很高的稳定性，如繁殖力、存活率、生长速度、产乳量和胴体特征等。复合品种的培育过程涉及相当大的金钱投入和耐心，而且没有任何人可以保证这个复合品种能够被行业所接受。

开始培育一个复合品种的牛群前，应确认每个包含在这个系统的品种能够带来有益的表现。如一个牛场可能想培育一个以母性能力见长的牛群来和终端公牛配种。对以母性能力见长的复合牛群，使用英系品种（海福特牛、短角牛和安格斯牛）和一些欧洲乳肉兼用牛（西门达尔牛、利木赞牛和塞勒斯牛）的组合会取得不错的效果。

新培育一个复合品种的牛群或品种是很难的。如果牛群很大，养殖户就需要选择几头包含想要性状的公牛，每一头公牛配种一些母牛，从后代中选择后备母牛，取代原来的母牛群。经过几年与外来公牛的配种，再封闭繁育，获得新的复合品种。

复合品种的用户就简单多了，因为他们只需要和以往一样挑选公牛。从管理角度看，培育复合品种和纯种繁殖一样，只需要一个配种草场（后备母牛分开配种的话需要两个配种草场）。复合品种培育可以在小牛场使用，即使牛群只有一头公牛。复合品种用户生产自己的后备母牛，他们也有可能生产自己的后备公牛。但是，大多数商业用户需要更高的管理水平和完善的记录以使得公牛的自繁自养更加可行。这也是为什么很多复合品种的公牛都是从复合品种的种牛场购买的。

四、个体育种性状评估

选择后备母牛和公牛是遗传改良项目的一个重要部分。生产验证是淘汰和留养后备牛的一个重要工具。不论是使用哪个品种或什么育种体系，只留养遗传上更加优异的小母牛作为后备牛。

为养殖场的育种项目选择合适的公牛，需要大量的思考和计划，下一年养殖户的犊牛群的一半遗传潜力取决于育种项目开始前的决定。公牛生长快的原因是由于优良的遗传基因，还是从一出生牛场主就提供了大量的谷物和蛋白质，或是遗传基因和饲养环境都非常好的原因，我们不得而知。但幸运的是，预期后裔差异（EPD）这样的信息可以用来区分拍卖场里的公牛。

EPD 值是比较个体动物遗传价值的有效数据。公牛和母牛的 EPD 值可以在各品种牛协会发布的目录上查询。

1. 品种内部比较

养殖户可以使用 EPD 值来预测一个品种的公牛（或后备母牛）的后代表现，即使这头牛是在不同地区（省或国家）的牧场饲养的。表 3-3 列出了两头公牛的 EPD 值。

表 3-3　使用预期后裔差异来比较同一品种的两头公牛

公牛号	预期后裔差异（EPD）			
	初生重（磅）	断乳重（磅）	周岁体重（磅）	阴囊周长（厘米）
纽比 7M	-2	+5	+4	+2
弗拉非 22F	+5	+12	+20	-2
差异	7	7	16	4

EPD 值经常与相关联的遗传性状使用相同单位。例如，比较两头公牛，纽比 7M 的犊牛初生重和断乳重比弗拉非 22F 的轻 7 磅，弗拉非 22F 的犊牛周岁体重大 16 磅，但纽比 7M 的犊牛阴囊周长比弗拉非 22F 的犊牛长 4 厘米。除非养殖户自己牛场的公牛也是同一个 EPD 评价体系的一部分，否则养殖户不会知道纽比和弗拉非和自身现有公牛的比较情况。此外，使用弗拉非 22F 并不意味着犊牛断乳体重就会增加 12 磅，除非养殖户牛群其他公牛断乳体重的 EPD 值为 0。另外，EPD 值为 0 也不是说这头公牛的这个遗传性状是该品种的平均水平，有些品种经过几年时间生产表现性状的选择，EPD 值的平均水平远高于 0。

除 EPD 值之外，各品种协会为 EPD 值提供的准确性在 0 和 1 之间变化。准确性是指有多少后裔和其他亲属的信息进入 EPD 值计算的一个反映。EPD 值准确性高（0.8 或更高），即使有更多信息的加入也不大可能有变化，是一头动物有关遗传性状真正遗传价值的评价。各品种协会的公牛目录可能包括年长公牛（很多后裔信息）和青年公牛（EPD 准确性较低）的有关信息。

2. 品种间比较

如果养殖户要购买一个品种以上的公牛，则 EPD 值需要先做调整后进行比较。美国的研究人员近来研发了一些估计不同品种之间 EPD 值的调整因子，见表 3-4。

表 3-4 估计不同品种之间 EPD 值的调整因子

品种	初生重	断乳重	周岁重	产乳
安格斯牛	0.0	0.0	0.0	0.0
夏洛莱牛	10.5	37.7	50.8	6.0
格尔布威牛	5.8	8.1	−19.9	13.1
海福特牛	3.6	0.4	−8.8	−14.4
利木赞牛	5.9	22.1	16.2	−1.0
红安格斯牛	3.3	−4.0	−5.7	—
塞勒斯牛	5.1	26.9	35.1	12.4
短角牛	7.4	28.0	39.1	13.1
西门达尔牛	6.8	20.7	18.1	13.2

例如，如果你想购买夏洛莱公牛和西门达尔公牛，夏洛莱公牛初生重的 EPD 值是 −1，西门达尔公牛初生重的 EPD 值是 +4。为了判断这两头公牛中哪头可能出现难产问题，取夏洛莱公牛初生重的 EPD 值加上调整因子为 （−1+10.5）=9.5。同样，西门达尔公牛为 （4+6.8）=10.8。经过调整，基于初生重来预测难产情况，结果显示出现难产的概率大致相同。

当比较一头利木赞公牛和格尔布威公牛的断乳犊牛重，如果利木赞的 EPD 值是 +8，格尔布威的 EPD 值是 +22，利木赞公牛的 EPD 值加上调整因子为 （+8+22.1）=30.1，格尔布威公牛的 EPD 值加上调整因子为 （+22+8.1）=30.1，从而进行判断。

EPD 值的调整因子是对一个估计值的估计值，它有可能是一个有用的工具，但不能依赖 EPD 值来经营牛场。

五、人工授精

尽管人工授精（AI）在加拿大的奶牛场已经应用了 50 多年，但肉牛养殖场对这一技术普及得非常缓慢。超过 70% 的加拿大奶牛场在使用人工配种，但只有很小比例的肉牛场采用这一配种方式。人工授精取得的新进展包括同期发情程序以及不用肉眼观察发情就能直接配种的方法，这些进展使得人工配种对于肉牛场更加可行，可以在更多遗传选择范围的基础上提供了提高生产效率的途径。

1. 人工授精的优点和缺点

（1）人工授精的优点。

- 有机会使用遗传性状更加优秀的公牛；
- 加快遗传改良；
- 可以为100头母牛选择1头公牛以生产更加匀称的犊牛群；
- 减少了使用攻击性公牛所产生的风险；
- 将性病的威胁最小化；
- 减少了不育公牛所导致的受胎延迟；
- 与购买和饲养优异遗传品质的公牛相比，人工授精比较便宜；
- 改善了牛群的记录，可以更好地评估生产表现和预测产犊日期；
- 通过严格控制配种季而更好地控制妊娠日期，最后可以用公牛来扫尾。

（2）人工配种的缺点。

- 需要更加优良的管理技术；
- 需要更多的时间和技术，特别是最初实施阶段；
- 需要准确的记录保存和牛号识别方法；
- 为了建设结实而牢固的控制设施，需要额外的投资；
- 为了培训和雇用技术娴熟的操作员，需要更多的资金；
- 为了观察发情需要更多的时间和人力。

2. 人工授精管理

人工授精的成功需要较高水平的管理与奉献精神。有关饲喂、设施、发情观察和公牛选择的很多决定，都需要管理者来做。牛场经理需要很好地理解发情周期、发情表现、精液储存、精液处理程序和配种技术等环节；还必须熟悉配种牛群的情况、了解母牛的位置和牛号，以及更快地找到配种记录。

（1）牛号和记录保存。

①牛群中所有母牛必须有自己的牛号。耳标是最常用的身份识别方法。不管使用什么方法来标记牛，号码应该能在一定距离外识别，且没有重复的号码，这将使得发情观察比较容易。

②准确的记录对于人工授精特别重要。记录内容包括牛群中所有母牛产犊日期、发情和配种的日期和时间。可以先使用随身的小记录本记录，然后再转移到牛群的永久记录上。这些记录可以用在日后的人工授精项目的评估方面。工人和管理者之间的良好沟通对于人工授精的成功也非常重要。

（2）发情周期。

母牛的发情周期在 18～21 天，空怀牛继续发情直至其妊娠。如果技术员和相关人员理解并记录牛群中每一头母牛在发情周期内发生的事情，受胎率将会大大提高。

发情周期可以分为 4 个阶段：发情前期、发情期、发情后期和发情间期。发情前期和发情期组成发情周期的卵泡阶段；发情后期和发情间期组成黄体阶段。图 3-3 简明地显示了这一周期的循环模式。母牛发情的第 1 天称作发情周期的第 0 天。

①卵泡阶段。发情前期是指黄体退化、黄体酮浓度消退的阶段，该阶段有一个大的卵泡存在，卵泡分泌的雌激素开始增加；发情期是指性接受阶段，低浓度的黄体酮和高浓度的雌激素联合作用导致了发情期的行为变化。

②黄体阶段。发情后期是一个过渡阶段，这个阶段发生排卵、形成黄体、开始产生黄体酮；发情间期是一个安静阶段，在这个阶段黄体发生功用，黄体酮水平高。

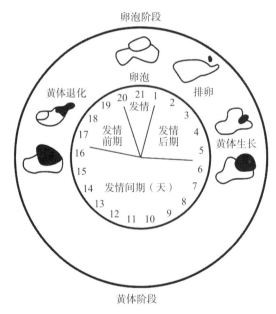

图 3-3　发情周期的各个阶段

（3）发情期的表现。

发情期被定义为发情周期内动物接受交配行为的阶段，此时受胎的概率最高。发情期又可以分为 3 个亚阶段：发情早期、站立发情和发情晚期。一头母牛在发情期时或即将进入发情期时经常表现烦躁不安、走动、哞叫；闻、舐或用头顶同伴，也是发情早期的典型表现。发情最确信的表现就是站立接受一头公牛、另一头母牛或去势公牛的爬跨（站立发情）。表3-5列出了可帮助工作人员确认其发情的表现。

表3-5　发情表现

发情早期	站立发情	发情晚期
试图爬跨同伴	站立接受爬跨	身体两侧很脏
不会站立接受爬跨	吼叫	尾根被毛脏乱
烦躁不安，闻、舔、用头顶同伴	表现紧张不安的行为	出汗
吼叫	阴门有更多附着的黏液	阴门有带血的黏液
阴门有透明的黏液		

（4）发情观察。

发情（站立发情）鉴定需要大量的人力和时间，但这些对于人工配种又极端重要。为了掌握鉴定发情的技巧，牛场经理不仅要熟悉牛群，还必须了解母牛在发情前、中、后的行为表现。大多数发情表现出现在早晨（凌晨）或傍晚。

为了更好地鉴定发情，发情观察必须每天进行3～4次，每次20～30分钟。如果不是很可行，每天应至少观察2次，最好是在黎明和黄昏阶段，每次至少30分钟。负责发情观察的人员必须尽心尽责。

确保准确鉴定发情的技巧，包括：

- 专人负责发情观察；
- 准确确认每头牛；
- 了解发情时的表现；
- 记录母牛的活动、表现和发情日期；
- 不要在饲喂时间观察发情；
- 允许牛有足够的活动空间和合适的站立场地以确保安全爬跨。

发情鉴定的辅助手段：大多数辅助工具都是附着在待测牛身上以观察发情；也有的是附着在辅助发情鉴定动物身上，如雄性激素处理的母牛或去势公牛，有母牛发情时其表现就像一头公牛。

最简单也是最便宜的发情鉴定辅助工具是粉笔和油漆。使用这些工具来涂染母牛尾根周围的区域使标记显眼，标记一般长15～23厘米，宽5～8厘米。在使用时将毛发梳平顺，如果有爬跨行为发生，毛发就会变得比较乱或逆向，尤其当颜色显示不明显时就间接表明有爬跨发生。这种方法在潮湿条件下效果不好。

发情鉴定也可通过压力敏感设备来辅助鉴定，如卡玛发情观察贴，将发情观察贴粘在牛的尾根区域，如果母牛发情，被其他牛爬跨，它的颜色就从白色变成红色（图3-4），一款相似的产品是灯塔（Beacon）发情观察贴，如果受到爬跨的压力，就会变颜色，并能在晚上发光，这使得夜间很容易发现发情的牛。

其他一些辅助设备还包括电子计步器，是基于母牛发情时活动增加来识别发情。目前在奶牛场使用比较广泛。

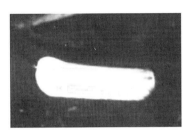

图3-4　发情观察贴

尽管发情鉴定辅助工具非常有用，但都不能代替经验丰富的技术人员，图3-5显示了发情观察人员所要观察的发情表现和最佳配种时间。

一般母牛发情阶段的不同时间（小时）

6~10小时	0 2 4　6　8 10 12 14 16 18　20 24 26 28 30 32 34 36
进入发情前	
	真正发情　　　　　　　　发情后

1.闻嗅其他母牛
2.试图爬跨其他母牛
3.阴门潮红，略微肿胀

1.站立接受爬跨
2.时常吼叫
3.紧张不安或比较兴奋
4.爬跨其他母牛
5.可能耽误泌乳

1.不再站立接受爬跨
2.爬跨其他母牛
3.阴门有透明的黏液⑥

| 太早 | 好　　最　佳　配　种　时　间　　好　　太晚 |

正常母牛的受胎率　40%　45%~55% 65%~70% 72%75%78% 75%72%　70%~65% 55%30%10%

①　　　　　　②　③　④　⑤　⑥

①这时距离最早的最佳配种时间大概有12~16小时，距离最晚的配种时间30~36小时。还有很多时间去计划。②这时母牛或后备母牛进入早期站立发情，必须尽可能地发现这个时间点。确定准确的配种是成功的关键。

距离最早的配种时间还有6~8小时。距离最晚的最佳配种时间还有24~26小时。应该决定是今天还是明天配种，取决于发现这头牛的时间。③母牛进入最佳配种时间，应该在接下来的18~20小时内进行配种。

④母牛已经过了站立发情，可能在接下来的6小时内成功配种。⑤这个时间安排配种的受胎率非常低。⑥母牛已经过了发情。如果在最佳配种时间配种，正常的受孕率在70%~80%。

图3-5　获得最佳配种效果的配种时间

（5）配种时间。

站立发情一般持续不到 12 小时，而母牛大概在站立发情出现后的 24～30 小时排卵。配种后精子能够在雌性的生殖道内存活超过 24 小时，而卵子在排卵后只能存活 8～12 小时。因此，推荐的配种时间就是当卵子排放后精子很容易与之相遇并受精的时间段。

在排卵前的 6～8 小时精子进入雌性的生殖道，能够取得最佳受胎率。然而，在站立发情出现后 24 小时内进行配种，都能获得满意的受胎率。因此，为了便于管理，配种一般都遵循早晚定律。即：早晨（黎明到中午）站立发情的母牛，在当天的下午配种；下午站立发情的母牛，在第 2 天的早晨配种。

如果不确定发情出现的时间，看见发情后应尽早配种。

（6）影响母牛繁殖力的因素。

母牛繁殖力在正常的配种项目中是一个常常被低估的问题，随着使用公牛配种逐渐被其他发情鉴定方式所替代，母牛繁殖力的大小在人工配种项目上变得特别重要。

使用配种记录可以让牛场经理更容易地发现那些有配种问题或繁殖力低下的母牛。母牛繁殖力可用以下记录进行分析：每次妊娠的配种次数、从产犊到第 1 次发情的天数、配种季的长度、妊娠率或空怀母牛的比例。

繁殖力和营养（产前和产后）、产犊到配种是否有足够的恢复时间、有无疾病或其他异常情况等紧密相关。应避免母牛在配种前和配种后的 45 天内产生应激。尽管全年都应该给母牛提供准确的营养，但产犊前 60 天和产犊之后是日粮管理最为关键的阶段。

研究结果表明，产前和产后有合理营养的母牛将更快发情，且更容易怀孕，维生素 A．维生素 D、维生素 E 和矿物质钙、磷、硒对繁殖功能都很重要，因此，确保这些营养的充足供给对于获得最佳的母牛繁殖力很重要。粗蛋白质摄入水平超过 18% 将会对繁殖有负面影响，未哺乳母牛和干乳牛的粗蛋白质水平推荐值为 8%。

（7）选择公牛。

使用人工配种的一个好处就是为选择具有优良遗传性状的公牛提供了机会。通过人工配种，养殖场可以得到全世界最好的公牛的性状，表现顶级且经过后裔验证的公牛冻精都能以合理的价格购买到。养殖场可以选择最适合自己牛群的公牛冻精。

有关后裔验证公牛的表现包括出生重、断乳重、难产情况、断乳后增重和其后代的周岁体重。这些数据以及繁殖力评级都可以用来选择用于人工配种的公牛。选择公牛对于人工配种较自然配种更为重要。

（8）精液处理。

世界上有很多提供公牛冻精和人工配种服务的公司。虽然很多公司都在出售冻精，但购买这些冻精最好先经过兽医和专业人员的质量鉴定。只有正确处理和储存的顶级质量的冻精，才能获得养殖场所想要的结果。

正确的精液处理是人工配种项目的另一个关键步骤。为了确保精液处理正确并能够增加牛群的受胎率，养殖场技术人员可以参加冻精公司和农业院校提供的人工配种培训项目，或者雇用拥有资格证的技术人员。

精液储藏在冻精管中，两头密封，且冻精管应保存在液氮罐中（图 3-6），并确保液氮罐不受热、阳光直射和野蛮装卸的影响；定期检查以保证罐内的液氮水平充足；保持出入库记录并清楚标明上次添加液氮的日期和冻精的存取情况。技术人员必须确定冻精在罐内的位置，快速取放，不要影响其他冻精，并正确解冻以保证活精子的数量，增加怀孕概率。

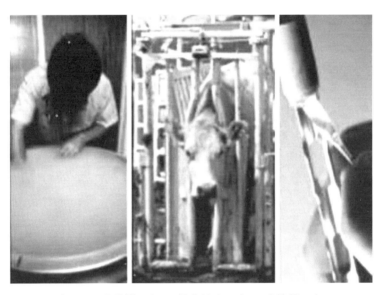

图 3-6　冻精罐（左）、保定的牛（中）、冻精管（右）

为了增加精液的活力，以下因素应重点关注：

①温度。温度增加将使精子活动过于剧烈而很快死亡；高于 45℃ 将会杀死精子。温度降低将使活力下降。

②光照。暴露在阳光或紫外线下将降低精子活力。

③水。水能杀死精子。

④杂质和细菌。杂质和细菌能减少精子数量或杀死精子，血和粪便也能杀死精子；保护精液不受灰尘、苍蝇等影响。

⑤消毒剂。消毒剂能杀死精子；用 70％的酒精清理阴门后，必须彻底干燥。

精液处理的简单总结：

· 在配种开始前几天检查所有的人工配种设备和消耗品，以确保所有东西都准备齐全。

· 采取卫生措施以保持工作环境清洁。

· 冻精管在 35～37℃解冻，推荐使用能控制温度的解冻设备（水浴等）。

· 所有解冻方法的解冻时间最少 30 秒，最多 15 分钟。

· 通过手或贴身口袋保持输精枪接近体温。

· 接触液氮和处理冻精管时应戴防护眼镜。

（9）人工授精的步骤。

①将冻精管放入水浴。

②检查公牛号。

③用干净的纸巾擦干冻精管。

④把冻精管装进输精枪，热封口朝上（如果气温比较低，在装冻精之前用手摩擦让输精枪温度上升）。

⑤剪开热封口。使用冻精切刀而不是剪刀以使切口平整（如果切口皱巴，冻精可能不能完全输出到母牛的生殖道）。

⑥在输精枪上套上保护套，锁牢保护套。推荐使用卫生消毒的保护套。

⑦保护输精枪不要受过高或过低温度冲击以免发生应激。在冷天，使用干净的纸巾包裹输精枪，并放在大衣里面以保温。

⑧移动到保定好的牛后，掏空直肠，清洁阴门。

⑨戴好长袖手套，并润滑手臂放入直肠；找到并抓住子宫颈。

⑩用另一只手将输精枪放入阴门，轻轻往前送。

⑪将输精枪穿过子宫颈。

⑫将精液输送到子宫颈和子宫连接处。

⑬撤回输精枪。

⑭丢弃输精枪保护套和手套，在记录精液管上的信息后将精液管丢弃掉。

（10）人工授精获得高受胎率的 10 点建议。

①每天观察 2 次发情状况。使用定辅助动物和标记设备将会大大提高发情鉴定准确率。

②雇用有资格证的人工配种技术人员，或者接受人工配种的培训课程。

③从信誉好的冻精公司购买冻精。

④确保冻精储存罐不受温度、阳光直射及野蛮装卸的影响。

⑤定期检查液氮罐的液氮量是否足够。维持出入库记录（系在液氮罐上）

包括上次添加液氮的日期、冻精的添加或取用记录。

⑥配种前在温水（35～37℃）中融化 30～40 秒。

⑦配种前和配种后的 45 天内避免牛发生应激。

⑧配种季前检查所有的配种设施。

⑨保存好配种记录。

⑩淘汰有繁殖障碍的母牛。

（11）配种草场和人工配种设备。

配种牛群生活在较小、平坦、树木及沟渠少的地方，这样方便技术人员观察母牛的发情情况。在人工配种期草场应提供充足的饮水和饲料。

良好的控制设施经常被人工配种项目所忽视。设计良好的控制设施能够减少配种失败的风险。设施应该建设在尽可能接近配种草场的地方。配种时，牛群应该被温柔地赶到荫凉的地方，避免艳阳或风雨的影响。保定架及配种区域的顶棚能够保护动物不受恶劣天气的影响。

如果每年都有大量的母牛需要配种，良好的设备投入是值得的。如果在养殖场进行同期发情项目，则可考虑使用鱼骨式人工配种保定架（图 3-7）。

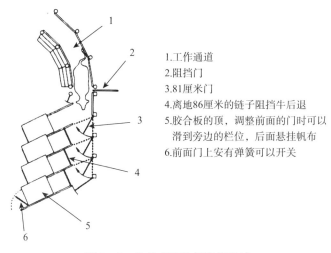

1.工作通道
2.阻挡门
3.81厘米门
4.离地86厘米的链子阻挡牛后退
5.胶合板的顶，调整前面的门时可以滑到旁边的栏位，后面悬挂帆布
6.前面门上安有弹簧可以开关

图 3-7　鱼骨式配种保定架系统

弧形工作通道较直线工作通道对牛来说容易一些。由于弧形设计，牛在到达配种通道之前是看不见前方的。许多配种人员都发现，保持牛在配种时安静的最好方法是设置一个没有头夹的暗箱。母牛在一个完全封闭的黑暗通道中配种，暗箱的顶、侧面和前面的门都是封闭的，唯一光亮的地方是前面门上有一个 15 厘米×30 厘米的窗口。这个窗口能使牛比较容易地进入这个黑暗通道。暗箱（图 3-8）很容易建造，可以改造成不同大小。

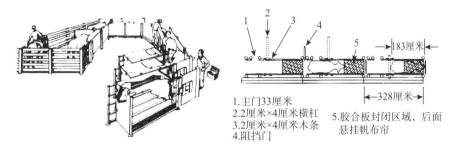

1.主门33厘米
2.2厘米×4厘米横杠
3.2厘米×4厘米木条
4.阻挡门
5.胶合板封闭区域，后面
悬挂帆布帘

图 3-8 孕检和人工配种通道包含有"暗箱"的两个设计版本

（12）配种控制。

让养殖户控制一头母牛的发情周期，并允许在一个特定时间点配种。就牛群而言，很大比例的母牛通过同期发情能在一个很短的时间内进入发情期，这能使母牛群在同一个配种时间接受配种。这个程序大大减少了通常为期3~6周人工配种阶段每天需要观察发情的人力需要。

（13）同期发情程序及发情时进行配种。

肉牛上有几种不同的同期发情程序可以使用。

诱导和使牛同期发情最常使用的药物是前列腺素（PG）。PG 导致牛的黄体强制退化，从而诱导发情。黄体（CL）是卵泡排卵后形成的一个暂时性腺状结构。黄体分泌的黄体酮是一种维持怀孕的激素。当卵泡上有一个活跃的黄体时，血液中的黄体酮浓度高，从而阻止了牛的发情。注射 PG 导致牛的黄体强制退化，降低黄体酮的浓度，引起发情。PG 的使用也有一些局限，其仅在有活跃黄体的牛身上有效。一般在发情周期的早期（第1~4 天）和晚期（第16~20 天）黄体对 PG 没有反应。因此，PG 处理仅在发情周期的第5~15 天有效。

在一个性活动活跃的牛群中，发情鉴定将更加容易，发情行为也更加明显；推荐1次至少给5头牛注射 PG，从而形成一个性活跃牛群。

单独使用 PG 的牛群有两种不同的程序来诱导同期发情。

①程序 A。在这个程序（图 3-9）中，注射 PG 时不需担心其在发情周期的哪一天。进行7~10 天的发情观察，发现发情后进行配种。

图 3-9 同期发情程序 A

②程序 B。在这个程序（图 3-10）中，间隔 11 天注射 2 次 PG。在注射第 2 针 PG 后进行 7 天的发情观察，发现发情后配种。

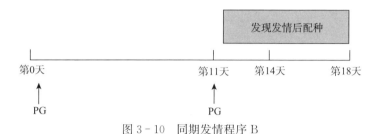

图 3-10　同期发情程序 B

程序 B 有助于提高注射第 2 针 PG 后发情牛的比例，因为在注射第 2 针 PG 后更多的牛会有一个活跃的黄体。下面是可能出现的几种情况：

情况 1：如果一头牛是在发情周期的第 2 天，就不会对第 1 针 PG 有反应，但如果在注射第 2 针 PG 时是同一个发情周期的第 13 天，这头牛就会对第 2 针 PG 有反应，进入发情期。

情况 2：如果一头牛是在发情周期的第 18 天，也不会对第 1 针 PG 有反应，但在注射第 2 针 PG 时是下一个发情周期的第 8 天，这头牛就会对第 2 针 PG 有反应，进入发情期。

情况 3：如果一头牛是在发情周期的第 8 天，这头牛就会对第 1 针 PG 有反应，导致黄体退化，在 3~4 天后进入发情并开始下一个周期。注射第 2 针 PG 时这头牛是在新周期的第 7 天，因此对第 2 针 PG 有反应。

联合使用孕激素、前列腺素和促性腺素释放激素（GnRH）是肉牛的另一种同期发情方式。乙酸美伦孕酮（MGA）是一种廉价的口服孕激素，可以配合阴道栓（CIDR）促进同期发情。此外，还有其他的一些 GnRH 商用药物可以使用。

以下两种程序将解释这些产品是如何被用来进行同期发情的。

③程序 C。在这个程序（图 3-11）中，连续 14 天饲喂 MGA，每头牛每天 0.5 毫克。在饲喂 MGA 结束后的第 12 天（发情周期的第 26 天），对母牛注射 GnRH。在 GnRH 注射后 7 天（第 33 天）再注射 PG，之后观察 3~5 天，发情后配种。这个程序常被称为 MGA 同期发情法。

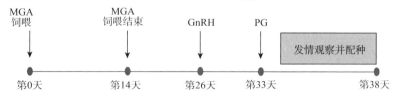

图 3-11　同期发情程序 C

④程序 D。在这个程序（图 3-12）中，首先注射 GnRH，并同时在阴道内放置 CIDR。7 天后，取出 CIDR，并注射 PG，之后观察 3~5 天，发情后配种。

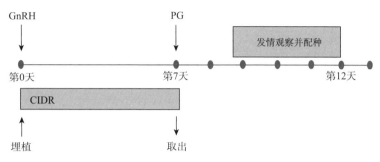

图 3-12 同期发情程序 D

（14）不用发情观察的配种程序。

最近研发的一个被奶牛场广泛采用的同期排卵程序，不用观察发情就可以在固定的时间进行配种，称为同期排卵程序。该程序如下：

①程序 E-1。在发情周期的任意阶段注射 GnRH（促使一个新卵泡的生长）；7 天后注射 PG，引起黄体退化；在 PG 注射 2 天后，注射第 2 针 GnRH（同期排卵），大概在 16 小时后进行配种（PG 注射后 64 小时）。如果想要减少保定牛的次数，配种时注射第 2 针 GnRH 也是可以的（程序 E-2）。

②程序 E-2。该程序（图 3-13）把注射 GnRH 的这一天记为第 0 天，第 7 天注射 PG，第 10 天配种并注射 GnRH（PG 注射后大约 64 小时）。

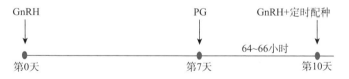

图 3-13 同期发情程序 E-2

③程序 F。这个程序（图 3-14）与程序 E 相似，但在第 1 次注射 GnRH 时使用了 CIDR，在注射 PG 时取出 CIDR。与程序 E 相似，也可以在配种时（PG 注射后大约 64 小时）注射第 2 针 GnRH。

尽管程序 E 和 F 都提供了不用观察发情就配种的方便，但两者的受胎率较观察发情后配种的低。一般来说程序 E 和程序 F 的受胎率分别为 40% 和 55%。

在管理良好的牛场，观察发情后配种的受胎率（程序 A~D）应超过 60%。

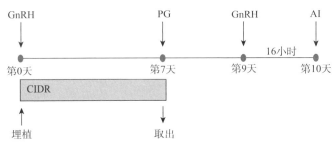

图 3-14　同期发情程序 F

（15）种公牛扫尾。

影响人工配种有两个重要因素：配种季的长度和种公牛的使用。配种草场饲料的多少以及发情观察所需要的人力常常决定了配种季的长短。过去，4～6周的配种季比较常见，现在使用同期发情技术缩短了配种季。在实践中，只采用人工配种或在第 1 次配种后期望所有母牛都妊娠是不现实的。随后应使用种公牛来使还没有妊娠的牛妊娠（扫尾）。

本 章 小 结

牛群的遗传改良需要详细的计划、良好的记录和结果评估，以及选择合适的牛。

通过育种计划可以改良高度或中度遗传力的性状。纯种繁殖、杂交繁殖和复合品种培育是几种主要的育种体系。在每一个系统内，还有很多的类型可以选择，它们也各有优缺点。任何育种体系相对于资源和管理需要都应该简单。

遗传改良需要通过养殖户自身的牛群的生产验证。各品种协会提供的公牛信息包括 EPD 值和其他表现信息，可用来选择单个公牛。选择购买公牛不要只看公牛的外表，应该基于生产表现信息进行决定，才能使遗传改善驶入快车道。如果开始阶段的改良步伐较慢，要继续坚持，一旦更好的母牛能取代原来表现差的母牛，改良的步伐就会加快。

人工授精既有优点也有缺点。养殖户需要选择最适合自己的牛场。人工授精需要良好的记录和对发情周期、发情表现、精液储存和处理以及配种技术的良好理解。各种发情观察辅助手段都非常有用，但是没有什么可以替代一个有经验的人每天观察 3～4 次以发现发情牛。

同期发情技术能使养殖户控制牛的发情周期，这样很大比例的母牛能够在较短的时间内进入发情。这些程序减少了人工授精阶段对人力的需要量。

第四章

犊牛管理：从出生到断乳

一、产犊管理

获得一头健康犊牛的前提是有一个健康的妊娠过程。

1. 妊娠和营养

妊娠期的母牛营养供给对难产的发生、犊牛存活和母牛产后的繁殖力都有重要影响。养殖户必须提供足量而准确的营养以满足母牛的生存需要和未出生胎儿的生长需要。

因母牛的品种和前一次断乳时的体况不同，母牛在下一次产犊前应该增重45～90千克不等。为了帮助母牛获得足够的体重，可以较正常时间提前断乳1～2个月，从而让母牛在冬季来临前改善体况，这也能减少母牛在冬季的饲料需要量，提高来年断乳时的活犊率。对后备牛和较瘦的母牛应提供更多的营养，为了更好的结果，后备牛和较瘦的母牛应该和主牛群分开饲养。

母牛产犊时的体况评分最好是3.0，因为产犊时母牛太肥也会出问题，应避免过度饲喂妊娠牛。

2. 分娩过程

（1）阶段1：松弛。

胎儿出生必须经过骨盆带，骨盆带在正常情况下是一个坚实且骨化的圆环。在将要产犊之前，与骨盆带相关的韧带和关节变得更有弹性，垂直和水平两个方向的直径都会增大，这有利于胎儿的通过。

尾根附近的韧带松弛是鉴别母牛是否准备产犊的常见表现之一。其他表现包括：产道的外部开口（阴门）出现肿胀，分泌透明的黏性物质；乳房明显变大；母牛表现不适，烦躁不安，远离牛群，回头看或踢打自己的侧腹部，不停起卧。

快要产犊前，子宫肌肉有节奏地收缩，而且收缩的时间间隔越来越短。子宫的收缩不是主动的，而是由身体分泌的激素所引起，母牛自身不能够控制。这种收缩推动被羊水和胎膜包裹的胎儿向子宫颈口移动。同时，子宫颈口本身也在松弛，在子宫收缩的压力推动下，一部分胎膜（羊水袋）通过子宫颈口（图4-1）。一旦一部分胎儿躯体通过子宫颈进入阴道，腹部肌肉开始主动收缩，分娩的第一阶段结束。

（2）阶段 2：主动收缩。

随着胎儿进入产道，子宫的非主动性收缩被强劲的腹部肌肉收缩所加强。这些收缩联合作用，推动胎儿的移动，并使胎儿的形状与产道的情况相适应，最终整体通过产道。大多数母牛在主动收缩一开始就会卧下。第二阶段收缩时间成母牛一般在 30～60 分钟，头胎牛可能长达 3 小时。

（3）阶段 3：子宫复旧。

胎儿出生后，子宫还要收缩几天时间。胎盘通常在胎儿出生后的 6 小时以内排出，但子宫液从阴门分泌的时间变化很大，可能长达 2 周。如果分娩顺利，子宫的完全

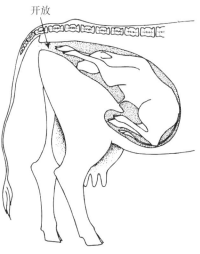

图 4-1　出生前正常的胎位

复旧（回到原来的大小和状态）需要 30～40 天；如果发生难产或胎衣不下的情况，需要的时间更长。

3. 产犊问题

（1）出现在第一阶段的问题。

子宫无力导致母牛虽然表现出一些分娩的早期征兆，但母牛不能主动努责推动胎儿。很多因素都可以造成子宫无力，如营养不良、体况过肥、流产或者其他疾病（子宫炎等）等。如果发生这种情况，应及时向兽医寻求帮助。

子宫颈口没有扩张会产生与子宫无力相似的表现，母牛通常不能进入主动收缩。在妊娠期，子宫颈和一个橘子的大小差不多，中间有一个非常细的波形开口。正常妊娠分娩时，由于激素的作用，子宫颈变大，子宫颈膜变软，以利于胎儿的通过。如通过施加外力让胎儿通过，可能导致母牛产生不可恢复的或致死性损伤。如果子宫颈口没有扩张，可能需要兽医做剖宫产手术。

（2）出现在第二阶段的问题。

难产有两个类型：一是母源性难产，和母亲有关；二是胎儿性难产，和胎儿有关。

母源性难产的原因包括盆腔太小容不下胎儿，盆腔异常（如骨折、畸形或脓肿），子宫无力引发的疲惫无力，子宫扭转及其导致的阴道扭转（图 4-2）。

胎儿性难产包括胎儿过大、胎儿畸形、胎位异常（图 4-3 和图 4-4）以及多胎（图 4-5）。

4. 助产

处理母牛难产时的 6 个重要的原则如下。

（1）懂得何时干预。

如果干预得过早，取出胎儿时可能给母牛带来创伤。但是，如果干预得太晚，因为母牛产道和胎儿的肿胀、胎儿虚弱，得到一个活犊的机会就大大降低。进行干预的一般原则是：如果头胎牛主动收缩持续了一个多小时但没有任何进展，就需要干预。如果是一头成母牛，30分钟的主动收缩应该有所进展。

（2）干净。

使用干净的助产链或助产带（用水煮过），并保持其干净卫生。用添加了温和消毒剂的温水清洗母牛的外阴和助产人员的手臂。如果助产过程中母牛排粪，则需停止助产并将粪便清理干净，这样能防止子宫感染。

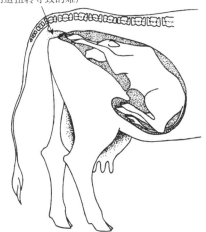

阴道扭转导致的难产

图4-2 子宫扭转

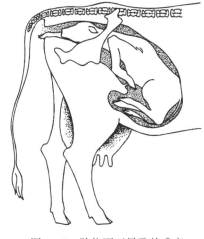

图4-3 胎位不正导致的难产

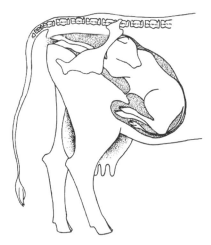

图4-4 胎儿头后转引起的难产

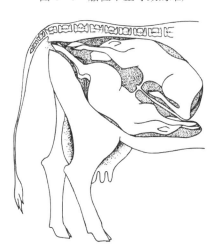

图4-5 双胞胎引起的难产

（3）温柔。

尽管有时候需要用力把胎儿拉出，或者需要很大的力气和耐力才能矫正胎位，但所用的力气必须和当时发生的情况相一致。助产的艺术在于使胎儿的形状与产道的情况相适应以利于胎儿通过盆腔并顺利产出，谨慎用力与对形状的敏锐感觉相结合，在不用蛮力的情况下助产。

（4）除非胎儿的三个部分已进入产道，否则不要用力拉。

在开始用力拉之前，胎儿的三个部分必须已经进入产道。如果胎儿正位分娩，两条前腿和胎儿的鼻子必须进入产道；如果胎儿倒位分娩，两条后腿和胎儿的尾巴必须进入产道。三个部分缺少一个，就表明胎位异常。如果这三个部分未完全进入产道就开始牵拉，可能导致矫正更加困难，增大了胎儿和母牛的死亡风险。

（5）助产者应认清自己能力。

这是一条很难服从的建议，一个人的经验越丰富，就越容易认识到不同助产方法的局限性。多数情况下，成母牛的难产包括胎儿特别大或畸形、多胎、子宫扭转、死胎等不同情况。如果助产者有处理难产的丰富经验，母牛受创伤的风险就会较小。每个难产问题通常与母亲体内的空间相对于胎儿的大小有关。此外，经验能够让助产者决定是否需要剖宫产以阻止母亲的创伤和胎儿的死亡。

（6）限制助产的时间。

如果实施助产 10～20 分钟还没有明显的进展，则需要求助兽医。时间的流逝意味着润滑液的缺乏、阴道肿胀、空间减少、母牛体力下降，这些因素都会降低胎儿存活的概率，增大了矫正问题的难度。

帮助难产奶牛的小贴士：

①保持工作区域干净，并有充足垫料。

②评估难产原因。如果是胎儿胎位不正（一条或两条腿朝后，而头部在正常位置），必须进行干预以矫正胎位。一旦这个工作已经完成，需要判断是否进一步助产。如果是头胎牛，助产工作宜早不宜晚。

③如果决定助产，首先做好准备工作。穿上干净的工作服、戴好一次性长臂手套和乳胶手套（在塑料长臂手套上戴上乳胶手套。乳胶手套有助于保持长臂手套的位置，更好地固定长臂手套）。准备好绳子、助产链、润滑剂、热水、脐带消毒剂和干净的布块。

④将母牛的头颈系在等高的地方，方便其起卧。

⑤正常情况下，胎儿的头部会先出来。如果是这种情况，则必须先处理头部；如果头部朝后，必须完全将胎儿推回到盆腔矫正。如果必要，将一条细绳或助产链或头套放在胎儿耳朵后面，并在嘴里形成一个环，绝不能简单地把绳

子或链条绕到颌下就用力拉，这样很容易弄碎下颌骨。如果头部位置已经矫正好，接着处理腿的问题，助产人员将手握成杯形护住胎儿的蹄并将其拉回到盆腔，这样可以防止犊牛的蹄划破子宫壁。

⑥随着母牛的努责小心用力拉，防止胎儿的肘部卡在母牛盆腔的边缘。助产时先拉一条腿，然后再拉另一条腿，模仿胎儿在产道的正常移动，可以减小胎儿的宽度，如果同时牵拉两条腿就会大大增加胎儿躯体的直径。如果产道比较干，可以用猪油、植物油或商用润滑剂润滑胎儿的躯体。

⑦如果胎儿的臀部被卡住（图4-6），最好先在臀部周围涂上润滑剂（猪油），然后向一侧扭转身体，当助产者用手上下按压犊牛的中间时，助手开始用力拉。如果母牛站立，水平直拉胎儿；如果母牛躺卧，通过后腿间向腹部方向拉。如果可能的话，将母牛翻转两腿竖直朝上，同时向其腹部方向牵拉胎儿。将母牛翻转常常能够改变胎儿相对于母体的位置，方便胎儿滑出产道，但操作时要小心被踢伤。

⑧常常需要用到牵拉的工具（助产链或绳子），但这些工具经常被错误地使用，导致胎儿或母牛受伤。助产时需耐心地配合母牛努责牵拉，而不是用蛮力。牵拉工具上施加的扭力足以杀死胎儿及撕裂母牛的产道。

⑨根据胎儿的腿能够判断是否是胎倒位。前腿有两个关节（膝关节和踝关节）；后腿只有一个关节即飞节（图4-7）。正常通过产道时前腿的蹄底朝下，当后腿先出现时，通过产道时后腿的蹄底将朝上。

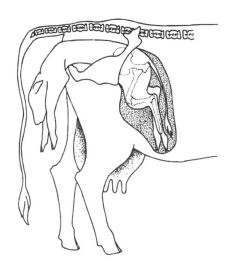
图4-6 臀部卡住导致的难产

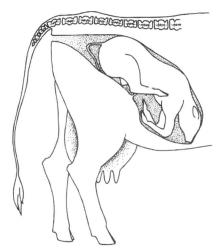
图4-7 胎倒位

⑩尽管胎倒位的胎儿也能成功分娩，但胎倒位时头是最后离开产道的部分，较胎正位出现复杂问题的概率增加。胎儿出生时羊水停止流出，分娩过

程中脐带可能被撕断，这些结果导致胎儿在完全产出前就需要补充氧气。为了避免问题变复杂，采取助产以加快分娩。当牵拉胎儿时，注意胎儿的尾巴，不要让胎儿的大腿朝上，以免划伤阴道的上壁。

⑪当胎儿臀部经过产道时，沿水平方向拉以防止胎儿钩住盆腔。胎儿一旦出来，应抓住犊牛后腿举起胎儿几分钟，以使犊牛肺部的液体流出。

这些贴士包括了助产的最基本要求。当遇到更复杂的难产时，要更快地寻求专业帮助。

5. 产后的问题

（1）阴道撕裂。

在难产后比较常见，特别是头胎牛。通常，除非撕裂处受到感染，不需要特殊治疗。如发生深度的撕裂则应求助兽医。

（2）子宫撕裂。

出现子宫撕裂需要立即求助兽医，否则母牛就很危险。如果在直肠或阴道看见鲜红的血液，可能就出现了子宫撕裂。此时，需要兽医进行阴道检查确诊。

（3）子宫脱垂。

由于产后母牛的持续努责，最终导致子宫经过产道到体外，挂在母牛身体的后面，吊在两腿之间（图4-8）。这是一个紧急情况，需要马上联系兽医。不要试图把子宫放回到母牛身体里面。如果可能，应该用一个湿布把子宫包起来直到可以放回去。但是，将子宫送回牛身体之前的关键是让母牛保持安静，以防止子宫受损伤。如果母牛在胎儿出生后继续努责，强迫母牛站立并让它四处走动，可以防止子宫脱垂。

（4）后腿瘫痪。

产后母牛不能用后腿站立的情况称为后腿瘫痪。分娩特别大的胎儿或分娩过程中收缩过度可能导致母牛后腿的神经损伤，而这些神经经过盆腔的骨头。

这种瘫痪不需要特别的治疗，但注意要和产乳热（低血钙症）症状区分。让母牛在有很多垫料的地方休息，定期帮助母牛翻身以防生褥疮，并防止后腿的进一步损伤。在很多情况下，母牛最终都能自己站立并恢复活动。

（5）胎衣不下。

胎儿出生后12小时内母牛还没有完全把胎衣（胎盘）排出体外，称为胎衣不

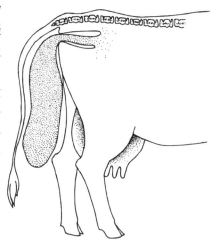

图4-8　子宫脱垂

下，其也能够发生在正常的分娩之后。很多原因可以导致胎衣不下，包括难产、双胞胎、流产或胎儿早产以及营养缺乏。如果胎衣不下的发生比例超过8%～10%，咨询兽医以寻找原因。

不要试图剥离胎衣，出血或感染的风险太大，将会导致之后配种季的繁殖力降低。最好的办法是什么都不管或简单将露出外面的胎衣割掉，后者可以防止感染蔓延到子宫里面。有时候在子宫里放置抗生素可以控制感染，但抗生素的使用会延缓胎衣的降解和排出的过程。

发生胎衣不下的母牛食欲丧失、精神不振、嗜睡，还可能体温升高。应注射抗生素直到问题解决。产后一个月后，兽医应该对其进行产后检查以确保子宫正常复旧，消除感染。

二、新生犊牛的护理

助产情况下，犊牛需要一段时间来适应这个新的世界，然后再进行下一步。随着对外界世界的适应，犊牛有很多第一步需要迈出。当犊牛吃到初乳，就小睡一会，之后犊牛的生活就是不断地重复。多数情况下，犊牛都能自己摸索着走出第一步，不需要母亲太多的协助。以下是一些犊牛适应这个世界需要做的步骤：

①犊牛需要清理肺和喉，开始呼吸。

②犊牛需要抬起头，维持头部并找到平衡的感觉。

③犊牛认识到自己的前腿在躺卧时需要收起来。

④犊牛需要学习当头部前伸时前肩能托起身体前半部。

⑤犊牛用前肩和前腿的上部维持平衡，然后用后腿将屁股举到空中。

⑥需要两条后腿来将屁股保持在中间位置并抬起。

⑦前腿前伸可以让蹄底接触到地面。

⑧前腿和后腿能一并触地并支撑身体站立。

⑨当母牛舔干犊牛时，犊牛需要四条腿和头部一起才能维持躯体的平衡。

⑩腿需要按照一个特殊的顺序前伸才能使身体向前移动。

⑪犊牛需要了解母牛的乳房在母牛的后部，而不在前肩或胸骨处。

⑫一旦认识了乳房，犊牛需要发现母牛的乳头，张开嘴巴将乳头含在嘴里。犊牛需要找到乳头，而不是乳房上的粪片或毛发。

⑬把乳头嘬在嘴里，犊牛需要学习对乳头施加吸力，并和下颌一起协同才能泵出乳。

⑭一旦有乳流出，犊牛学习怎么嘬住乳头并泵出更多的乳，这时候用头顶乳房并不能得到更多的乳。

⑮最后，犊牛需要学习如何找到一个舒服的地方来躺卧和小睡。

从此开始所有的事情都是简单的重复。

尽管这 15 步似乎很详细，有些似乎还无法克服，但每一步都是犊牛立足这个世界所必须经历的。任何复杂情况，不管来自犊牛本身、母牛或外部世界，都会延缓犊牛的进步。作为犊牛的协助者，重要的是知道犊牛在最初几个小时需要应付的难题，并知道什么时候干预和帮助。知道什么时候需要给犊牛更多的时间去自己克服这些难关也很重要。有些情况下，犊牛花费了太多的时间和能量也不能取得突破，犊牛可能放弃尝试，最终变得很虚弱并死亡；更多的情况是犊牛很有韧劲，会休息一下，再做尝试。当外部气温比较冷时，犊牛能否顺利完成这些步骤就更加关键，其需要在一定的时间内吃到初乳。

大多数犊牛都能顺利完成这些第一步，但有时也有一些特殊情况。通常，肉牛不需任何帮助就能很快地吃到初乳，大约 50％的犊牛不需要协助就能够在出生后 2 小时内第一次吃到初乳，接近 90％的犊牛不需要协助就能够在出生后 5 小时第一次吃到初乳。但是当出现下列一些情况时则应进行协助。

1. 犊牛没有呼吸

抢救的目的在于恢复呼吸和血液循环。如果一头犊牛在出生后 10～15 秒不能呼吸，应将其放置成犬坐姿势，将两条后腿向后拉直，让两侧肺均匀吸氧。避免长时间悬挂或摇晃，防止胃内容物进入食管。如果犊牛喘气，可能会将这些内容物吸入肺部。用干净的布块擦干净鼻孔和嘴里的黏液，然后用力按摩犊牛的胸腔壁，以让犊牛呼吸。对于反应迟钝的犊牛，可以将雪、冷水等倒进耳朵，或将一根麦秸插入鼻孔进行刺激。

如果犊牛还不呼吸，可以提供口对口人工呼吸。采取人工呼吸时呼气量应合适，过量的吸气可能导致犊牛肺破裂。如果心脏明显停止跳动，向心口猛拍一掌可能有用。

2. 犊牛颤抖

尽管有些颤抖是正常的，甚至在气温暖和的时候也会出现，但在 0℃以下出生的犊牛，会很快丢失体热甚至昏迷。为了防止这样的事情发生，将犊牛放置在一个温暖的地方是很明智的做法。

3. 犊牛找不到母牛的乳头

一般来说有两个原因导致犊牛找不到乳头：一是犊牛能力差，二是和母牛有关。

犊牛不能找到乳头，通常是因为难产或受冷头脑不清。这两种情况都需要干预，并为犊牛提供初乳（犊牛出生后第一次挤的乳），从母牛乳头吃乳或是胃管投喂都可以。如果犊牛在出生后 2～3 小时还没有吃到足量的初乳，就应该通过奶瓶或胃管提供犊牛体重 5％～6％的初乳。难产后，犊牛常常在长达12 小时的时间里都吃不到初乳。

由于母牛的原因导致犊牛吃不到乳的时候，就必须提供帮助。有时候母牛的乳房太低，犊牛需要学习向下而不是向上找乳头。如果乳头的形状或大小让犊牛很难噙住，需要把母牛拴起来，把犊牛放到母牛的乳房附近，并将犊牛的鼻子凑到乳头旁，这时犊牛会自己发挥本能，寻找乳头，噙住乳头并吸乳。对犊牛要有耐心，且应在秋季淘汰乳房结构差的母牛。乳房和乳头形状差，会造成很多人力问题，并且这些生理性状还能够遗传到下一代，不应该被忽视。

如果是因为母牛的脾气差，犊牛吃不到乳，可以尝试以下方法改善。一是对母牛进行训练。训练母牛能让犊牛有更好的机会吃到乳。二是将犊牛和母牛分开，为犊牛提供其他来源的初乳，然后将犊牛和母牛放回到一个安静的牛舍，这能让母子俩互相熟悉。如实在没有办法，可淘汰脾气差的母牛。

4. 满足犊牛对初乳需要

优质足量的初乳对犊牛健康极其重要。初乳帮助新生犊牛建立抗病力，例如，防止犊牛腹泻。需要考虑以下因素以确保犊牛在出生后尽快得到足量优质的初乳。

（1）母牛营养。

母牛应该在整个冬季获得足够的营养以避免难产，并分泌足量具有高水平免疫球蛋白的初乳，免疫球蛋白作为抗体能够提高犊牛抵抗疾病的能力。营养差的母牛常生产弱犊，在气温变化大的天气不能站立或存活。瘦牛生产的犊牛也瘦，对湿冷天气没有什么抵抗力。

（2）是否为头胎牛。

与成母牛相比，头胎牛所产的初乳少，初乳中免疫球蛋白的水平也较正常水平低25％。头胎牛所生的犊牛腹泻的发病率与成母牛所生的犊牛比至少高2倍。成母牛（多胎）接触过更多的微生物，其初乳的质量和数量都比较高。一般头胎牛较成母牛产犊不是那么顺利，发生难产的概率也高。由于这些问题，头胎牛所生的犊牛常常得不到足够的初乳保护也就不足为奇了。

（3）疫苗保护。

疫苗有助于提高成母牛和头胎牛的初乳的免疫力。

（4）初乳的饲喂时间。

新生犊牛有2种免疫力，分别为对一般感染的非特异免疫力和对特定病原的特异免疫力。为了使非特异免疫力最大化，犊牛必须在出生后尽快得到足量的优质初乳。出生后9小时犊牛吸收的初乳中免疫球蛋白的平均值仅是出生后立即饲喂同样初乳所吸收的免疫球蛋白的50％；出生后24小时，犊牛仅能吸收初乳中非常少的免疫球蛋白。但是经历长时间分娩过程的犊牛常常不能在出生后的12小时或更长时间内得到初乳，大大降低了犊牛的非特异免疫力水平。新生犊牛在出生后必须尽早饲喂初乳，犊牛饲喂的初乳量不足，其生病的概率就增大。出生时初乳量饲喂不足，长大后（肥育场）生病的概率也比较高。

（5）初乳的量。

犊牛在出生后 6 小时以内必须至少能够得到其体重 5%～6% 的初乳。无论是使用初乳或是初乳替代品，都应确保在出生后 6 小时以内得到至少 100 克的免疫球蛋白以获得足够的保护。储存的初乳和外购的初乳都可以检测免疫球蛋白水平。大多数优质初乳每升含有 60～100 克的免疫球蛋白，所以养殖户需要给出生犊牛提供 2 升的初乳。

（6）初乳的来源。

犊牛不必非要从其母亲那里获得初乳。从高产奶牛或邻居的牛场取得的初乳可以用塑料袋冷冻保存以备用。保证初乳的质量更加重要。

养殖场应冷冻保存初乳以备急用。融化初乳时，温度不能太高，使用热水浴或微波炉来解冻。冷冻融化几个来回似乎对免疫球蛋白水平没有太大影响。此外，尽量不要使用储存时间超过 1 年的初乳。

使用真正的初乳最好，但几种代初乳粉也能替代。目前大多数商业产品被归为初乳替代品，但没有什么东西能代替真正的初乳。

（7）初乳的饲喂方法。

出生时较弱或不能站立的犊牛，需要特别的关注。如果在 2 小时内没有吃到初乳，就应该帮助其站立并到母亲身边吃乳或挤出初乳用奶瓶来饲喂。双胞胎犊牛则需要补充更多的初乳。

胃管投喂 1～2 升的初乳和从母亲吸吮初乳有相似的好处，但吸吮反应获得的刺激更多。如果犊牛吸吮了 10 分钟还没有吃到乳，就需要用胃管饲喂。饲喂过程中确保胃管通过了食管才释放初乳很重要。

不要使用给生病和腹泻犊牛补充口服补液盐的胃管或奶瓶来给新生犊牛饲喂初乳，每次使用胃管后应进行清洗消毒。

三、哺乳期犊牛的护理

从出生到断乳的这段时间，犊牛和牛群待在一起并从母亲的乳汁中获得大部分营养物质，同时学习如何社交和从草场采食粗饲料。

出生后不久通常是执行一些处理程序的最佳时间，短时的痛能获得长久的好处。这些主要的程序包括：打耳标（牛号）、免疫接种、去势和去角。如果正确去角、去势和免疫接种，肉牛犊牛就有更多的市场价值。断乳前犊牛与母亲待在一起时较断乳后能够更好地忍受任何产生应激的程序，如果牛要长距离运输，这就特别重要。

1. 处理程序

从出生到断乳的这段时间是为犊牛脐带消毒、打牛号、去势和去角的好时间，犊牛较小且容易控制，这时候做这些事产生的应激非常小。一个有经验的人很容易控制一周龄以内的犊牛，并进行任何必要的处理。

去势和去角的器械必须保持干净，每次使用前都要彻底消毒，防止伤口感染。人员要保持手的干净卫生，戴干净的外科手套，用温水和肥皂清洗这些部位，确保去势或去角的部位干净，没有有机质。对犊牛去势或去角的部位进行消毒处理没有多大帮助，除非剃毛并用肥皂水搓洗很多次。用温水加消毒剂漂洗器械和操作人员的手可以起到消毒作用，对一头牛进行去势和去角后，器械应该浸泡在桶里进行消毒。可向兽医咨询使用何种消毒剂效果较好。

2. 犊牛脐带消毒

出生后尽早彻底消毒犊牛的脐带。使用刺激性小的正规产品，能让犊牛脐带自然愈合，这对于舍内出生的犊牛特别重要。犊牛如果是在草场上出生，感染的可能性很小，可能不需要对脐带消毒。

3. 新生犊牛的牛号

牛号对于牛群管理、生产表现验证、国家疾病监测和系谱追踪都很重要。

（1）耳标。

耳标是挂在耳朵上带有牛号的塑料标记，是在日常管理中识别个体牛的一种方法。耳标上的数字显示应该够大，可以在一定距离外看清楚。业内的几种编号系统都比较实用。最常见的方法是每年分配一个行业公认的字母，然后是犊牛出生的年份。表4-1是1991—2014年所分配的字母表。牛号就是一个字母和一组数字的组合。CCIA耳标是原生牛场牛号之外的身份标记。

表4-1 行业标准指定给各年份的字母

1991-A	1999-I	2007-1
1992-B	2000-K	2008-U
1993-C	2001-L	2009-W
1994-D	2002-M	2010-X
1995-E	2003-N	2011-Y
1996-F	2004-P	2012-Z
1997-G	2005-R	2013-A
1998-H	2006-S	2014-B

（2）针印。

根据加拿大家畜系谱法案，所有注册和登记的牛必须有针印。针印应该在出生后不久完成，除非犊牛是用其他标记方式，如耳号识别。做针印时，确保字母安全固定在钳子的顶端，用钳子在木板上试一下以确定字母和数字的顺序正确。确保犊牛的耳朵清洁，针印位置准确后打印，墨水完全渗入，墨水冻结时不能使用。打针印的器械应该在每一个犊牛使用后清洁并消毒。

（3）电子号码。

不论是埋植还是扣状耳标，都有持久性好的优势。通常在控制设施或肥育场使用读号器识别牛号，使用计算机来追踪个体牛的信息，保存有关日粮、水和矿物质的消耗，以及生病情况的记录。电子号码的一个缺点就是肉眼不能识别。日常管理中耳标可以作为电子号码的一个补充。

4. 新生犊牛的去势

去势牛较公牛容易控制。另外，屠宰时去势牛 B4 评级（黑切肉）的比例较公牛小，由于 B4 胴体被折价处理，所以去势能提高犊牛的市场价值。出生后不久去势能将其所造成的应激最小化，新生犊牛在出生后的 36 小时以内很容易控制，是去势的理想时间。此外，还可以将 3 月龄以内的犊牛统一去势。去势的 2 个常用方法是使用橡胶圈法或手术摘除法。

在去势开始前，需要了解一些这个区域的解剖知识。睾丸位于一个袋状结构的阴囊中（图 4 - 9），阴囊被中间的阴囊间隔分成两半，阴囊通过一个导管直接与腹部相连，每一个睾丸外面有一层结实的膜，称为阴囊束膜，这层膜包裹着睾丸，在手术时需要一起摘除，否则容易肿胀和感染。精索附着在睾丸的顶部，精索能将精子从睾丸中运出，并包裹着给睾丸供应血液的所有血管。越接近睾丸的地方，这些血管越厚越扭曲；离睾丸越远的地方，精索和血管越来越薄。睾丸产生雄性激素（睾酮）和精子。

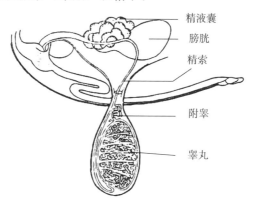

精液囊
膀胱
精索
附睾
睾丸

图 4 - 9　睾丸和相关的器官

去势手术前须检查阴囊，确保里面有两个睾丸。如果检查时只有一个睾丸，另一个睾丸可能是在腹部，那么这头犊牛暂时就不要进行手术，应咨询兽医以寻求帮助。

（1）弹性橡胶圈法。

1个月龄前的犊牛应该使用橡胶圈来去势。首先是将橡胶圈放置在器械（止血钳一样的器械）上，并按压把手几次以撑开橡胶圈；将橡胶圈向上穿过阴囊，直到将橡胶圈放置到腹股沟阴囊附着的地方；向下拉阴囊并确保两个睾丸都在橡胶圈的下面后打开把手，放开橡胶圈，使橡胶圈靠近阴囊颈部，然后移走器械；橡胶圈施加的压力将切断睾丸的血液供应，几周内睾丸将萎缩并脱落。使用橡胶圈去势时，放置橡胶圈前需检查阴囊里是否有两个睾丸，如果阴囊只有一个睾丸，另一个睾丸可能被挤到了腹腔。如果出现这个情况，当动物长大后这个睾丸将继续产生雄性激素并出现公牛性征。摘除一头长大的动物留在体内的睾丸，是一项复杂的外科手术，费用大，牛也痛苦。

（2）手术摘除法。

在公牛的任何年龄段都可以手术摘除睾丸，但出现风险和复杂情况的概率随着年龄增大而增加。一般推荐对1~3月龄的公犊牛进行手术去势。将犊牛放在犊牛台上或拉直身体侧放在地上。保持操作环境干净卫生、控制出血和对切口的充分引流是手术去势最重要的几个方面。手术刀应保存在装有消毒剂的容器内。

当进行手术去势时，首先应打开阴囊暴露睾丸。切口大一点经常比切口小一点的好。切口小不利于充分的引流，可能导致手术后发生感染的风险增加。对于8周龄以下的犊牛，切开阴囊的方法为用刀切掉阴囊的下1/3（图4-10a）。一只手向下向后拉阴囊的底部，另一只手从一侧到另一侧切掉阴囊的底部（小心不要切到睾丸和犊牛腿上大的血管），完成之后就会出现两个睾丸。这类切口可能导致创口快速愈合，不利于充分引流。

图4-10　手术切口的位置

另一个切开阴囊的方法是将阴囊里的睾丸向上推向腹部，然后在睾丸的下面把手术刀伸进阴囊（图4-10b），手术刀完全穿过阴囊并从另一侧出来，从这里开始将阴囊切成两半。这类切口将能够很好地引流，不会很快愈合。

切开阴囊后，接下来的操作就是正确地摘除睾丸。将每个睾丸向下拉出动物的身体，慢慢拉睾丸直至感觉到精索上的肌肉分离，先分离肌肉能减少出血的量，然后在尽可能地靠近阴囊的边缘的位置将睾丸上方的精索弄断。抓住睾丸，拉伸精索，同时用手术刀把在精索上来回刮（像刮胡须一样），这能让精索和血管缓慢分离。但不要切断精索，否则将导致大出血。当牵拉时尽量不要让睾丸从手里滑掉，否则睾丸会把污染物带回到阴囊。对非常小的犊牛（1～3周龄），睾丸可以慢慢拉出直到精索断掉。对年长一点的犊牛，这样做可能导致过量出血或发生疝气。另一个分离精索的方法是使用去势钳，这是为破坏和切断精索特别设计的器械。为了分离精索，打开去势钳，将其放置在精索上，确保去势钳的另一侧也在精索上，且没有皮肤夹在合口处。随后合上去势钳，紧紧挤压精索 15 秒或更长时间以分离精索，做完一侧，然后再做另一侧。

手术去势的好处是手术可以确保快速地去掉两个睾丸。犊牛年龄越小，对人和对牛的应激就越小。如果手术程序正确，出现失败和复杂情况的概率非常小。

5. 新生犊牛的去角

牛的角经常带来很多管理问题。肥育场有角的牛还会占用更多的料槽空间，妨碍其他牛正常采食，并可能造成外伤而导致胴体价值降低。对架子牛去角产生的应激很大，降低增重。犊牛越年轻，去角的效果越好。早去角也能够减少犊牛的应激。尽管任何品种都有无角基因的应用，但出生的犊牛如果有角，最简单的方法还是去角。

刚出生时，犊牛有非常小的角芽，感觉就像头上的一个硬块。有两个方法可以用来去除这些角芽。不论哪个方法，首先是把犊牛抓住放倒在地上。

最简单的去角方法是分开周围的牛毛，露出角芽，然后在角芽上涂抹大约 1 厘米厚的去角膏，确保去角膏真正接触到皮肤，而不是附着角芽附近的牛毛上。处理后，让犊牛远离母牛 1 小时左右以让药膏渗透皮肤。如果让处理后的犊牛马上和母牛待在一起，母牛可能舔食掉药膏造成危险。

另一个去角的方法是用烙铁，用电或火来加热，这些去角器械在 2 月龄以前的犊牛上运用非常成功。烙铁环厚 3～5 毫米，环口平整，外径不超过 4 厘米。烙铁加热到适当温度后，紧紧按压到角芽周围，直到底下的组织被烧伤。烧伤必须足够深以破坏牛角组织。由于烙铁上的温度足够高，牛角根部周围的皮肤呈光滑棕色皮革状外观。许多养殖户使用电加热或电池加热的电烙铁。电池加热的电烙铁可以方便地带到产房、田地和草场使用。

烙铁去角后不需要太多的护理，角芽周围烧伤的皮肤过 4～6 周自然脱落，而且去角后的牛就像天然无角牛一样。烙铁去角方法的好处是快速完全，犊牛去角后可以立即回到母牛身边。

此外，还可以用有无角基因的公牛配种以得到天然无角犊牛（无角基因是显性基因）。肉牛行业存在一个观念是无角牛不如有角牛好。阿尔伯塔大学对去角牛（先天有角）和无角牛的生长和胴体特性进行了比较。去角牛和无角牛的出生重、断乳重、断乳前和断乳后的平均日增重、胴体重量、脂肪评级、大理石花纹、腰眼面积、出肉率和胴体评级都很相似。去角牛和无角牛在生长和胴体特性上的相似性表明培育无角牛和去角都是可行的办法。

四、哺乳期犊牛的管理

1. 品牌标记

品牌标记不是强制的，但作为一个牛身上的永久标记有其好处。在阿尔伯塔省，一个正确登记的品牌法律上属于注册人，带有这个品牌的动物有注册人的永久标记，但是这并不意味着这个品牌的注册人拥有这头牛。明知道却使用不属于自己的品牌或没有注册的品牌是违法的。一个品牌必须在大多数情况下有可读性，剃毛后会更加明显。

品牌标记的大小很重要。对于1岁龄以下的犊牛，每个字母的外缘高和宽不应小于10厘米和7.5厘米。对于成年牛，推荐的尺寸为高15厘米和宽9厘米。

用热烙铁烫品牌标记是最有效的。热烙铁破坏皮肤下的毛囊，在动物的皮上形成一个永久的无毛疤痕。可以通过烙铁颜色来判断烙铁温度：黑色，温度太低；红色，温度太高；灰色，温度刚刚好。烫印时将烙铁紧紧压住，并轻轻晃动以改变压力，3～5秒就能得到一个完整并统一的标记。完成后，皮肤看上去就像新马鞍的皮革颜色。烫印太轻，可能只是一个暂时标记；烫印时间太长，可能导致不必要的痛苦和过度烧伤，使得伤处难以愈合；温度太高也不利于品牌标记的制作。烫印后使用一个铁刷子或将烙铁放进一桶沙子来清理烙铁上烧焦的毛发或组织。

冷冻法进行品牌标记，是将一个烙铁放进液氮中降温，降温后的烙铁压到皮肤上。皮肤和毛囊的冻伤将改变毛发的正常颜色，冻伤的毛囊，长出的毛发就成了白色。冷冻法的缺点是处理后几周这个品牌标记就不是很显眼，如果时间期限是个问题，冷冻法可能不是一个好的选择；另外，对于白色牛和打品牌的部位毛色浅的牛，效果也不好。

2. 疫苗接种

准确的免疫程序各地区有所差异。应根据兽医建议，考虑当地的疾病发生情况和牛群的需要来制定一个免疫程序。

免疫接种的一般原则是：

①所有犊牛在2～3月龄应该接种八联苗来预防主要的犊牛疾病。

②所有犊牛在断乳时必须加强一次接种以建立更高水平的免疫力。到那时犊牛还应该接种传染性鼻气管炎（IBR）、牛呼吸道综合征病毒（BRSV）、牛病毒性腹泻（BVD）和副流感3病毒（PI-3）的疫苗。如果牛群从来没有接种过IBR疫苗，应在接种前请咨询兽医。

咨询兽医以选择疫苗的类型和所需要的预备措施。

如果可能的话，选择皮下接种（刚好在皮肤下面）疫苗，而不是肌内注射。研究表明疫苗进入肌肉将损伤肌肉，以及影响这些肌肉将来制作牛排或烤肉。如果肌内注射药物，应注射在耳后的颈部肌肉或前肩部位。此外，养殖户应持续关注新疫苗的研制。

3. 去势

如果需要去势，应该在犊牛出生后越早进行越好。犊牛在 8 月龄前都可以进行去势，但是，年龄越大的犊牛，去势带来的应激和出血的风险就越大。并且对于年龄大的牛，去势还能导致其增重速度在短时间内减慢。因此，推荐的做法是在出生后的 8 周内尽早进行去势。

去势的应激可以通过加快去势速度而降低。在操作过程中应充分考虑动物福利，使用正确且干净的器械操作，以保证犊牛的其他功能正常。使用掌握相关技术并有经验的工人，快速完成去势，并减少后期出血和感染的风险。

犊牛应该被很好地保定以防止去势过程带来的额外损伤。有经验的人能有效地控制 1 周龄的犊牛并完成必要的操作。犊牛生长变得越来越强壮，但被放倒在地时也能很容易地进行保定。使用犊牛台能大大简化犊牛的保定。

犊牛长大后，使用保定架来保定。如果没有保定架，可以用一个笼头把牛系在围栏上。然后把牛推向围栏使用尾巴保定法。尾巴保定法是有效保定动物一种的方法，但在进行手术去势时要特别当心，牛可能会前冲或后退。

公犊牛的去势是一个简单挣钱的方法。架子牛只能以去势牛或后备母牛出售。年龄较大的牛可以进行手术去势或无血去势。

（1）手术去势。

当正确实施时，手术去势快速而安全，能让伤口在几周后愈合并恢复生长。

去势所用的器械应该保持干净并在每次使用前彻底消毒，这样能防止伤口感染。操作员应保持双手干净，并带上外科乳胶手套。可以用温水和肥皂来清洗犊牛的生殖区域。手术前的皮肤消毒没有什么用，除非剃毛并用温水和肥皂搓洗几次。用一桶或几桶温水加上消毒剂冲洗手术器械和操作员的手，可以起到消毒作用。在换下一头牛手术之前，器械应该浸泡在有消毒剂的水桶里。咨询兽医哪种消毒剂比较好。

对于年龄大的犊牛，用手术刀或其他锋利的刀从阴囊的一侧切开并暴露睾丸，切口应该比睾丸长 1/3，并向下延伸到睾丸的底部。然后向上剥开包裹睾丸的膜，分离精索和睾丸。如果动物超过 6 月龄，可以用去势钳来分离精索。用去势钳挤压精索 30 秒，在阴囊的两侧分别切口，然后分别切断与每个睾丸相连的精索。

去势时切断精索，可能使感染沿着导管上行并引发腹膜炎。保持器械干净和去势后保持动物干净能够预防这一复杂情况。用手术刀把来回刮断精索，不要在睾丸附近切断精索，因为那里的精索比较厚，出血量会很大，并在阴囊里留下大量的血块。血液是细菌理想的生长介质，能引起感染。在较高的位置切断精索，出血量较少，但万一出血量很大，找到出血的位置也非常困难。有时候精索可能会露在阴囊外，暴露的部分应该切除以加速愈合，并防止感染。

手术后立即将动物关在一个有充足垫料的地方或干净的草场，保持动物安静，3～4小时后出血停止。也可使用长效抗生素来处理动物，并仔细观察5天时间是否有肿胀或感染的硬块。如果飞虫比较多，使用灭蝇喷剂。

如果伤口肿胀或动物精神不振，立即将其和牛群分开，并打电话给兽医。伤口应该热敷，给予抗生素治疗。兽医可能会切开伤口并引流。

手术去势受到批评的一个主要原因是没有使用麻醉剂或镇静剂。在英国，除非进行麻醉，否则不允许对超过8周龄的犊牛进行手术去势。在美国对动物没有麻醉而进行手术去势的年龄可以延续到8～9月龄。局部和全身麻醉剂的使用能够减少但不能消除应激反应。1992年进行的一项研究显示在手术去势中使用美伦芬诺和甲苯噻嗪较对照组并没有减少应激。1996年的研究比较了手术去势和无血去势以及有无局部麻醉的效果，结果表明手术去势较无血去势的应激大。局部麻醉降低了手术去势的肾上腺素反应，但对无血去势不是很有效。麻醉的有效性被质疑的一个原因是为了麻醉而控制和保定动物所引起的应激可能和手术去势本身所引起的应激一样多，特别是对于不到2月龄的犊牛。

（2）无血去势。

无血去势是指不用手术的去势方法。目前可以通过使用橡胶圈和无血去势钳来完成，但橡胶圈不应使用在超过1月龄的犊牛身上。

无血去势法是使用去势钳（图4-11）来破坏每一个睾丸的精索和血管。抓住一侧睾丸，使精索紧靠阴囊的外壁，用去势钳在较高的位置夹住精索（图4-12）并维持1分钟。通过破坏供应睾丸的血管和神经，去势钳能导致睾丸萎缩及失去功能，并能确保阴茎不在被破坏的组织中。重复以完成另一侧睾丸的操作。

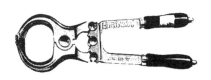

图4-11　无血去势钳

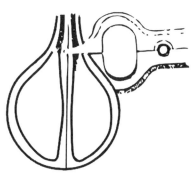

图4-12　去势钳的正确位置

（3）免疫去势。

免疫去势目前处于研发阶段，涉及生产一种能够靶向负责性特征和精子生成的激素疫苗。目前，还没有任何疫苗能提供长久去势的可能性。

4. 去角

吃乳犊牛的角长 1～2.5 厘米。无论使用什么器械，去角前必须进行消毒处理。最常见的器械就是去角器。如果准确使用，去角器可以将角芽连带角根周围约 6 毫米的皮肤一并挖出。由于去角器很锋利，切口很整齐，烫伤出血的血管即可止血。切口整齐时血液更难凝结。

5. 爬入式饲喂

夏季的草场能为犊牛和母牛提供最为廉价的饲料。除了补充磷和微量元素盐，母牛在良好的草场上就能满足其最大产乳潜力的营养需要。吃乳的犊牛在良好的草场上每天能增重 0.6～1.4 千克，增重量取决于母牛的产乳能力和草场的质量。

然而，有些时候牛乳的量和草场的草不足以满足犊牛生长的遗传潜力。在这些情况下，可以为犊牛补饲更多的饲料，这种饲喂方式只允许犊牛能够采食到饲料而母牛采食不到，犊牛可以爬入饲喂区域采食饲料，母牛因为较大的体型而不能进入饲喂区域。

如果存在以下一个或多个情况，爬入式饲喂就有其经济优势：

• 由于干旱，草场的质量比较差或母牛的产乳量比较低；

• 两岁的头胎牛和产乳量低的母牛及其犊牛可以和主牛群分开；

• 作为粗饲料管理项目的一部分来保护草场；

• 有增加草场载畜率的需要；

• 犊牛在秋季出生；

• 作为断乳前管理的一部分，在断乳前使用爬入式饲喂 2～3 周，有利于帮助犊牛习惯干饲料；

• 断乳犊牛的价格高而饲料价格较低；

• 市场对断乳犊牛的需求较大；

• 由于上市日期已经确定，出生晚的犊牛需要加速生长；

• 需要对产乳量低的母牛所生的后备母牛补饲，以使其在 13～15 月龄进入青春期；

• 有很多产乳量低的母牛所产的杂交犊牛。

爬入式饲喂的好处：

• 能够增加犊牛的断乳重 2.5～40 千克，平均增加 18 千克；

• 提高草场的载畜率；

• 保护草场；

• 犊牛习惯采食谷物饲料，使断乳更容易；

• 使犊牛生长到更加均匀的大小；

• 犊牛断乳时体重缩水更小。

爬入式饲喂的缺点：

• 爬入式饲喂的犊牛可能很少在草场上吃草；

• 爬入式饲喂犊牛的采食量可能差异很大；

• 有些情况下饲料效率较差；

• 通常在肥育场会丢失多增加的体重，而未进行爬入式饲喂的犊牛能显示出补偿性增重；

• 爬入式饲喂使犊牛出现不必要的增重；

• 犊牛买家不喜欢犊牛特别肥；

• 如果犊牛阶段太肥的话，母牛的生产效率就会降低。

有很多种爬入式饲料可以采用。最好的饲料是既能满足犊牛的营养需要，又便宜且适口性好。饲料含有不同的蛋白质、能量、钙、磷和微量元素以补充草场放牧的情况。

如果存在草场可以放牧但草由于太老而质量下降的情况，可以补充富含蛋白质的饲料（表4-2）。在这种情况下，犊牛从草场吃草来补充大部分的能量，同时补充蛋白质饲料来维持总的采食量。如果干旱或草场过载导致草场不能继续放牧，可以补饲富含能量的饲料，在这种情况下，必须利用爬入式饲料为犊牛提供能量和蛋白。在这两种情况下，草场采食的草和补饲的饲料必须提供平衡的蛋白质和能量以促进犊牛健康生长。另一个选择是为放牧的犊牛提供能量和蛋白质，称为绿色爬入式饲料。

表4-2 爬入式饲喂所使用的不同级别的饲料

能量饲料	蛋白质饲料	绿色饲料
1. 粗饲料供应受限时饲喂 2. 通常以谷物为基础（13%～16%蛋白质），包括破碎的燕麦和大麦，以及32%的肉牛补充料或菜籽粕 3. 每天的采食量限制在1.6千克以下最为经济 4. 由于含10%～15%的粗盐而限制采食 5. 饲料转化率在（2～14）：1	1. 粗饲料供应充足但缺少蛋白质时饲喂 2. 含很高水平的蛋白质，如50：50菜籽粕和豆粕混合或豌豆粉（21%） 3. 每天的采食量限制在0.5千克最为经济 4. 用10%～15%盐来限制采食 5. 可能需要制成颗粒以防止和其他饲料成分分离 6. 这种情况下饲料转化率在（1.1～1.3）：1	1. 只有吃乳的犊牛才能使用草场的优质牧草 2. 母子放牧的草场旁播种小面积的优质牧草。允许犊牛通过爬入门进入这个小草场。在轮牧系统，犊牛被允许提前进入下一块草场

如果能量或蛋白质不足，犊牛表现或是发育迟缓，或是太过肥胖。咨询动物营养师后选择合适的爬入式饲料以满足犊牛的营养需要，并使性价比更高。

可以购买爬入式饲料，也可以使用自有的谷物和补充料来自制饲料。表4-3提供了使用32%蛋白质的补充料或菜籽粕来自制爬入式饲料的配方。

表4-3 爬入式饲料配方示例

饲料成分	日粮中各成分的比例（%）			
	日粮粗蛋白质含量为13%		日粮粗蛋白质含量为16%	
燕麦	27.0	27.0	23.0	23.0
大麦	63.0	61.6	53.0	53.2
32%补充料	—	—	24.0	—
菜籽粕	—	9.1	—	22.0
2∶1矿物质	—	0.6	—	—
石粉	—	1.2	—	1.3
微量元素盐	—	0.4	—	0.4
维生素 A、维生素 D、维生素 E 预混料	—	0.1	—	0.1
总计（%）	100.0	100.0	100.0	100.0

年轻犊牛最早可在第3周左右开始采食谷物，如果养殖场计划使用爬入式饲喂就应该鼓励这一进步。犊牛出生后可以使用谷物为基础的开喂料，大概在8~10周龄瘤胃开始具有消化功能。使用爬入式饲喂的犊牛从6周龄开始将消耗227千克的饲料，并在断乳时较没有采用爬入式饲喂的犊牛体重多增重27千克。这些增重可能由于草场的情况、生长的遗传潜力和母亲的产乳能力而有差异。生产中，应比较饲料、设备和人工成本和犊牛增加的体重所带来的效益，决定爬入式饲喂方法是否合适。

五、断乳和断乳的准备

1. 断乳管理

断乳的目的是将犊牛和母牛分开，并使其各自更有效地生活。

（1）断乳时间。

如果不是在出生后就饲喂以谷物为基础的开喂料，犊牛的瘤胃大概在120日龄时才有正常功能，离开牛奶或代乳粉也能为犊牛提供足够的营养以获得满意的增重。实际断乳时间应该在母牛的产乳量减少和犊牛增重对牛奶的反应降低时。一般来说，犊牛在7月龄或210日龄时开始断乳。

（2）饲料。

成功的断乳能鼓励犊牛快速地采食补充料。有的养殖户在将犊牛和母牛真正分开之前就让犊牛从料槽采食，而有的养殖户直到断乳后才引入料槽。犊牛越早开始采食补充料，断乳过程就越成功。补充料可以是谷物、蛋白质补充料或干草。断乳后应为犊牛提供优质的饲料，在断乳后的4～7天，提供优质的长干草，因为犊牛可能不容易适应玉米青贮、切碎的干草或颗粒饲料。

（3）水。

新鲜、干净的饮水对犊牛来说也很重要。如果它们在断乳前还没有习惯从水槽饮水，则应训练犊牛从水槽或饮水碗饮水。

（4）减少断乳造成的应激。

所有的犊牛都会经历断乳应激，但所受应激的程度有所差异。将犊牛从母牛身边分开、引入新饲料、卡车运输或换牛舍都能引起应激，应激能降低免疫功能，使得犊牛很容易生病。

一般而言，为了减少应激，应在天气好的时候断乳，以缓慢平静的方式对待犊牛，避免可能导致呼吸道疾病的多尘环境。

降低断乳时应激的做法有很多，这些做法都需要良好的管理和一些额外的人力。为了使断乳犊牛的体重更大、更健康、治疗成本降低、市场价值高。可供考虑的做法有：

·在断乳前几天犊牛还在母牛身边时引入饲养牛舍要用的新饲料和水源，以让犊牛更好地适应；

·断乳前3～6周加强免疫；

·在出生时或出生后不久进行去角和去势；

·将犊牛放养在与母牛相邻的优质草场上7天时间，在那里犊牛和母亲隔着围栏仍能接触。

研究显示，断乳后为犊牛和其母亲提供7天围栏之隔的接触，能够减少应激反应，使母子分离后的增重损失最小化。甚至断乳后10周，断乳后完全分开的犊牛都不能补偿断乳早期的增重损失。如果采用这种做法，7天后将母牛转移到远离犊牛的优质草场，这样母牛可在冬季前改善体况。

（5）推荐的断乳程序。

①在犊牛生命的早期进行去势和去角。

②断乳前2～3周进行恰当的疫苗接种：正确的疫苗接种对于犊牛获得最好的抗体水平很重要；确保按照标签指导来进行疫苗的保存和使用；做好疫苗接种和治疗的完整记录，并将其作为犊牛健康项目的一部分；避免在臀部或腰部接种，可以在颈部注射疫苗。

③处理体内体外寄生虫的工作最好不要在断乳时候进行，牛蝇和虱子可以在晚秋处理（冬季之前）。

④断乳前2～3周开始喂料，以使犊牛适应干料。

⑤在断乳前 2～3 天将母牛和犊牛移到断乳牛舍，在此期间犊牛可以适应牛舍和水源，并给犊牛提供爬入式饲料，但不给母牛饲喂，这样能降低母牛的产乳量并增加犊牛对干料的消费。断乳时，将母牛从牛舍移走，留下犊牛。

⑥断乳期间，犊牛的增重目标为 0.5～1.0 千克/天，增重的大小取决于品种、大小、性别和市场需要。日粮不需要太复杂或昂贵，可以是谷物、蛋白补充料、矿物质和维生素，以及优质干草。

⑦至少在上市或运输前 45 天断乳。这个适应期能使犊牛更健康，在断乳期有更好的增重。

2. 断乳的准备

此阶段管理的目的是减少将犊牛从母牛身边转移到肥育场所引起的应激和疾病而导致的经济损失，包括以下效果：

• 直接将犊牛从母牛身边卖掉，能够增加犊牛的价值；

• 能够增加犊牛体重 20～30 千克；

• 运输到市场或肥育场时犊牛体重的缩水减少；

• 减少肥育场的疾病和死亡损失 50% 以上。

断乳前采取的准备措施包括：

• 在运输前以友好的方式让犊牛适应肥育场的环境；

• 将应激因素分散到较长时间，减少疾病发生，这样断乳的影响就不会和犊牛较低的抗病力相重合；

• 在犊牛可能接触这些疾病前对他们进行免疫接种。

本 章 小 结

在妊娠期间，需要为母牛和其未出生的胎儿提供足量而准确的营养；同时要避免妊娠期间的营养不足或过度饲喂，过瘦或过肥的母牛在产犊时期都可能会发生难产问题。

产犊时和产犊后不久可能出现各种问题，养殖户需要知道何时需要干预、何时需要找经验更丰富的人或兽医来帮助。如果养殖户自己决定来助产，必须保持工作环境干净卫生且操作温柔。除非犊牛的 3 个部分出现在产道里，否则不要拉胎儿。如果 10～20 分钟还没有明显的进展，则需要求助兽医。

正常情况下，犊牛需要经历一系列的步骤才能适应这个世界。当犊牛吃上初乳并和开始小睡，第一步才算结束。之后，犊牛生活中任何重要的部分就是不断地重复。多数情况下，犊牛自己都能完成这些第一步，极少需要母亲的协助。如果犊牛在出生后出现 10～15 秒没能开始呼吸，或者颤抖至昏迷的地步，或者在出生后 2～3 小时还不能主动地吸吮母亲的乳头的情况，就应该对其进行干预。

犊牛能够吃乳和站立之后，在犊牛比较小和容易控制的时候，可以进行犊牛脐带的消毒、打牛号、去势和去角。

哺乳期的犊牛应该根据当地的情况进行免疫接种。如果犊牛在出生后还没有去势和去角，这些事就应该在犊牛哺乳期尽早完成。有时候乳量和草场的草不能完全让犊牛表现出所有的生长遗传潜力，在这些情况下，利用爬入式饲喂方式就能让犊牛采食到必要的营养。

断乳项目也有很多种做法，其关键是减少犊牛的应激。断乳前的准备和免疫接种能够减少将犊牛从母牛身边转移到肥育场所产生的应激和疾病而导致的经济损失。

营养和饲喂管理

饲料成本在肉牛繁育场总生产成本中占了很大的比例。当动物在草场放牧时，这部分成本不容易注意到；但在冬季，饲料成本就体现得很明显了。冬季饲喂期间的成本占总生产成本的 40%～60%；而在夏季放牧期间，动物的体况能以较低的成本得到补充。

总的来说，尽管冬季饲喂阶段更加关键，但放牧季节的精准营养也很重要。在一年所有季节，饲喂工作需要给所有生产阶段的母牛和犊牛提供充足的营养，同时注意饲料成本。一年中任何时间的营养不足都能降低牛群的生产表现，有些立即显现，有些可能晚些出现。生产表现的降低一般反映在犊牛出生的数量和产犊间隔上。

冬季月份占了牛群妊娠期的大多数时间。妊娠期间和从产犊到配种期间的精准饲喂是母牛具有良好繁殖表现和较高犊牛生产效率的基础，养殖户必须提供足够的饲料和充足的营养以满足牛群的需要，但补饲太多饲料会导致成本升高。最好的做法是以合理的成本为不同阶段的牛提供营养足够的平衡日粮，以达到最佳的生产效率。例如，以麦秸、谷物和豌豆为基础的平衡日粮能满足牛群的营养需要，而且成本要比饲喂苜蓿草便宜很多。

为了放牧季节有良好的营养摄入，草场管理需要将粗饲料及放牧管理和家畜营养需要融合起来。粗饲料管理包括粗饲料作物的播种、草场的建立、肥料管理和杂草控制。最好多年生和一年生牧草的草场都有，可以有更多的选择来延长放牧季节，并创造灵活的放牧系统。放牧管理方面包括牛的数量和阶段，放牧的安排、时间、次数。良好的草场管理在满足家畜生产目标的同时，还能保证草场里的牧草健康生长并提高其生产效率。

一、营养和营养需要

营养物是任何动物完成维持、生长、生产或繁殖功能的必要物质。营养物可能是单一的化学元素（如钙或磷），或是一种化合物（如葡萄糖），或者几种物质的复合体（如糖蛋白）。

营养需要是指为动物提供维持、生长、生产和繁殖所需要的特定水平的营养物。这些营养物包括能量物质、蛋白质、矿物质、维生素和水。了解这些营养物的知识，包括它们的功能和相互作用效果以及过量或缺乏的影响，对于动物的精准饲喂很重要。

一头动物所需要的每种营养物的水平取决于该动物的生物学阶段，这些阶段包括维持、妊娠、泌乳、生长和发育。大多数营养物饲喂量超过维持需要后将用于提高生产表现。但是，如果一种营养物的数量不足，动物的生产表现就会受到限制，这个原则称为第一限制性营养物。如图 5-1 所示，5 种营养物的供应量能够满足日增重 1 千克以上，但是能量的供应量只能满足日增重 0.5 千克左右，导致该日粮只能使动物日增重 0.5 千克左右。因此，决定生产表现的第一限制性营养物是能量。如果能量提高到和其他营养物相对应的水平，动物的日增重将达到 1 千克。

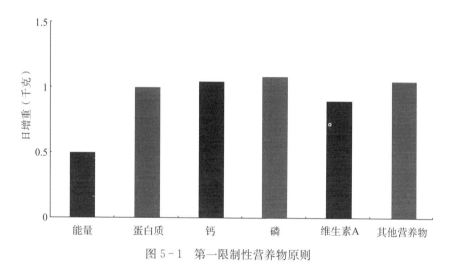

图 5-1 第一限制性营养物原则

（一）能量

能量定义为做功的能力，能量的衡量单位是卡、千卡或兆卡。能量是动物维持身体运动、冬季产热和其他生产目的而燃烧的能源。动物生产中大多数能量都是用于维持生命。能量通常是日粮中最为昂贵且限制性最大的营养物。

牛有 4 个胃，主要从日粮中的蛋白质、碳水化合物和脂肪获取能量。碳水化合物在瘤胃（第一胃）中发酵，在发酵过程中，瘤胃中的微生物数量增加，生成了挥发性脂肪酸（乙酸、丙酸和丁酸），这些挥发性脂肪酸构成反刍动物主要的能量来源。

饲料中的能量可以计算和表达为不同的形式。肉牛上最常用的单位是兆卡（Mcal）。其他能量的表示包括：总能（GE）、消化能（DE）、代谢能（ME）和净能（NE）。这些表示形式之间的关系见图 5-2。

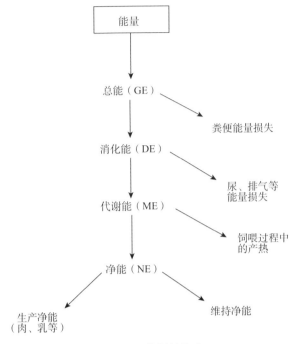

图 5-2　能量的构成

1. 消化能

消化能（DE）是摄入的总能量（GE）减去粪便的能量（DE＝GE－粪便能量）。它表示可供动物使用的真实能量水平，也是牛能量需要最常用的表示形式。但是，消化能仅仅计算了营养物利用过程中的一部分能量损失。相对于优质饲料，消化能常常过高估计了低质量饲料的能量水平。

总消化营养物（TDN）的概念来自衡量饲料可使用能量和动物能量需要的古老系统，涉及衡量营养物的一个复杂公式，广泛使用于美国和加拿大的部分地区。总消化营养物的值通常表示为饲料的百分比，以及每日需要的数量。该值通常是通过饲料分析报告计算而来。估计总消化营养物最简单也是最常用的一个公式是：

$$TDN＝DE/0.044$$

2. 代谢能

代谢能（ME）是摄入的消化能（DE）减去尿液和消化过程中气体产物所损失的能量（ME＝DE－尿液中的能量－消化过程中气体产物的能量）。在实践中，很少测量每种饲料的代谢能，并且测量消化过程中气体产物的能量和尿液中的能量较测量消化能更加困难。因此，如果需要知道代谢能，营养师常使用一个转换公式来计算。用来估测肉牛饲料代谢能的常见公式是：

ME＝0.82×DE。

3. 净能

净能（NE）是代谢能减去饲喂过程中的热量损失（NE＝ME－饲喂过程的热量损失）。饲喂过程的热量损失为当饲料被消化和利用时产生的热量。净能又根据能量的用途分为维持净能（NEm）、生长净能（NEg）或哺乳牛的泌乳净能（NEl）。

因为净能计算了饲料和营养物利用过程中的所有能量损失，然后得到的每种饲料的净能值，所以较其他能量的估测值更加准确。但是，大多数印刷资料上关于饲料的净能值并不是测量所得，而是通过消化能计算得来的，所以净能和 DE 具有同样的消化率估测误差。净能值在日粮配制方面越来越受重视，当配制日粮时，维持净能首先要得到满足，否则考虑生长净能或泌乳净能就是空谈。

能量不足：饲喂不足导致的能量缺乏是肉牛群最常见的营养问题。它引起生长停滞或减慢、体重损失、乳产量减少、妊娠失败和死亡率增加（由于疾病抵抗力减弱）。能量缺乏常常较蛋白和其他营养物缺乏所产生的问题更加复杂。

Wiltbank 对能量缺乏对肉牛成母牛繁殖表现的影响进行了研究。结果显示妊娠期最后 3 个月能量缺乏，使产后的发情延缓；而产后到配种期间能量缺乏，会导致妊娠率降低（表 5 - 1）。

表 5 - 1　肉牛母牛能量缺乏对繁殖表现的影响

产犊前到产犊后饲料的能量水平	母牛数量	产后体重的日平均变化（千克）	母牛表现发情（%）		母牛第一次配种的受胎率（%）	母牛妊娠率（%）
			产后 60 天	产后 90 天		
低—低	18	−0.18	17	22	33	20
低—高	19	＋0.05	45	85	65	95
高—低	21	−0.26	81	86	42	77
高　高	20	−0.04	80	80	67	95

能量过剩：提供的能量太多是一种浪费，也增加了不必要的饲料成本。生殖道的脂肪积累导致难产问题，从而对繁殖表现产生负面影响。

4. 粗饲料的能值

粗饲料的能值取决于其品种和成熟度。随着粗饲料的成熟，纤维含量增加而能量降低；粗饲料成熟度的增加，导致主动摄入量也减少（表 5 - 2）。晚收割的干草每千克所含的能量少，采食的水平也低。因此，给动物饲喂低质量干草，即使是自由采食，也不能采食足够的能量来满足其需要。在相同成熟阶段收割，豆科植物通常较牧草的能量高。相对而言，麦秸的纤维含量高而能量低。

表 5-2　收获时不同成熟阶段对粗饲料饲喂价值的影响

收割时干草的生长阶段	消化能（兆卡/千克）	粗蛋白质（%）		摄入量（体重的占比，%）
		牧草	豆科植物	
生长阶段	2.77	15	21	3.0
花蕾阶段	2.51	11	16	2.5
开花	2.20	7	11	2.0
成熟	1.94	4	7	1.5

谷物能量高，非常适合作为能量来源或补充料。蒲式耳重量（相当于中国的斗）是以能量为基础比较谷物的一个相当好的标准。例如，蒲式耳重量为16千克的大麦消化能约是蒲式耳重量为22千克的大麦的93%。如果以重量单位比较，能量差异不大；但以容量为基础进行比较，差异就非常大。

(二) 蛋白质

蛋白质是由氨基酸组成的一种含氮化合物。动物身体中的肌肉、皮肤、毛发、蹄角和许多其他组织以及液体都含有蛋白质。

粗饲料的蛋白质含量取决于其品种和成熟度。随着粗饲料的成熟，蛋白质含量降低。绿色多叶的植物较成熟的植物蛋白质含量高，豆科植物较牧草蛋白质含量高。谷物、麦秸或米糠的蛋白质含量还因地理区域、土壤含氮水平、施肥量和天气状况等而有差异。

饲料中大约80%的粗蛋白质在瘤胃内被微生物降解为氨、二氧化碳、挥发性脂肪酸和其他含碳化合物。微生物可利用氨合成自身蛋白，随着饲料通过瘤胃进入后面的消化道，大约包含65%优质蛋白质的微生物也进入后面的消化道。反刍动物通过消化这些微生物来获得所需要的大多数蛋白质。

瘤胃中蛋白质的分解和再合成的过程，使得反刍动物能够利用非蛋白氮源，如尿素。这些化合物能被分解为氨和二氧化碳，被微生物用来合成自身蛋白。如果饲料中有充足的碳水化合物形式的能量，就会发生这样的过程，而反刍动物利用非蛋白氮源可以像利用传统优质蛋白质来源（如豆粕）一样有效。如果碳水化合物不足，尿素等产物被分解后，氨就不能被捕获而被利用。

饲喂给动物的蛋白质有一部分没有被降解为氨和含碳化合物，而是在小肠处被消化和吸收，这部分蛋白常被称为过瘤胃蛋白质或瘤胃不可降解蛋白质（UIP）。而可以在瘤胃降解的蛋白称为可降解蛋白质（DIP）。在肉牛生产的大多数阶段，通过瘤胃的微生物蛋白质和小肠消化吸收的蛋白质都能满足其对蛋白质的需要。但是，对蛋白质需要高的牛，可能需要补充一些过瘤胃蛋白质，才能满足其需要。这些牛可能包括快速生长的犊牛、后备牛和产乳量高的母牛。大多数饲料原料都含有过瘤胃蛋白质，含量多少取决于饲料的种类和饲料收割后所采用的物理或化学处理。

蛋白质降解率的概念引来一个新的蛋白系统，叫作可代谢蛋白质系统。在这个系统可用来平衡微生物和动物的需要量，并注意饲料中可降解蛋白质（DIP）和不可降解蛋白质（UIP）的比例。由表5-3可见常见饲料原料中两者的比例。

表5-3　常见饲料可降解蛋白质（DIP）和不可降解蛋白质（UIP）的含量

饲料原料	干物质（%）	粗蛋白质（%）	DIP（占粗蛋白质比例，%）	UIP（占粗蛋白质比例，%）
苜蓿青贮（开花中期）	38	17	91	9
苜蓿青贮（全开花）	40	16	91	9
大麦青贮	39	11.9	86	14
大麦秸秆	91	4.4	30	70
大麦谷物	88	13	67	33
燕麦谷物	89	11	80	20
燕麦绿饲料	91	9.5	68	32
梯牧草干草	89	8.8	70	30
雀麦草干草	89	10.6	77	23
鸭茅草干草	89	12.9	70	30
苜蓿干草	89	18.2	81	19
苜蓿牧草混合干草	89	14.0	77	23
苜蓿颗粒	90	17.3	54	46
小麦谷物	90	14.2	80	20
菜籽粕	90	15.6	68	32

蛋白质缺乏的主要表现是食欲降低，而饲料摄入量降低又导致能量摄入不足，所以蛋白质缺乏常常伴随的是能量缺乏。因此，蛋白质缺乏将会导致成母牛的发情延迟或发情周期不规律、生长缓慢、产乳量下降。

肉牛成母牛和后备牛产前（产前阶段）和产后（产后阶段）蛋白质摄入不足又被证实能导致妊娠率降低（平均为58%），而与其相比，蛋白质摄入充足的牛妊娠率为90%。日粮能量不足能导致第一次配种的受胎率降低，而肉牛成母牛和后备牛蛋白质摄入不足也能抑制第一次配种的受胎率（蛋白质摄入不足牛受胎率为 25%，蛋白质摄入充足牛受胎率为 71%）。蛋白质或能量不足会抑制了繁殖力，延长产犊间隔，最终导致妊娠率降低。监测产犊季前 21 天成母牛和后备牛的妊娠率和数量能够作为指标提醒养殖户检测牛群日粮的蛋白质和能量水平。

大多数养殖场后备母牛满 2 周岁第一次产犊。牛群中大多数繁殖问题都是发生在这些头胎牛上。青年/后备牛需要较高的营养水平来满足其继续生长、生产一个健康的犊牛和在配种季早期妊娠的蛋白质和能量需要。如果牛群整体都是按照后备牛的需要来饲喂，成母牛可能被过度饲喂。如果按照成母牛的需要来饲喂，后备牛可能就会损失其体况，出现妊娠率降低和产犊间隔延长的情况，因此，将头胎牛和二胎牛与成母牛分开饲喂，能让养殖户更好地管理两个牛群，使繁殖潜力最大化，又不至于过度饲喂而使成本增高。

（三）矿物质

很多无机元素（矿物质）是动物正常生长和繁殖所必需的。肉牛至少需要 17 种不同数量的必需矿物质，它们可以分为两大类：常量矿物质元素和微量元素。

常量矿物质元素，也称为主要矿物质，需要量以克计。常量矿物质元素在动物的结构和功能上有特殊的作用，能让动物正常生存和发挥功能。以下 7 种常量矿物质元素是动物所必需的：钙、磷、钠、镁、钾、硫、氯。

表 5-4 列出了阿尔伯塔省常见饲料中矿物质的平均水平。养殖户除了要关注饲料中矿物质平均水平，更要注意这些变化范围所暗示的巨大差异。

表 5-4　阿尔伯塔省本地产饲料的平均矿物质含量水平

饲料原料		钙（%）	磷（%）	镁（%）	钾（%）	硫（%）
苜蓿干草	平均值	1.71	0.21	0.31	1.74	0.23
	范围	1.08~3.04	0.07~0.36			
豆科牧草混合干草	平均值	1.13	0.19	0.24	1.57	0.16
	范围	0.14~2.72	0.04~0.35			
牧草干草	平均值	0.53	0.17	0.17	1.20	0.18
	范围	0.11~1.0	0.04~0.36			
燕麦绿色饲料	平均值	0.32	0.20	0.39	1.81	0.18
	范围	0.08~1.02	0.03~0.40			
大麦谷物	平均值	0.07	0.38	0.14	0.54	0.13
	范围	0.02~0.12	0.22~0.53			

微量元素，也称为痕量元素，需要量以毫克或微克计。它们在动物组织和饲料中的含量非常低，常常是酶辅助因子或激素的成分。必需的微量元素包括：铜、锰、锌、硒、碘、钴、铁、钼、镍、铬。

正常情况下饲料中的多数常量元素和微量元素含量是足够的，少数须在日粮中进行补充。在动物组织中铝、砷、锡、氟、硅、钒的含量很低，生产中预计不会出现任何有关这些元素的缺乏症。

有些元素，对牛来说牛不是必需的，但饲喂超过表5-5所列的水平可能导致中毒。短时间饲喂超过有毒水平的这些元素，可能不会导致有害影响；但长期饲喂可能会引起中毒。有关中毒的严重性变化很大，从明显的生理障碍和死亡到生长、繁殖、泌乳量或其他身体功能的轻微损害均有可能发生。

表5-5 牛对有些矿物质元素毒性的最大忍受浓度

元素	最大忍受浓度（毫克/千克）
铝	1 000.00
砷	50.0（有机物 100.0）
溴	200.0
镉	0.5
氟	40.0～100.0
铅	30.0
汞	2.0
锶	2 000.0

1. 常量元素

（1）钙。

动物体内大多数钙在骨骼中，它形成了骨骼的基质并使身体具有硬度，同时保护软组织和附着肌肉。另外，身体还需要钙用于血液凝结、肌肉控制、酸碱平衡和生成牛奶。

大多数饲料原料中都有钙。干草，特别是豆科植物的干草，含有很高水平的钙；而谷物的钙含量很低。其他钙的来源包括矿物质补充料，如骨粉、石粉、磷酸二氢钙和去氟磷酸石。

反刍动物营养中，钙是重要的矿物质，如果日粮中谷物、麦秸等是主要原料，则应该额外补充钙。日粮中钙的最高含量为干物质采食量的1%。

当反刍动物饲喂高谷物日粮而没有补充钙时，常常会发生钙缺乏。钙缺乏能导致年轻动物患佝偻病，成年动物骨质软化。佝偻病是一种营养性疾病，患该病时骨骼不能变硬，骨骼容易弯曲或折断，导致动物身体僵硬。骨质软化则是钙缺乏时骨钙流失所出现的一种状态，患病动物易骨折，产乳量的下降。

动物身体使用钙的能力受身体其他矿物质水平的影响。磷的水平太高或维生素D水平太低都能阻止身体对钙的准确使用从而导致钙缺乏的症状。钙水平还受钾、镁水平的影响。

成年动物钙水平低可能导致产前产后的产褥热。产褥热的发生是由于初乳的生成从血清中使用了大量的钙。血清钙水平的正常范围在2.2～2.6毫摩尔/升。生产1千克的初乳大概需要从血液中摄取2.5克的钙，当血清钙水平从正常水平快速下降时就会出现急性低血钙症（产褥热）。血浆中丢失的钙必须通过增加钙在小肠的吸收、或骨动员钙、或两者共同作用予以补充。

产褥热的症状包括肌肉无力和抽搐、血液循环障碍、体温下降、心率加快、昏迷等。在该病发生的早期阶段，牛表现过度敏感或兴奋，蹄站立不稳，肌肉震颤，烦躁不安；和痉挛的表现非常相似。在产褥热的后期，母牛可能会死亡；然而和青草搐搦引起的死亡不一样，产褥热引起的死亡不会有划水的表现或四肢在地上的挣扎的状况。随着母牛年龄和胎次的增加，产褥热的发病率会增加。头胎牛很难看到产褥热的发生，但6胎以后，产褥热的发病率可能多达20%。

（2）磷。

磷和钙一样也主要存在于动物的骨骼中，磷可用于能量代谢、酸碱平衡和身体的酶系统。磷在骨骼和细胞膜的结构中发挥作用，也在遗传、能量、酶和血液缓冲系统中发挥作用。

磷的吸收有两种方式：主动吸收和扩散吸收。在磷缺乏的日粮中，超过90%的磷能够被吸收，但是补充磷的利用率很低，只有15%～20%。肠道中的脂肪酸和铝离子能够和磷形成复合物，使磷的吸收下降。

磷的准确利用取决于维生素D的充足供应。钙过量也使得磷的需要量增加。当钙和磷酸镁在尿液中沉积时，就会出现磷中毒。

磷缺乏的主要特征是繁殖表现差、发情周期不规律、繁殖力下降，还会出现后腿僵硬、骨折、佝偻病或异食癖（动物喜欢嚼石头、土、木头、骨头等）。磷对于骨生长有重要作用，尤其对青年牛更加重要。

研究显示，使用含磷0.14%和0.36%的日粮饲喂后备母牛2年，两组动物在生长、肋骨的形态和磷含量、青春期年龄、受胎率或产犊间隔上没有看到差异。另一项研究是从断乳到第5个妊娠期和哺乳期，给海福特牛饲喂低磷日粮。低磷组日粮每天摄入的磷为6～12.1克，而对照组磷的摄入量为20.6～38.1克，随着动物生长磷的摄入量增加。饲喂低磷日粮的动物仍保持健康，与补充磷的动物生长和繁殖表现相似。当磷摄入量从每天 6～12.1 克减少至 5.1 克，6 个月内出现磷缺乏的表现。繁殖表现只在饲喂更低水平的磷含量饲料一年以后受到影响。结论是体重 450 千克的海福特母牛全年每天摄入 12 克磷是完全足够的。这项研究没有提供两组之间产乳量和犊牛断乳重的比较。

饲喂牛的粗饲料和精饲料中磷的含量差异很大。一般来说，谷物中磷的含量相对较高，而粗饲料中含量一般较低。谷物、菜籽粕和谷物副产品中大约 2/3 以上的磷与植酸有机结合。尽管植酸结合的磷很难被猪、鸡利用，但却很容易被牛所利用。谷物、谷物副产品和菜籽粕是磷很好的来源，补充无机磷的原料有骨粉、磷酸氢钙和去氟磷酸石。

母牛产后对磷的需要量增加。相当多的磷被用于产乳，产乳量大的母牛对磷的需要量较产乳量中等的牛高。牛的体重每增加 45 千克，磷的需要量增加 2 克；产乳量增加 1 千克，磷的需要量增加 1 克。

饲喂高谷物日粮时，牛可能摄入了过量的磷。因为不同粗饲料和谷物中真实的磷含量差异很大，最好对自产饲料原料的矿物质含量进行检测以了解自家农场饲料原料的钙磷含量，估计每种饲料原料的采食量就能决定配种牛群对矿物质的补充量。

磷是矿物质补充料中最贵的常量元素。在产前 40～60 天到配种季用至少一半时间饲喂补充磷，是最实际也是最经济的方法。

（3）钙磷比例。

钙磷比例不平衡和两者任何一种的缺乏症一样糟糕。过多的磷会和钙结合，导致钙缺乏。过多的磷还能和饲料或矿物质补充料中出现的其他元素（如镁）结合。过多的钙也能降低磷的利用率，导致明显的磷缺乏症。

对于反刍动物，钙磷比例应该在（1.5～7）∶1。最新的资料显示，饲喂高谷物日粮的牛钙磷比例应该在（1.75～2）∶1，以最大限度地利用谷物中的淀粉。钙太少可能导致小肠中的 pH 太低，而不利于淀粉的消化和吸收。

钙磷补充料的利用取决于牛所采食的饲料原料。日粮中磷的最高含量为干物质基础的 0.6%。

饲喂豆科青贮的牛应补充含等量钙磷（至少 14% 的磷）的矿物质混合料，这类补充料通常称为 1∶1 矿物质补充料。只含磷没有钙的矿物质补充料也能和豆科饲料一起使用，但是这些补充料通常不如 1∶1 补充料的适口性好，养殖户可以考虑其他的矿物质补充料或者添加香味剂。

在牧场放牧的牛和饲喂干草或玉米青贮的牛补充料的钙磷比例大约为 2∶1，且至少含磷 8%，这类补充料通常称为 2∶1 矿物质补充料。但是，饲喂青绿饲料的牛也能使用 1∶1 补充料。一般来说，2∶1 补充料较 1∶1 补充料适口性好，原因是含磷的补充料味道更好。如果给牛饲喂作物青贮、绿色饲料或在作物秸秆地放牧，应该补饲 2∶1 补充料。

给动物自由舔食矿物质补充料常常有很大的不确定性。研究显示，牛不会自己采食恰当数量的补充料来平衡自己的日粮，但牛能自由舔食盐来满足自己的需要。实际上，在矿物质补充料中添加盐能增加其适口性，改善矿物质的摄入量。以散盐形式提供的盐-矿物质补充料复合物应含有 40%～60% 的矿物质补充料，放置在方便牛舔食的地方，能够显著提高矿物质的摄入量。即使按照这个盐/补充料比例，自由舔食所获得的矿物质补充料也有明确的限制。

对于产后牛能否自由舔食足够的磷来满足其自身需要有所怀疑。可能有必要在产犊期间和放牧时补充一些添加了矿物质的谷物。谷物提供的能量能够满足牛对能量的需要。如果每头牛每天补饲 2.5 千克的谷物（每吨谷物中添加了10 千克 1∶1 补充料），乳产量可以达到平均水平。如果是产乳量非常好的母牛，每吨谷物中可添加 30 千克的矿物质补充料。另外，还应提供自由舔食的盐或矿物质混合料。

采食 15 克矿物质补充料可能满足一种矿物质（磷）的需要量。但是，满足其余的微量元素可能需要多达 100 克的采食量。遵从矿物质补充料的推荐用法，还要考虑动物的生产阶段，以及所使用的饲料原料。

（4）镁。

镁在动物碳水化合物代谢和能量转运的酶系统中有重要作用。镁大多存在于骨骼和肌肉中，与钙和磷紧密联系。镁还在神经信号传递、遗传物质（DNA）形成、许多酶反应和氨基酸代谢中发挥功能，也是能量利用和骨骼生长所必需的营养成分。

镁的吸收取决于动物体内镁的状态，利用率为 25%～75%。镁的吸收受日粮钙、磷和钾含量的影响。妊娠牛需要量为 0.12%，泌乳牛为 0.2%。最大可耐受水平为日粮干物质的 0.4%。

研究发现粗饲料中钾、钙和镁总量的比例与放牧牛的青草搐搦显著相关。日粮干物质基础上钾与钙镁总和的比例 $[K∶(Mg+Ca)]$ 不应超过 2.2∶1（表 5-6）。日粮中钾、钠、硫或磷含量太高，都会降低镁的吸收。

镁缺乏的症状包括青草搐搦或冬季搐搦。搐搦发生的准确原因常常难以确定。饲料正常含有的镁可以满足动物的需要，但某些情况使得镁的吸收率降低，例如，动物在茂盛的草场放牧可能会发生青草搐搦。

青草搐搦是由于镁的吸收率降低所引起，不一定是日粮中镁不足。青草搐搦常常发生在牛转移到草场后的 5～10 天，年龄大的牛和哺乳期前 2 个月的牛最常发生。搐搦也发生在冬季和早春季节，尤其是牛只所处的天气状况比较糟糕的时候。搐搦的症状为不同寻常的警觉（过度兴奋）和神经症状，肌肉震颤、步态蹒跚，最终跌倒甚至抽搐死亡。亚急性青草搐搦表现为食欲减退、产乳量降低、轻微的神经症状、步态僵硬和肌肉颤抖。

在草场很难补充镁，除非每天补饲谷物。氧化镁的适口性差，所以在自由舔食的矿物质补充料中补充镁常常没有效果。

冬季搐搦常常发生在妊娠后期或产后的母牛。冬季搐搦是一种血镁含量低于平均水平所引起的代谢疾病。冬季搐搦常常与饲喂谷物、麦秸等为基础的日粮有关，特别是在该病发生的早期，受影响的牛看起来像是发生了产褥热，牛表现出食欲减退、轻微的神经症状、肌肉颤抖、怒吼或狂暴的动作。在急性病例，表现为过度兴奋、肌肉抽搐和步态蹒跚。随着病程发展，母牛可能胸部着地、全身抽搐、四肢在地上的挣扎或做划水动作，然后死亡。如果牛表现任何这些症状，就应该立即联系兽医。治疗方法包括肌内或皮下注射镁盐或钙盐溶液。

防止冬季搐搦的方法为在日粮中补充氧化镁和石粉。以谷物为基础的日粮常常缺钙，石粉是很好的钙源，补充方法为每天补充约 40 克的氧化镁和 80 克的石粉。如果钾的含量特别高，需要的量可能更大。氧化镁适口性非常差，应该和谷物等饲料一起饲喂以提高摄入量。养殖户应该和营养师一起制定方案以适应自己的管理系统。

为了减少牛群搐搦症的发生，日粮中钾与钙镁之和的比例［K：（Mg＋Ca）］应小于 2.2：1，且钙磷比例超过 2：1。谷物为基础的日粮还需要补充盐、微量元素和维生素。如果以饲喂大量的麦秸为主还需要补充蛋白质。

（5）钾。

钾在身体的酸碱平衡、酶系统、葡萄糖和氨基酸的吸收和血压调控中发挥功能。钾和钠一样，可以维持体液正常的酸碱水平和细胞渗透压。在碳水化合物代谢和蛋白质合成的许多酶反应中需要钾。

钾的吸收主要是通过被动的方式。以下几种激素影响身体中钾的水平，包括抗利尿激素（增加）、皮质醛酮（下降）、肾上腺糖皮质激素（下降）、胰岛素（增加）和胰高血糖素（增加）。

钾缺乏症会导致心脏电导性异常、生长缓慢、身体僵硬、抽搐甚至死亡。饲喂高谷物日粮的动物和处于应激状态下的动物常发生钾缺乏症。

血钾水平的微小上升就会发生中毒，日粮中钾含量太高会抑制镁的吸收。

正常情况下粗饲料中的钾含量超过动物的需要量。肥育场的高谷物日粮可能需要补充钾。妊娠牛的钾需要量为干物质采食量的 0.6%，哺乳牛的需要量为 0.7%，最大的耐受水平为干物质采食量的 3%。

（6）钾：（镁＋钙）比例（日粮搐搦比例）。

日粮搐搦比例，即钾：（镁＋钙）比例被用来计算日粮引起青草搐搦或

冬季搐搦的潜在风险或评价发生搐搦后可疑日粮的情况。搐搦比例不应超过
2.2∶1。日粮钾、钠和磷水平过高能够抑制钾的吸收，但增加钙从小肠的
吸收。

搐搦比例的计算以表5-6的数据示例如下：

$$K/(Ca+Mg)=1.53/(0.68+0.22)=1.7$$

表5-6 饲料分析所显示的钾、钙和镁的水平示例

营养物	日粮百分含量（%）（干物质基础）
钾（K）	1.53
钙（Ca）	0.68
镁（Mg）	0.22

（7）钠和氯。

这两种元素总是一起被发现，如常见的盐。钠和氯可以维持身体酸碱平衡
和渗透压平衡。

钠的功能是调控细胞的渗透压、谷氨酰胺和葡萄糖的转运、酸碱平衡、神
经信号传递和细胞外钾的浓度，以及维持肌肉的结实度。日粮中大多数钠都能
被吸收。

钠缺乏症的表现包括对盐的渴望、肌肉疼挛，以及采食量、生长和产乳量
降低。日粮钠含量高并且饮水受限可能导致钠中毒。症状包括神经症状，肌肉
震颤、腹泻、死亡。

水中钠的含量变化很大。水中钠含量高，则日粮配制时需要特别考虑。食
盐质量的40%是钠，所以钠的需要量除以0.4就是盐的需要量。

牛在生长、肥育、妊娠阶段钠需要量为日粮的0.06%～0.08%，哺乳阶
段为0.1%。盐的需要量是基于钠的需要量而来的。生长、肥育、妊娠和哺乳
阶段牛的日粮中盐的推荐水平分别为0.15%、0.15%和0.25%。日常饲养管
理中没有理由会发生盐的缺乏，盐相对比较便宜而且适口性好，当盐摄入不足
时牛会找盐吃。

盐既可以自由舔食，也可以添加到日粮中饲喂。一般情况下，提供舔食的
盐或在日粮中添加0.25%的盐是安全的。如果长时间没有提供，然后提供散
盐让动物舔食，可能会发生盐摄入过多。当动物的饮水受限，应该避免使用盐
来控制采食量。

盐摄入过多可能损伤肾脏清除血液中过多水分的能力，从而打乱组织水平
衡，引起死亡。症状包括流涎、口渴、肌肉颤抖、腹泻和虚脱。

氯是真胃（反刍动物的第四胃）消化液的成分，在调节胃内酸的水平、

酸碱平衡和所谓的氯漂移（红细胞在碳酸脱水酶存在时发生氧和二氧化碳交换，其中涉及氯离子的转移）上发挥作用。氯的吸收包括主动运输和扩散作用。氯通过尿液和汗来排泄。缺乏症状包括生长缓慢，但氯的缺乏症非常少见。

（8）硫。

硫是蛋白质、一些维生素和几种重要激素的组成分，是蛋氨酸和半胱氨酸的组成元素。硫还涉及多种酶的激活、蛋白质的合成和利用、脂肪和碳水化合物的利用和降解、激素调节、血液凝结和体液酸碱平衡的维持。

大部分硫在小肠以氨基酸硫的形式被吸收。瘤胃微生物将硫用于自身生长，将日粮中的无机硫转化为有机硫。

由于硫在生理活动中发挥多种功能，因此硫的缺乏症表现也多种多样：严重的硫缺乏症包括厌食、体重损失、虚弱、呆滞、异常消瘦、过度流涎和死亡；轻微缺乏症包括采食量、消化能力和微生物蛋白的合成降低。硫中毒能引起脑灰质软化。不论是饮水还是日粮中的硫过量，都会干扰身体对铜的吸收。铜、钼和硫之间相互作用，硫和钼水平过高，会导致牛对铜的需要增加。

大多数牛对硫的需要量是日粮的 0.15%，哺乳母牛硫的需要量为日粮的 0.2%，最大耐受水平为 0.4%。日粮中补充硫可以使用硫酸钠、硫酸铵、硫酸钙、硫酸钾、硫酸镁或硫单质。硫存在于所有饲料原料，但生长在灰色木质土的植物饲料原料硫含量比较低。蛋白质含量高的饲料硫含量更多。正常日粮和补充料通常硫含量都比较合理。

2. 微量元素

动物对微量元素的需要量非常小，常以毫克或微克来衡量。早期营养师所使用的分析方法不能检测含量非常低的矿物质元素，因此他们会说有存在的痕迹，故又称痕量元素。

与微量元素有关的术语和转换公式：

ppm：10ppm＝1 吨里有 10 克；或 10ppm＝1 千克里有 10 毫克。如果一种微量元素的需要量是 10ppm，那么 1 吨日粮里需要添加 10 克该种元素。

ppb：10ppb＝1 000 吨里有 10 克；或 10ppb＝1 吨里有 10 毫克。将 ppb 转化为 ppm，除以 1000，即 400ppb＝0.4ppm。

毫克/千克：1 000 毫克＝1 克；1 000 克＝1 千克；1 000 000 毫克＝1 千克。

%：将%转化为毫克/千克，小数点向右移动四位，如 0.03%＝300 毫克/千克。将毫克/千克转化为%，将小数点向左移动四位，如 3 000 毫克/千克＝0.3%。

大多数饲料分析报告、饲料标签、饲料表格和动物需要量，微量元素都表示为毫克/千克。

（1）碘。

日粮中碘的最低推荐水平是 0.5 毫克/千克。最大耐受水平是 50 毫克/千克。整个肠道和瘤胃都可以吸收碘。碘的排出主要是通过尿液，少量通过粪便和汗液。

碘通过控制能量代谢（氧消耗，体温）、大脑功能、脂肪代谢、体重损失和将胡萝卜素转化为维生素 A 发挥功能。碘缺乏表现为新生犊牛甲状腺肿大、无毛、弱犊或死亡，免疫力低下，生长表现差；成年母牛繁殖力降低以发情周期不规律、受胎率低、产乳量低和胎衣不下；成年公牛性欲降低，精液质量差。

慢性碘中毒导致肠壁受损、采食量下降，产乳量下降，甲状腺肿大，早产、产死胎、弱胎和畸形胎的数量增加。急性中毒症状包括厌食，过度流涎，体温升高，咳嗽，鼻孔和眼睛分泌物增加，出现支气管肺炎和流产。

（2）钴。

钴的需要量很少，但在反刍动物日粮中必不可少。日粮中钴的最低推荐水平是 0.1 毫克/千克。最大耐受水平是 100 毫克/千克。日粮中钴的吸收超过50%，这得益于身体内在的一个调控因子，保护钴不受肠蛋白酶、热和细菌的破坏。钴主要是通过胆汁从体内排出。

钴在一些氨基酸的形成和利用上发挥功能，例如瘤胃微生物需要钴来生产钴胺素分子（维生素 B_{12}）。维生素 B_{12} 是钴需要量的一个良好指标，如果动物缺少维生素 B_{12}，可能是由于钴缺乏导致的。

钴缺乏的症状与能量和蛋白缺乏，或重症寄生虫病相似；此外，还会有精神萎靡、贫血、食欲减退、体况损失、体弱、被毛粗乱、受胎率降低、青春期延迟和发情失败的情况出现。钴缺乏的早期，维生素 B_{12} 水平降低（最重要的指标），随之出现食欲减退的症状。日粮钴缺乏 6 个月以后可能出现其他症状。磷缺乏症可能有相似的表现。

钴中毒非常少见。

（3）硒。

一些地区硒元素比较缺乏，而另一些地区硒元素过多，所以了解所在地区的情况更加重要。

动物长时间采食过量（2 毫克/千克）的硒可能引起碱中毒或晕倒症。慢性中毒将会导致体重损失、呆滞、蹄角和尾毛脱落、跛行和呼吸失败引起的死亡。硒中毒比较少见，但在褐色土壤过度放牧的牛或被迫采食了紫云英（富积了硒）的牛身上偶尔出现。成年牛和犊牛的硒中毒还包括硒的过量补充或过量注射。硒中毒的最佳治疗方法是将牛从富硒草场驱离或将高硒饲料与其他低硒饲料混合，或使用低硒矿物质补充料。

硒缺乏可能导致犊牛的白肌病，维生素 E 缺乏会导致防止肌肉营养不良所需的硒的量。采食硒缺乏日粮的牛可能繁殖表现差、繁殖力低下、胎衣不下的发病率增加、跛行、腹泻、免疫力降低和体况差。NRC 的日推荐水平是 0.10 毫克/千克，但更加实用的最低水平是 0.20 毫克/千克，最大耐受水平是 2.0 毫克/千克。

硒缺乏在阿尔伯塔省的很多地区出现，特别是灰色森林土的地区。补充硒可以购买全价饲料、含硒的盐或矿物质补充料，或注射补充硒。如通过注射补充硒，则需要每月注射。硒与蛋氨酸或半胱氨酸结合，吸收率几乎达到 100%，而无机硒源的吸收率大概为 60%～70%。排出体外主要是通过尿液、胆汁和胰液。

如果有需要请咨询营养师或兽医，硒中毒和硒缺乏的区间比较小，在没有评估整体饲料的情况前不要补充硒。硒和维生素 E 在肌肉中的功能相互关联，一个在一定程度上可以代替另一个，但不能完全替代。

（4）铁。

铁是血红蛋白的基本成分，可以携带血液中的氧。铁缺乏可能导致贫血和生长缓慢。一般不需要额外补充铁，饲料中都含有足够的铁。肉牛日粮中铁的需要量大概为 50 毫克/千克。

（5）锌。

锌影响生长、繁殖发育、皮肤状况，以及身体对蛋白、碳水化合物和脂肪的利用。牛体内 200 多种酶含有锌，通过稳定细胞膜、将蛋白与膜结合、控制基因的转录和免疫功能发挥作用。

严重锌缺乏的典型症状包括藓状皮肤的角化不全。虽然这种状况比较少见，但低水平锌缺乏导致生长速度减慢的情况有所增加。锌缺乏症包括食欲减退、产生鳞状皮肤、毛发脱落、免疫力减低、视力损害、过量流涎、生长速度减慢和繁殖受损。

牛的最小锌推荐量为 30 毫克/千克，日粮中的最大耐受水平为 500 毫克/千克。锌的吸收发生在整个肠道，吸收率可以达到 30%。日粮需要量大约为 50 毫克/千克。阿尔伯塔省粗饲料的平均锌含量为 23～25 毫克/千克。如果需要补充锌，可以使用微量矿物质补充盐、矿物质补充料或蛋白质补充料。

（6）铜。

铜通过多种酶系统发挥功能。所有牛日粮中铜的需要量为每日 10 毫克/千克。日粮中的最高水平为 100 毫克/千克。肠道的所有部分都能吸收铜，肝和脑中的铜水平最高。

铜的吸收受其他营养成分的影响。硫会降低铜的吸收，饮水中硫水平过高，可能降低铜的吸收；钼和硫水平过高将会降低铜的利用率；铁和锌水平过高也能降低铜的利用率，可能导致铜的需要量增加。

铜缺乏会导致贫血、毛色变浅、被毛粗乱、生长减缓、体况损失、食欲减退、母牛的繁殖力差、腹泻和心力衰竭。

阿尔伯塔省所检测的大多数饲料铜含量都低于日需要量 10ppm，铜缺乏症的发生率在增加。铜可以通过使用微量矿物质补充盐、矿物质补充料或蛋白质补充料来补充。

（7）钼。

钼是形成一些酶的必要成分，它可能对瘤胃纤维消化微生物有一种刺激效果。钼通过酶辅助因子和药物在代谢中发挥功能。如硫化物氧化酶，将硫酸盐转化为硫化物。钼的吸收主要发生在真胃和小肠，吸收率高达 85%。钼的排出主要是通过尿液和胆汁。当硫酸盐摄入量增加时钼的吸收降低。肉牛不需要钼。最高耐受水平是 5 毫克/千克。

钼中毒以腹泻、厌食、体重损失、身体僵硬和毛色变化为特征。过量的钼会干扰铜的利用，可能导致铜缺乏。继发性铜缺乏（钼诱发）表现为被毛粗乱、褪色（红色变成黄色、黑色变成褐色），眼睛周围毛发褪色所形成的眼镜样外观，严重腹泻和体重损失；母牛繁殖力降低、青春期延迟、受胎率低和排卵率低；公牛精液质量差。硫水平过高也影响铜的利用，但对钼的影响更大，日粮或饮水中硫含量过高使得钼过量的影响更为严重。日粮中铜钼的比例不应超过 6∶1，而临界毒性为（2～3）∶1，小于 2∶1 就会有毒性。

对阿尔伯塔省生产的饲料原料进行分析显示钼中毒不是一个单一问题。饲料中钼水平变化很大，钼诱发的铜缺乏似乎是一个日渐增加的问题。

（8）锰。

锰在碳水化合物的利用上必不可少。锰缺乏症的早期表现是成母牛的繁殖障碍，包括安静发情、发情延迟或不规律、繁殖力降低、流产、出生重低、产畸形犊牛。锰缺乏的母牛所生产的犊牛腿发生畸形（关节肿大、僵硬和腿扭曲）、虚弱、骨头短、生长差。过量锰的毒性包括铁吸收受阻引起的贫血和食欲减退。

生长阶段牛日粮锰的最小推荐量为 20 毫克/千克；哺乳牛为 40 毫克/千克。日粮中锰的最大耐受量为 1 000 毫克/千克。锰的吸收发生在肠道，但吸收率很低（最高达到 25%），体内过量锰通过胆汁排出。

锰缺乏偶有发生，反刍动物很少发生锰缺乏症。近几年分析的大多数粗饲料锰含量都高于 40mg/kg。但是，阿尔伯塔省所生产的饲料原料锰含量差异很大，主要取决于粗饲料的品种、土壤 pH 和土壤的排水状况。粗饲料通常含有足够的锰，玉米青贮锰含量稍低，粮食谷物的锰含量在 5～50 毫克/千克，植物蛋白（菜籽粕和豆粕）中正常含有 40～60 毫克/千克。尽管饲料中锰含量变化很大，阿尔伯塔省很少见到锰缺乏症的诊断。如果有，更可能的情况可能是亚临床锰缺乏症有发生但没有被发现。

（9）其他微量元素。

铬、锡和镍在阿尔伯塔省产的饲料中比较充足，能够满足大多数动物的需要。

氟是骨骼正常发育的必要成分，但摄入量过高可能出现中毒。氟被添加在饮水中可以防止龋齿病。氟过量导致骨骼异常生长、牙齿的斑点和退化、生长和繁殖延缓。为了避免氟的摄入过量，应确保磷酸石饲料经过去氟处理。

（10）微量元素螯合物。

微量元素螯合物是一种有机矿物质，根据结构可以分为蛋白盐、螯合物和其他复合体。一种矿物质螯合物是由一种矿物质（如铜或锌）和蛋白质分子的两个或多个化学键结合形成。每一种螯合物的吸收率和有效性有所差异。

养殖户和科学家的一个严肃争论是矿物质螯合物的有效性。一年中的某些时间，环境因素（水中的铁、饲料中的钼缺乏）或非常高的生产目标使得这些昂贵的矿物质产品可能物有所值。但矿物质螯合物的种类、摄入水平和有效性使得真实使用效果差异较大，因此，养殖户应该评估是否应该使用矿物质螯合物产品。

（11）什么时候补充微量元素？

越来越多的证据显示，阿尔伯塔省的部分地区正在由于微量元素的缺乏而经历严重的生产损失。连续多年种植产量很高的作物，与这些缺乏症有关。任何有关矿物质的项目首先要对粗饲料进行分析，而后平衡养殖场牛群需要。

阿尔伯塔省的大多数动物营养师都认为日常补充微量元素是很值得的。很多年来阿尔伯塔省的很多地区都有碘和钴缺乏的问题。过去 20～40 年，该省的很多地区硒缺乏成为主要问题，饲料中铜、锰和锌的水平一般都低于肉牛推荐的需要水平。在肉牛饲料中补充这些微量元素能够改善动物的健康、生长和繁殖功能。

如果养殖场的牛群中这些微量元素过量，最好的情况是粪便更有肥力，最坏的情况是导致生产表现降低，甚至死亡。表 5-5、表 5-7 列出的这些元素的最高耐受水平，可能受特定饲喂条件的巨大影响，这里列出的是可耐受上限水平的总体情况。

表 5-7　肉牛矿物质的需要量和最大耐受水平

矿物质	单位	生长、肥育牛	哺乳牛	最大耐受浓度
铬	毫克/千克			1 000.00
钴	毫克/千克	0.10	0.10	10.00
铜	毫克/千克	10.00	10.00	100.00
碘	毫克/千克	0.50	0.50	50.00
铁	毫克/千克	50.00	50.00	1 000.00
镁	%	0.10	0.20	0.40
锰	毫克/千克	20.00	40.00	1 000.00
钼	毫克/千克	—	—	5.00
镍	毫克/千克	—	—	50.00
钾	%	0.60	0.70	3.00
硒	毫克/千克	0.10	0.10	2.00
钠	%	0.06~0.08	0.10	—
硫	%	0.15	0.15	0.40
锌	毫克/千克	30.00	30.00	500.00

　　补充常见微量元素既方便又相对便宜的方法为全年都提供自由舔食的微量元素补充盐。许多类型的微量元素补充盐（有硒或无硒）都有供应。对于阿尔伯塔省大多数的饲料原料，表 5-8 所提供的补充盐的微量元素水平可以满足一头体重 590 千克的肉牛母牛的需要。

表 5-8　阿尔伯塔省肉牛母牛推荐的微量元素水平

矿物质	补充盐中的矿物质水平 （毫克/千克）	当肉牛采食 45 克补充盐时的 矿物质供应量（毫克）	590 千克体重肉牛母牛 每日需要量（毫克）
铜	2 000~4 000	90~180	65~130
锰	5 000~10 000	225~450	29~58
锌	5 000~12 000	225~540	42~100
碘	70~200	3.1~9.0	45~130
钴	30~60	1.3~2.7	90~200
硒	25[①]~120[②]	1.1~5.4	43~200

　　注：①这个量只足以克服临界缺乏症；②给所有阶段的肉牛提供自由舔食的微量元素补充盐中硒的最大允许水平是 120 毫克/千克。

　　尽管在阿尔伯塔推荐日常给肉牛补充微量元素，主要营养成分如能量、蛋白、钙和磷的重要性也不容忽视，这些营养成分的缺乏更加常见，造成的损失也较微量元素缺乏所导致的损失大。

使用高浓缩微量元素预混料的时候，需要经常对使用的饲料进行检查以确保遵从饲料标签的指导。微量元素的需要量很少，而且一些元素的中毒水平只是其需要量的 10 倍水平。

（四）维生素

这些有机化合物在身体的需要量也很小，但是它们对于动物的代谢必不可少，有些维生素在反刍动物的日粮必须予以补充。维生素可以分为两大类：

脂溶维生素：维生素 A、维生素 D、维生素 E、维生素 K。

水溶性维生素：维生素 B_1（硫胺素）、维生素 B_2（核黄素）、烟酸、维生素 B_6（吡哆醇）、泛酸、叶酸、生物素、胆碱、维生素 B_{12}、维生素 C。

正常情况下牛需要补充维生素 A、维生素 D 和维生素 E，其余维生素（B族维生素、维生素 C 和维生素 K）都能在瘤胃通过微生物来合成，而且量很充足，额外的补充通常不会有什么益处。

维生素 A、维生素 D 和维生素 E，或者它们的前体，都天然存在于许多的饲料原料中。在夏季，牛在新鲜的草场放牧，这些维生素的量都很充足，不需要进行补充；但是到了冬天，建议补充这些维生素。合成的维生素相对比较便宜，可以防止牛出现缺乏症状。另外，储藏的饲料维生素含量可能非常低，或者不能被牛所利用。

1. 维生素 A

维生素 A 是对牛最重要的维生素。正常情况下，它是唯一一种在日粮中需要补充的维生素。它在骨骼发育、视力和维持上皮组织的健康方面非常重要。维生素 A 缺乏可能导致疾病抵抗力下降、夜盲、繁殖失败。维生素 A 中毒会导致骨骼异常、毛发脱落、生长慢、先天畸形。

维生素 A 是一个泛称，指类胡萝卜素以外具有维生素 A 活性的所有化合物。维生素 A 是脂溶性维生素，主要在肠道以游离视黄醇和胡萝卜醇的形式吸收，这些化合物在动物身体内转化为有活性的维生素 A，被认为是维生素 A 的前体。这些化合物大量存在于植物原料，其中 β-胡萝卜素具有维生素 A 的大多数活性。

光和氧能使维生素 A 发生氧化，从而破坏它。通常超过 90% 的维生素 A 的活性能保持长达 6 个月，但即使储存条件很好，维生素 A 的活性也会随着存储时间而衰减。如果储存和饲喂条件很糟糕，维生素 A 的活性很快降低。维生素 A 的活性在微量元素存在时也会很快减弱。维生素 A 受热也能被破坏（当饲料蒸汽制粒时）。由于这些原因，很多营养师都不会选用存储的粗饲料来提供所需要的维生素 A。

通常草场放牧的牛不需要补充维生素 A，青绿饲料含有大量的胡萝卜素，因此能提供大量的维生素 A。随着植物成熟，胡萝卜素的含量减少。草场里的草如果过度成熟或在地里长着变干，可能损失了大部分维生素 A 的价值。动物在草场放牧时能在肝存储维生素 A，并可以在 2~4 个月里使用。

因为阳光能破坏维生素 A，晒干的粗饲料胡萝卜素含量降低，因此干草和玉米青贮的胡萝卜素含量差异很大。苜蓿干草的维生素 A 含量平均为 54.1 毫克/千克，但变化范围为 0.7~194.7 毫克/千克。类胡萝卜素在牛体内被分解形成维生素 A，因此粗饲料分析时检测的是类胡萝卜素，而不是维生素 A。类胡萝卜素的习惯计量单位是毫克/千克，而维生素 A 的常用单位是国际单位（IU）。牛可以将 1 毫克的类胡萝卜素转化为 400 国际单位的维生素 A。例如，肉母牛产犊前每天需要 4 万~5 万国际单位的维生素 A。

阿尔伯塔省的粗饲料可能含有充足的胡萝卜素，能够满足动物的所有需要。但因为胡萝卜素的含量由于阳光晒干和存储而减少，保险的做法是对牛群补充维生素 A。维生素 A 价格不贵，干颗粒产品是最经济的来源，可以按时饲喂，每天都进行补充不太现实，可以 1 周或 2 周饲喂 1 次维生素 A。另外，动物可以 2~3 个月注射 1 次维生素 A，冬季应该注射 2 次维生素 A。

有时可以在饮水中添加水溶性维生素 A，但这种方法很难确保牛能摄入足够的量。许多矿物质补充料含有不同水平的维生素 A，但日常不能依靠矿物质补充料来提供维生素 A。使用饲料前应检查标签以了解维生素 A 的含量和计算需要补充多少维生素 A 才能满足每天的需要量。

2. 维生素 D

紫外光作用在动物皮肤上的一种物质并将该物质转化为维生素 D，因此维生素 D 也称为阳光维生素。维生素 D 存在于晒干的粗饲料中。室外饲养的动物或饲喂晒干粗饲料的动物，通常不会出现维生素 D 的缺乏病，而室内饲养和饲喂玉米青贮的动物可能会出现维生素 D 缺乏的表现。

维生素 D 是一种脂溶性维生素，钙磷的吸收和机体的免疫需要它的参与，且在骨钙动员中有重要作用。

因为维生素 D 参与钙磷的吸收，维生素 D 缺乏症状类似于钙磷的缺乏。维生素 D 缺乏症状包括犊牛的佝偻病，发生时骨骼不能完全钙化，其他表现包括老年动物容易骨折和犊牛的生长缓慢、食欲减退、消化系统紊乱、关节肿胀、颤抖和抽搐。维生素 D 缺乏的母牛还可能产死胎、弱胎和畸形胎。维生素 D 缺乏还与母牛产褥热的发生有关。

维生素 D 中毒症状包括骨钙动员后血钙浓度非常高、骨骼变软等。

牛的维生素 D 需要量为干物质基础 275 国际单位/千克，这里 1 国际单位定义为 0.025 微克维生素 D_3。

3. 维生素 E

维生素 E 和硒在体内有相似的功能且相互关联。生产中，很难将维生素 E 缺乏和硒缺乏区分开来。例如，白肌病可能对补硒，或补充维生素 E，或两者都补充有反应。

由于成本都不贵，可以在补充含维生素 D 和维生素 E 时，同时补充维生素 A。肉牛大多数生产阶段维生素 E 的推荐水平是干物质采食量中 15 国际单位/千克。应激阶段（母牛妊娠后期和犊牛断乳阶段）需要较高的补充量。硒元素和维生素 E 在牛的免疫功能上有重要作用。维生素 E 是机体抗氧化防御系统的一部分。因此，对经受应激或免疫力差的牛补充维生素 E，可能有助于提高牛抗感染的能力。成母牛妊娠期最后 6 周到配种季开始建议每天摄入 200 国际单位。每天补充 200～500 国际单位维生素 E，可能改善免疫功能并减少应激。对于断乳前的犊牛，每天补充 400～500 国际单位维生素 E。

维生素 E 是脂溶性的，可以保护细胞的表面，而硒是在细胞里面起作用。因此，高水平的维生素 E 可以备用，但不能代替硒元素。一般认为维生素 E 是毒性最小的维生素之一。

（五）水

水是肉牛重要的营养成分，水的摄入量取决于动物年龄、增重速度、哺乳阶段、活动量、日粮类型、采食量和气温（表 5-9）。限制饮水将大大降低采食量，并导致生产效率降低。因此，水应该自由饮用。冬季，成母牛每天应饮用水 22～47 升，饮用水的量根据气温和妊娠阶段而有差异。

表 5-9 肉牛每天水的总摄入量

动物	不同气温条件下水的摄入量（升）					
	4.4℃	10℃	14.4℃	21.1℃	26.6℃	32.2℃
2～6 月龄架子牛和后备牛	20.1	22.0	25.0	29.5	33.7	48.1
7～11 月龄架子牛和后备牛	23.0	25.7	29.9	34.8	40.1	56.8
12 月龄以上架子牛和后备牛	32.9	35.6	40.9	47.7	54.9	78.0
妊娠后备牛和干乳母牛	22.7	24.6	28.0	32.9	—	—
哺乳牛	43.1	47.7	54.9	64.0	67.8	61.3
牛群的公牛	32.9	35.6	40.9	47.7	54.9	78.0

1. 水的质量

水的质量对家畜健康很重要。水中的矿物质是对饲料矿物质的补充，在供给牛只饮用前应首先检测水中溶解矿物质的含量。水池的水应避免受到粪便和藻类的污染，且硝酸盐浓度应低于 100 毫克/千克，硝酸盐浓度太高会对生产表现造成影响。硫酸盐的最高推荐水平为 1 000 毫克/千克，浓度太高动物也可以忍受，但会降低生产效率，而且硫酸盐太高还会造成动物铜、锌、铁或锰的缺乏。硫酸盐和氯的累积后会致腹泻，而且硫酸盐的效果是氯的两倍。水中可溶性盐的浓度，年轻牛可以忍受不高于 7 000 毫克/千克，年龄大的牛可以忍受不高于 10 000 毫克/千克。

通过提高水的质量，养殖户应该能看到牛群增重和健康情况变得更好。因为牛对水质量容忍度很高，尽管没有明显的影响，但微小的损失每天可能都在发生。对水池和水槽的研究对比发现，随着水质量和饮水方便程度的改善，一个夏天犊牛的增重增加了多达 20%。

不让牛直接接近水池，感染水传播的病原菌的机会也被最小化。粪便中的大肠杆菌和球虫虫卵是有害的，特别是对犊牛。粪便中的磷含量很高，会导致藻类的大量繁殖。通过改善饮水的问题，腐蹄病、四肢外伤和溺水的情况也会大大减少。

为了维持水池里水的质量，可以增大水池的容积，使其具有两年的供应量，使用风车来帮助水通风换气，消除藻类的生长，避免牛直接接触水源，防止污染物的堆积。水池可以用围栏围起来，应用风电或太阳能泵将水引到水槽。如果给牛提供没有用围栏保护的水池和更好的水源，牛通常都会选用更好的水源。浅埋一些水管可以让井水能够供应草场的不同地方。这些水管在冬季应该进行排空，防止冻坏。牛场应避免接近河岸地区（溪水、河流或湖的沿岸），有助于保护环境。

2. 保证水源供应安全稳定

水对于生命很重要，动物没有饮水可能活不过 7 天。检查水质量，确保没有疾病通过水来传播。

阿尔伯塔大学进行了几项使用雪作为牛的水源的研究（图 5-3）。妊娠母牛使用雪作为唯一的水源，对犊牛体重、皮下脂肪、出生重或断乳重的影响很小。但是，哺乳牛和犊牛需要液态水作为水源，如果将雪作为水源常常引起体重损失。

牛如果不熟悉将雪作为水源，能在适应 1～3 天内开始采食雪，并很快会从这个调整中恢复过来。

牛喜欢将干净、松软的雪作为水源，如果雪被践踏、风吹或表面变硬，就不是一个可靠的水源。有些地区，缺乏降雪或雪经常融化，使得雪成为一个无法预测的水源。如果雪的状况不好或缺乏降雪，为牛群提供其他的饮水途径就非常必要。

无论雪是唯一水源还是补充水源，养殖户必须仔细监测牛群饮水是否得到满足。如果雪的状况变差而限制了饮水，必须为牛群提供新鲜的水。

图 5-3　牛采食雪

二、舍饲和放牧时的饲喂管理

在肉牛繁育场，营养需要的水平取决于目标是满足维持、或维持＋生产、或维持＋繁殖的需要。

如果把一头没有妊娠的牛比作容纳营养物的桶，就很容易解释维持、生产和繁殖之间的关系。首先，维持需要必须得满足。牛需要营养来维持其体重，如果营养没有被满足，牛就会损失体重。为了满足生长的生产期望，需要增加更多的饲料和营养。然后，如果身体得到更多的饲料和营养，动物就有能力繁殖（图 5-4）。

作为首要的营养需要，维持需要定义为必须为动物提供的饲料量，以维持其特定的体重和身体组成没有明显的变化。维持需要包括维持身体基本功能如呼吸、心跳、采食和保暖等需要的营养物，还包括需要替换每天排泄出体外的营养物。身体组织不断地进行破坏和修复，因此需要营养物来取代损失的蛋白质和矿物质。每一种基本营养物都有特定的维持需要量。

生产需要是接下来需要满足的部分，大量的营养物用来满足生产

营养物

繁殖：配种或再妊娠

生产：生长或泌乳

维持妊娠（胎儿）/维持体重

图 5-4　营养需要的首要性

需要。生长犊牛或后备牛的日粮与成母牛相比，需要更高含量的蛋白质和能量。

最后，动物将会消耗更多的营养物来进行繁殖，如后备牛的配种和成母牛的再次妊娠。妊娠牛需要营养来维持自身的体重和动能，还要维持妊娠。如果妊娠的牛缺乏营养，为了维持妊娠将会损失自身的体重。在这种情况下，首要的维持需要就成了维持妊娠，而维持自身的体重就成了第二维持需要。如果营养缺乏非常严重到一定程度，牛不能维持自己的身体，也不能维持妊娠。通常体况良好的母牛可以损失体况来维持妊娠，并生产一头健康的活犊。一旦犊牛出生，就需要更多的营养物来满足母牛泌乳的生产需要。

因为母牛一年中 75% 的时间是在妊娠，通常是在饲料成本最高的时候，养殖户必须考虑满足母牛的维持妊娠、生产（泌乳）和繁殖（再妊娠）的需要。一头哺乳母牛在维持自身营养需要外，额外需要大约 50% 的能量和蛋白质来满足泌乳和再次妊娠的营养需要。在维持自身体重以外，母牛需要更多的饲料来妊娠。

尽管图 5-4 中生产需要和繁殖需要是分开的，但实际上它们可能紧密关联。如果一些营养物的供应量处于临界水平，牛群中有些牛可能减少产乳量来妊娠，而有些牛的反应则相反。决定营养需要水平的一些因素可以归纳如下：体重，品种，年龄和性别，天气（季节、气温、风速、湿度），动物的生理和激素状态，活动量，以前的营养水平，饲喂的营养水平和营养物的化学形式，营养物的总体平衡。

当为繁育场配制日粮时，必须考虑上述所有因素。目标是配制一种平衡日粮来提供足量水平的营养物，既要日粮平衡，又要成本最小。

饲料分析和计算机配方软件可以帮助调整饲喂项目，但这些都不能代替人力对饲喂项目的主动管理。养殖人员必须意识到天气、饲料质量、采食量和剩料的不断变化，监测牛的体况和体重以确保饲喂项目能够达到目标。

（一）饲料的营养物含量

饲料原料中营养物的含量各不相同。表 5-10 列出了肉牛繁育场常见的饲料原料及营养物的含量的平均水平，使用这些营养水平来计算只是一种参考。因此，应将饲料样品送检，以明确具体的营养含量（蛋白质、能量和矿物质）。

（二）采食量

干物质采食量的估计，表示为干物质基础的饲料和体重的百分比，是监测牛群各项进展、预测生产表现和/或发现问题的一个有用工具。

一般认为，高粗日粮的物理形态会限制牛的采食量。采食量的物理限制，部分是消化速度的体现，即消化道饲料的通过速度。如果消化速度增加，饲料通过速度就很可能增快，这就允许动物采食更多的干物质。如果消化速度慢，瘤胃的容积被占满，采食量就会受到限制。

但是，牛采食高精日粮时不会因为瘤胃不能再装进饲料而停止采食。高精日粮的采食量受到能量总摄入量的限制。牛的大脑会告诉它，不要再采食更多的能量。

表 5 - 10　常见饲料原料各营养成分的平均含量

原料	干物质 (%)	消化能 (兆卡/磅)	TDN (%)	粗蛋白质 (%)	钙 (%)	磷 (%)	镁 (%)	钾 (%)
干草								
苜蓿	87.9	1.27	63.79	18.2	1.71	0.20	0.33	1.72
苜蓿-牧草	87.4	1.22	61.04	14.0	1.22	0.19	0.26	1.65
牧草（如雀麦草）	89.9	1.20	60.13	10.6	0.46	0.17	0.17	1.50
当地自然生长的草	91.0	1.12	56.12	8.6	0.43	0.12	0.14	1.25
黑麦草	85.7	1.21	60.74	13.2	0.47	0.22	0.19	1.62
青贮								
苜蓿	44.6	1.21	60.43	18.2	1.77	0.25	0.27	1.82
大麦	36.8	1.25	62.56	11.1	0.46	0.27	0.27	1.60
玉米	28.8	1.25	62.56	9.0	0.28	0.24	0.24	1.42
燕麦	37.9	1.21	60.43	10.6	0.40	0.24	0.26	1.74
黑小麦	39.7	1.23	61.65	10.3	0.30	0.23	0.03	1.41
绿色饲料								
大麦	85.9	1.32	65.95	11.8	0.41	0.22	0.23	1.83
燕麦	85.8	1.25	62.56	9.9	0.31	0.20	0.26	1.96
麦秸								
大麦	89.1	0.89	44.57	5.0	0.13	0.08	0.13	1.40
燕麦	89.2	0.98	48.75	4.5	0.26	0.10	0.17	1.55
豌豆	89.2	1.08	53.91	12.0	1.39	0.90	0.23	1.30
小麦	89.1	0.89	44.57	4.0	0.13	0.08	0.13	1.40
麸皮（米糠）								
大麦	90.0	0.94	47.35	6.0	0.50	0.13	0.13	1.42
燕麦	89.0	1.04	52.17	7.5	0.51	0.15	0.17	1.55
小麦	90.0	0.87	43.75	5.0	0.28	0.09	0.10	1.24

（续）

原料	干物质 （%）	消化能 （兆卡/磅）	TDN （%）	粗蛋白质 （%）	钙 （%）	磷 （%）	镁 （%）	钾 （%）
谷物								
大麦	88.5	1.66	83.10	12.5	0.07	0.38	0.14	0.54
玉米	89.0	1.76	88.18	10.0	0.03	0.29	0.13	0.37
燕麦	90.2	1.52	76.15	11.3	0.08	0.34	0.16	0.47
豌豆	88.2	1.74	87.16	23.9	0.17	0.40	0.14	1.04
黑小麦	90.2	1.67	83.77	16.1	0.06	0.34	0.17	0.49
谷物副产品颗粒								
牧场颗粒	90.0	1.43	71.65	12.2	0.20	0.78	0.17	0.33
谷物筛渣	89.0	1.50	75.16	15.0	0.07	0.95	0.31	0.88
菜籽筛渣	87.0	1.37	68.69	15.7	0.71	0.95	0.27	1.00
补充料								
含蛋白质32%的 　补充料	90.0	1.28	64.09	35.6	5.56	1.11	0.22	0.44
肥育场补充料 　（含蛋白质32%、 　脂肪20%）	90.0	1.23	61.65	35.6	8.89	0.56	0.22	0.44
菜籽粕	91.9	1.40	70.03	39.2	0.75	1.26	0.62	1.31
豆粕	89.7	1.72	86.14	52.4	0.39	0.75	0.35	2.19
矿物质补充料								
18∶18（1∶1） 　矿物质补充料	99.0	0.00	0.00	0.0	18.18	18.18	0.00	0.00
18∶9（2∶1） 　矿物质补充料	99.0	0.00	0.00	0.0	19.19	9.09	0.00	0.00
石粉	99.0	0.00	0.00	0.0	38.38	0.00	0.00	0.00

　　图 5-5 显示了这些因素之间的关系并能够帮助理解牛饲喂高粗日粮和高精日粮采食量低的问题。例如，饲喂长的麦秸或玉米青贮可能会导致高粗日粮采食量低；但如果饲喂的是高精日粮，对采食量可能没有明显影响。

　　单独的干物质采食量（DMI）不是一个衡量饲料消耗的有效工具，但是如果将其和一个基准水平进行比较，它就成为一个非常有效的饲料管理工具。表5-11 列出了不同阶段的牛预期干物质采食量水平。

　　干物质采食量受许多因素影响，这些因素并不是单独作用，而是有无数的相互作用存在。肉牛消耗的饲料（干物质基础）大概是其自身体重的 1.4%～

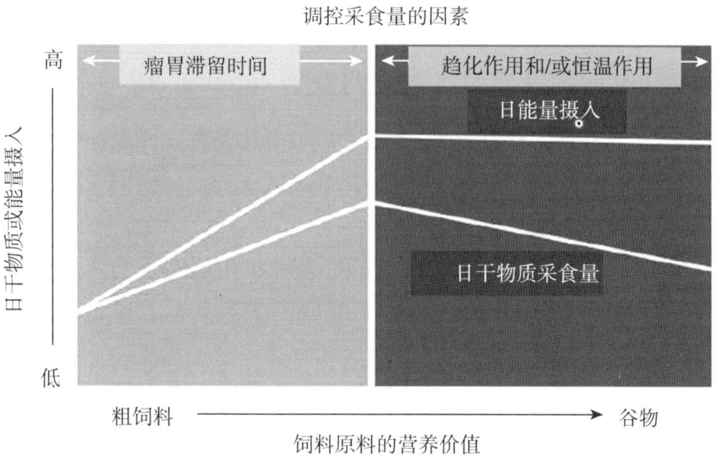

调控采食量的因素

图 5-5　饲料营养价值限制采食量的因素之间的关系

3.0%。饲料消耗或干物质采食量取决于精饲料和粗饲料的比例、动物的年龄和体况。例如，青草或粗饲料的消耗量是自身体重的 3.0%，而麦秸的消耗量最多只能是自身体重的 1.5%。年龄大的牛或肉多的牛，单位体重饲料的消耗量较年轻或瘦的牛少。通过分析这些数据，以及实际管理中的常识，养殖户才能配制一个牛群有能力采食的日粮配方。

表 5-11　粗饲料和谷物干物质采食量指导原则

牛的生产阶段	粗饲料采食量（%体重/天）		
	麦秸和低质量粗饲料	中等质量粗饲料	优质粗饲料
干乳成母牛和公牛	1.4~1.6	1.8~2.0	2.3~2.6
哺乳牛	0	2.0~2.4	2.5~3.0
生长和肥育牛	1.0	1.8~2.0	2.5~3.0

牛的生产阶段	谷物采食量（%体重/天）	日增重目标（千克）
生长牛	0	0.25~0.05
	1	0.7
肥育牛	1.5	0.9
	2.0~2.2	1.4

牛的生长阶段	粗饲料类型	建议的谷物采食量（千克/天）
肉牛干乳母牛	麦秸	2.0~4.0
哺乳肉牛母牛	麦秸	3.0~6.0
	优质干草	0~4.0
公牛	麦秸	3.0~5.0
	优质干草	1.5~3.0

（三）舍饲时的饲喂管理

冬季饲喂占到总生产成本的 $40\%\sim60\%$，所以较夏季放牧需要更多的关注。在夏季，母牛的体况可以以较低的成本得到增强。妊娠阶段和从产犊到配种阶段的精准饲喂，是繁殖表现和犊牛生产的基础。公牛的精准饲喂也很重要，它们在配种季既不能太瘦也不能太肥。

养殖户必须在冬季为牛群提供足够的饲料和充足的营养水平，以满足不同生产阶段牛的需要。最好的做法是为牛群提供平衡日粮，以合理的成本为牛群提供足够的营养，使生产表现最好。

饲料分析和计算机配方软件能帮助养殖户调整饲喂需要，但不能代替饲喂项目的积极管理。牛场经理必须意识到天气、饲料质量、采食量、剩料或饲料损失的不断变化。监测牛的体况和体重变化以确保饲喂项目能够达到理想的结果。

1. 日粮配制的指导原则

配制日粮时，考虑如下方面：

①日粮中第一限制性营养是决定动物生长或生产总体表现的营养成分。除非第一限制营养物的缺乏得到解决，否则在日粮中提供任何多余的营养物都没有什么用。在很多情况下，能量是日粮中的第一限制性营养成分。

②粗饲料质量影响能量和蛋白质的补充。没有成熟的粗饲料一般较过度成熟的粗饲料能量和蛋白质多。收割时间比作物品种对粗饲料质量的影响更大。

③状况差的干草或青贮（发霉、发热或收获期的雨涝损害）质量也差。任何形式的腐败都会降低饲料中的能量和蛋白质含量。如果粗饲料发热、闻起来像烟熏味，并呈褐色或黑褐色，就需要检测酸性洗涤纤维的水平，从而了解与纤维结合而不能被动物利用的蛋白质的数量。有些情况下，需要补充额外的蛋白质以满足动物的需要。

④谷物干草（绿色饲料）和谷物青贮的蛋白质含量较苜蓿-牧草混合干草低。以绿色饲料或谷物青贮为基础的生长期日粮需要补充蛋白质。

⑤如果采食到一定水平优质豆科青贮，可以为妊娠后期的母牛提供足够水平的能量和蛋白质。

⑥牧草干草通常较豆科牧草混合干草的蛋白质和能量含量低。干草通常能满足妊娠期中间 3 个月的营养需要，而妊娠后期的 3 个月可能需要在日粮中补充谷物和蛋白质补充料。

⑦粮食谷物如大麦、燕麦或黑小麦可用来补充日粮中的能量。大多数谷物是很好的蛋白质来源和不错的矿物质来源。

⑧高蛋白质谷物（小麦、豌豆、小扁豆、鹰嘴豆）能减少蛋白质补充料的

需要量，这些高蛋白质谷物能量高，消化速度快，它们的饲喂量应该有所限制。

⑨作物秸秆能量和蛋白质水平都低于干草，比干草和谷物干草相比不易消化。如果日粮没有很好地平衡，可能对瘤胃产生影响。使用蛋白质补充料、谷物筛渣颗粒和菜籽粕来确保蛋白质供应充足，使用谷物或谷物筛渣颗粒作为日粮的能量来源。

⑩米糠的能量和蛋白质含量与麦秸差不多，但较谷物干草和牧草干草更难消化。米糠质量因作物种类、成熟阶段、杂草含量、收获方法、收割机的设置、作物品种及田间条件而有差异。

2. 配制日粮的六个步骤

①设定不同生产阶段牛的营养需要、采食量和想要达到的增重目标。

②检测牧场自有饲料的营养水平。

③检测所需要的外购饲料原料（蛋白质补充料、矿物质、饲料添加剂、维生素等）。

④配制日粮。

⑤执行饲喂项目并监测牛的生产表现。

⑥根据天气状况和动物表现调整日粮配方。

3. 饲喂日粮的首要原则

以下这个总原则不是要取代计算机软件来配制平衡日粮，而是帮助养殖户理解饲料成分并知道是否适合养殖场的管理系统。看饲料分析报告时，数据都指的是干物质基础，这些数据从谷物到青贮都需要按水分含量来进行换算，以方便和所有饲料原料进行比较。如果配制的饲料包含的营养成分少于这个总原则所推荐的能量、蛋白质和矿物质水平，就需要进行补充。

总消化营养物（TDN）百分率，原则为55—60—65。

这个原则是说一头成母牛在冬季要维持体况，日粮的TDN能量在妊娠中期为55%，妊娠后期为60%，产后为65%。

饲料分析报告中的能值是饲料分析实验室计算得来的，以此可监测牛群的体况以检查牛群是否获得足够的能量。

通过观察体况来监测母牛的能量摄入情况，低能日粮会导致体况损失。能量的其他衡量指标为消化能（DE）、代谢能（ME）、净能（NE）、维持净能（NEm）、泌乳净能（NEl）和增重净能（NEg）。如果有需要，养殖户可以制定自己的这三项指标。最好的方法是了解这六项能量指标中的一个，然后坚持使用。

粗蛋白质的原则是7—9—11。肉牛成母牛在妊娠中期平均需要7%的粗蛋白质，妊娠后期需要9%，产后需要11%。

钙磷比例原则是（1.65～7）∶1，前提是每一种矿物质的摄入都是足够的。该比例是用干物质基础上钙的含量除以磷的含量而得来。如果比例超过这个范围，就需要通过饲料混合或商业矿物质产品进行修正。

搐搦比例原则是 K∶（Ca＋Mg）不超过 2.2∶1。

高钾（原则是不超过 1.75%）、低钙（原则是低于 0.6%）和低镁（原则是低于 0.35%）可能引起动物出现问题，这个比例涉及三个不同的矿物质，如果发现问题，养殖户应该仔细检查每一个元素的水平以及这三者的比例。

4. 防止饲料浪费

饲料浪费增加了冬季饲喂的成本，并导致营养损失。传统的牛饲料浪费量估计为 10%～20%，生产中需要增加牛群的饲料量以弥补浪费的饲料和养分。

有一项研究通过冬季给妊娠的后备牛饲喂雀麦草，分别在雪地饲喂加工的饲料、在雪地饲喂未碾碎的饲料和在料槽饲喂加工的饲料，收集和测量浪费的饲料。然后把浪费的饲料用网目直径 2 厘米的筛子来分离和测量粗细料的数量（表 5-12）。

表 5-12　不同喂料系统和颗粒大小对饲料饲喂量、采食量和浪费量的影响

喂料系统	颗粒大小	总饲喂量（千克）	饲料采食量（千克）	饲料浪费量（千克）
在雪地饲喂未碾碎饲料	粗颗粒	21.19	19.54	1.65
	细颗粒	1.51	0.37	1.14
在雪地饲喂加工的饲料	粗颗粒	18.41	15.90	2.51
	细颗粒	4.29	2.17	2.12
在料槽饲喂加工的饲料	粗颗粒	18.41	18.41	0
	细颗粒	4.29	4.29	0

三种饲喂方式的饲料总浪费如下：

- 在雪地饲喂加工的饲料：20.4%；
- 在雪地饲喂未碾碎的饲料：12.3%；
- 在料槽饲喂加工的饲料：0%。

在投料时收集粗细料的样品，对所有饲料样品中的蛋白质、纤维和常量矿物质元素进行分析。表 5-13 列出了蛋白质和中性洗涤纤维（中洗纤维）的含量。加工饲料中的细颗粒和未碾碎草捆的蛋白质含量都高于整捆样品，细颗粒废料里含有大量的蛋白质，粗颗粒废料里中性洗涤纤维较少。

表 5-13 不同喂料系统和颗粒大小的饲料的营养质量

喂料系统		粗蛋白质（%）	中洗纤维（%）
整捆草		11.6	67.6
在雪地饲喂未碾碎饲料	粗颗粒部分	10.5	66.9
	细颗粒部分	17.3	54.8
在雪地饲喂加工饲料	粗颗粒部分	10.7	67.0
	细颗粒部分	15.5	55.0

在雪地饲喂时，饲料量损失会导致各种各样的问题。低质量粗饲料中由于饲料细颗粒部分的损失导致动物生产表现降低。细颗粒部分钙镁的损失可能导致产褥热和冬季搐搦的发生。为了维持动物的生产表现，可能需要对日粮进行调整，饲料的质量和饲喂量都应该增加以弥补浪费的部分。为了减少饲料的浪费，应使用便携料槽、固定式料槽和圆捆饲料架对牛进行饲喂。

5. 根据牛的体况调整饲喂管理

进入冬季时，母牛的体况对所需要的饲料量有重要影响。秋季较瘦的母牛必须在冬季增加体重。

初冬体况良好的母牛只需要足够的饲料来维持体重直至产犊。在这种情况下，低质量的粗饲料或优质麦秸可以作为其饲料的主要成分，最高可占75%。麦秸可以和中等质量或优质干草、谷物、蛋白质补充料混合饲喂。麦秸的能量略低于中等质量的干草，蛋白质、矿物质和维生素的含量通常也比较低，因此必须添加其余的饲料原料。多数情况下，谷物和高质量干草可以用来补充能量。

6. 冬季饲喂和瘤胃迟缓

不论什么时候，给牛饲喂低质量的日粮，如麦秸或者低质量干草，饲料的饲喂量应该仔细控制，牛群的良好管理就显得更加关键。当饲喂的低质量饲料还没有被瘤胃的微生物完全消化就进入真胃时，会对真胃造成冲击，同时发生瘤胃迟缓。在冬季和妊娠后期，动物的营养需要增加，采食量也增加，但动物的消化能力差，也会出现瘤胃迟缓。发生瘤胃迟缓的母牛需要不停地采食以保持体温，有时它们看起来很正常；但仔细检查的话，它们通常很瘦，肋骨都很明显。

这些情况下需要了解饲料的确切质量以及进行饲料分析。如果饲喂麦秸时能量不足，牛就不能完全消化，大量未消化的饲料造成堆积，从生理上影响瘤胃的功能，造成瘤胃迟缓。瘤胃迟缓发生时，瘤胃通常很满、坚实，和硬面团一样，没有主要的瘤胃蠕动，但是还会有二级蠕动。

冬季饲喂时，通常将牛群分为三类会带来好处。第一类是体况良好的成母牛和后备母牛，它们在整个冬天不需要太多的照顾。第二类是头胎或二胎牛，这些牛年轻，还在长身体，饲喂量不充足时它们和成母牛竞争采食。这个牛群较成母牛需要更高质量的干草或补饲更多的谷物。第三类是瘦牛和年老的牛，这些牛需要更多的饲料来过冬，且它们不能从体况更好或更有侵略性的成母牛那里竞争到饲料。

如果没有条件应付三类牛群，至少应将后备牛、年老的牛和瘦牛分开饲喂，但将老龄牛和瘦牛送到屠宰场去可能是最明智的做法。

7. 成母牛和后备牛的冬季饲喂

（1）妊娠中期成母牛的冬季日粮。

大多数成母牛的冬季饲喂都需要补饲矿物质和盐，应该给牛提供可自由舔食的微量元素和盐。另外，以干草为基础的日粮应该补饲等量钙磷的矿物质补充料，以及自由舔食的盐砖。基于绿色饲料、谷物青贮、麦秸和谷物的日粮，应该补饲自由舔食的矿物质补充料，其中钙磷比例为 2∶1。每头牛每天矿物质补充料的采食量在 30～100 克，具体取决于所饲喂的矿物质补充料的类型。饲喂饲料时应遵从饲料包装上的指导，但养殖户可能需要在矿物质补充料中添加盐以使牛采食足够的数量。

产犊前肉牛母牛每天需要 3 万～4 万国际单位的维生素 A；产犊后至放牧开始以前，母牛每天需要 6 万～7 万国际单位的维生素 A；产乳量高的母牛，需要的量更多。

维生素 A 可以储藏在肝，在需要时使用。维生素 A 既可以每天饲喂补充，也可以两三周或一两个月补充 1 次；还可以每两三个月注射 1 次来提供足够的供给量。所提供的维生素 A 应满足母牛的需要，如果每个月补充 1 次维生素 A，那么母牛 1 次必须得到 30 天的需要量。

表 5-14 罗列了使用计算机配方软件配制的日粮组成，这些饲料能够满足体重 590 千克怀孕的成母牛，在正常天气状况下每天可以增重 0.25 千克。

表 5-14　体重 590 千克妊娠中期母牛的日粮示例

饲料成分	每天的饲喂量（千克）				
	日粮 1	日粮 2	日粮 3	日粮 4	日粮 5
苜蓿牧草混合干草	3.9				
牧草干草		6.3	12.7		
谷物秸秆	7.3			4.9	5.4
谷物干草（绿色饲料）		5.8		5.8	
谷物青贮					15.8

（续）

饲料成分	每天的饲喂量（千克）				
	日粮 1	日粮 2	日粮 3	日粮 4	日粮 5
谷物大麦、燕麦或谷物筛渣颗粒	1.5			1.8	
含蛋白质 32% 的补充料					
19：9 矿物质补充料				0.06	0.08
微量元素盐	0.027	0.027	0.027	0.027	0.027
石粉	0.027	0.04		0.03	
维生素 A、维生素 D、维生素 E	0.004	0.004	0.004	0.004	0.004
实际饲料采食总量	12.8	12.2	12.7	12.6	21.3
估计干物质采食量	11.3	10.8	11.4	12.4	10.8

　　这些日粮配方是基于饲料原料的平均营养成分来配制的。这些日粮应该含有足够的能量和蛋白质，但需要补充矿物质和维生素。分析饲料原料可准确地使用这些日粮配方。

　　但是，这些配方没有考虑饲料浪费的情况，实际生产中应该增加饲喂量以弥补浪费的饲料。

　　尽管这些配方已经考虑了冬季的情况。但如果天气非常冷，需要更多的饲料来满足母牛对能量的需要。日间气温低于 -20℃，每降低 10℃，应该多饲喂 3 千克干草，或 6.2 千克玉米青贮，或 2 千克谷物，饲喂量取决于所使用的日粮类型。

　　较瘦和年老的母牛可能比体况好的成母牛体重轻 50～100 千克，正常情况下冬季这些母牛的维持需要也比较低。但是，较瘦的牛没有足够的脂肪来保暖，也几乎没有足够的能量储备来动用，在冬季（低于 -20℃）就需要特别的照顾，为这些牛提供比体况好的成母牛更多的饲料。饲料质量好的话，母牛就很容易采食足够的饲料。喂料的地方还应该避风。

　　妊娠后备牛每天的营养需要和年轻的成母牛一样，因为后备牛较成母牛体格小，不能采食那么多的低质量饲料。但是，它们可以采食成母牛推荐量的苜蓿和牧草混合干草、绿色饲料或谷物青贮。如果日粮以麦秸和谷物为基础，应该额外饲喂 2.5 千克的谷物，而麦秸的量可以减少大约 2.5 千克。另外还可以饲喂 7 千克的干草和 2 千克的谷物。

　　（2）妊娠后期成母牛的冬季日粮。

　　产犊前 6～8 周，日粮中营养供应量应该增加大约 15%，可以通过饲喂更多的日粮或使用高质量原料代替低质量原料来完成。表 5-15 是为体重 590 千克妊娠后期预计生产 36～40 千克犊牛的母牛而使用的冬季日粮示例，这些日粮配方没有考虑饲料浪费的问题。

表 5 - 15　体重 590 千克妊娠后期母牛的日粮配方示例

饲料成分	每天的饲喂量（千克）				
	日粮 1	日粮 2	日粮 3	日粮 4	日粮 5
苜蓿牧草混合干草	5.9				
牧草干草		12.5	6		3.6
谷物秸秆	4.5			4.5	
谷物干草（绿色饲料）			5.5	6.8	
谷物青贮					22
谷物大麦、燕麦或谷物筛渣颗粒	2.5		1	1.8	1.0
含蛋白质 32% 的补充料				0.36	
19：9 矿物质补充料			0.06	0.08	
微量元素盐	0.03	0.03	0.03	0.03	0.03
石粉					0.03
维生素 A、维生素 D、维生素 E	0.004	0.004	0.004	0.004	0.004
实际饲料采食总量	12.9	12.5	12.6	13.6	26.7
估计干物质采食量	11.5	11.6	11.1	11.9	12.2

（3）产后哺乳母牛的日粮。

产后母牛的营养需要大幅增加，相较于平均产乳量的母牛，产乳量非常高的母牛营养需要更高。产后产乳量非常高的母牛，营养需要较其冬季中期的能量需要增加大约 60%，蛋白质需要增加 115%，磷的需要量增加 85%。如果母牛的营养需要没有被满足，可能需要更长的时间才开始发情，发情表现弱或不规律，受胎率低。这些母牛在配种季可能不妊娠或妊娠比较晚。

产犊时间不同，饲喂策略可能有所差异。一般产犊到配种期间部分或全部饲喂的都是储存的饲料，这是一年中母牛饲喂最为关键的时期，也是经常被忽视的时期。一年中这个时期的饲喂为下一个产犊季带来红利，质量最好的饲料应该留到这个时期来饲喂。

表 5 - 16 是能够满足体重 590 千克、产乳量 8.6 千克的母牛能量和蛋白质的需要，这些配方没有考虑饲料浪费的问题。

产犊后母牛每天对矿物质的需要从 60 克增加到 150 克，需要量取决于母牛的产乳量和使用的饲料类型。生产中，产后使用的矿物质补充料含有等量的钙和磷。如果在这个时期饲喂谷物，母牛通常不会自由舔食足够量的矿物质，需要添加一种无盐矿物质补充料。另外，还应该提供可自由舔食的微量元素盐。产后维生素 A 的需要量增加到每头每天 6 万～7 万国际单位。

表 5-16 体重 590 千克、泌乳量 8.6 千克的哺乳牛的日粮配方示例

饲料成分	每天的饲喂量（千克）			
	日粮 1	日粮 2	日粮 3	日粮 4
苜蓿牧草混合干草	10			
牧草干草		11.3		
谷物秸秆	2.7			
谷物干草（绿色饲料）			11.3	
谷物青贮				30.8
谷物大麦、燕麦或谷物筛渣颗粒	2.7	3	3.2	2.0
19：9 矿物质补充料			0.07	
18：18 矿物质补充料	0.023	0.023		
微量元素盐	0.036	0.036	0.039	0.039
石粉			0.05	0.019
维生素 A、维生素 D、维生素 E	0.006	0.006	0.004	0.007
实际饲料采食总量	15.5	14.4	14.7	32.9
估计干物质采食量	13.6	12.9	12.7	13.2

（4）后备母牛的冬季饲喂。

表 5-17 列出后备母牛要达到理想的体重并能在 14～15 月龄进行配种所需的日粮配方示例。后备母牛必须达到推荐的最小体重，以获得最佳的增重表现，并避免难产。

表 5-17 后备母牛的目标体重

类型	最小的理想体重（千克）	
	第 1 次配种	第 1 次产犊
英系品种	300～320	380～410
外来品种	340～362	430～460

为了达到足够的体重来配种，后备牛在 14～15 月龄时至少达到 300 千克，具体体重取决于品种。整个冬天后备母牛每天需要增重 0.7～0.9 千克以达到配种时的理想体重。表 5-18 显示了达到这个增重目标的日粮配方。这些日粮配方没有考虑饲料浪费的问题。

表5-18 后备母牛每天增重0.8千克的日粮配方示例

饲料成分	每天的饲喂量（千克）		
	日粮1	日粮2	日粮3
苜蓿牧草混合干草	4.5		
牧草干草		6.35	
谷物秸秆	1.3		
谷物青贮			11.3
谷物大麦、燕麦或谷物筛渣颗粒	3.0	3.1	2.6
菜籽粕或蛋白补充料		0.18	0.3
18∶18矿物质补充料			
微量元素盐	0.02	0.02	0.039
石粉			0.023
维生素A、维生素D、维生素E	0.005	0.005	0.007
实际饲料采食总量	8.8	9.65	14.27
估计干物质采食量	7.6	7.9	7.2

这些配方能在这个饲喂阶段的中期为犊牛提供足够的营养。在这个饲喂阶段的开始，饲喂量应该减少10%～15%，而末期饲喂量应该增加10%～15%。在天气非常冷的时候，犊牛的平均日增重可能小于目标水平。为了在非常冷的天气下获得目标增重速度，日粮中的谷物部分可以增加20%。

8. 架子牛和肥育牛的饲喂

（1）架子牛的饲喂。

养殖户可通过设计架子牛日粮来控制动物的生长。日粮通常以干草为基础，能量相对较低，可以通过使用饲料副产品如麦秸、米糠或谷物筛渣颗粒来降低饲料成本。大多数架子牛日粮含有40%～60%的粗饲料，使用谷物或谷物筛渣颗粒和矿物质来平衡。随着架子牛的生长，缓慢增加谷物的饲喂量来提高日粮的能量或总消化营养物（TDN），增加可用于生长的能量。

大多数架子牛日粮需要补充盐和矿物质。推荐使用微量元素盐，在盐中添加了很多的微量元素（如铜、锌、锰，有时候还添加硒）。钙和磷对于骨骼的生长和发育很重要，如果日粮中的粗饲料和谷物成分没有足够的矿物质，就必须进行补充。

架子牛的饲喂受很多因素影响，这些因素包括购买时的体重和类型、交割日期、目标体重和商议的买卖条件。架子牛通常是要达到363～408千克，具体取决于市场需求（表5-19）。

①体型大小、购买时的体重和性别将决定架子牛的饲喂。中型去势牛的日

粮应该允许每日增重 0.8～0.9 千克,而大型去势牛的日粮应该允许每天增重 1.0～1.2 千克。当饲喂后备母牛时,中型牛应每天增重 0.7～0.8 千克,而大型牛每天增重可达 1.1 千克。为了这个增重目标所配制的日粮可以促进肌肉和骨架的发育。

②架子牛的饲喂天数和目标销售体重对饲喂项目有重要影响。饲喂项目的长短是由销售合同中指定的交割日期所决定的,比如从 10 月末开始饲喂体重 249 千克的中型去势牛,销售日期是 4 月初,大概需要饲喂 150 天。如果目标销售体重是 385 千克,设计的日粮应该允许日增重 0.9 千克。

如果牛是要在 5 月中旬出售,设计的日粮允许的日增重为 0.77 千克。饲喂时间越长,每天预期的增重表现就越低;相反,目标销售体重越大,需要的日增重速度就越高。

目标体重因动物类型和牛场的目标而有差异。通常,中型去势牛体重达到 385～408 千克就会使用肥育日粮或进入肥育场;而大型去势牛达到 408 千克(加拿大市场)或 430 千克(销往美国市场)才被送到肥育场饲养。

表 5-19 不同市场肉牛的目标体重

	小型牛	中型牛	大型牛
断乳或购买体重(千克)	136～181	181～227	227～272
架子牛增重			
去势牛(千克/天)	0.68～0.80	0.68～0.90	1.0～1.3
后备牛(千克/天)	0.68～0.80	0.68～0.80	0.9～1.13
目标体重(千克)			
到牧草放牧的肉牛	295～317		
肥育日粮或肥育场的肉牛	317·～363		
进入肥育阶段的去势牛和后备牛		340～408	374～430
预期屠宰体重(千克)			
去势牛			
加拿大去势牛	454～476	500～544	522～590
美国去势牛	500～522	567～635	590～640
后备母牛			
加拿大后备母牛	385	408～454	454～544
美国后备母牛	408	454～476	454＋

③使胴体达到最佳质量。动物达到一些生长和发育的重要阶段时，年龄和体重有所差异，比如早熟品种（英系品种）较晚熟品种（大陆品种）在相对较轻的体重和年龄进入发情期和成年。相对于早熟品种，晚熟品种倾向于：

- 较大的体型或骨骼大小；
- 更快地沉积肌肉并增重，持续更长时间；
- 进入发情期时体重更大，年龄也更大；
- 在更大体重时开始沉积脂肪；
- 在更大的体重达到理想的胴体质量特征，肥育的时间更长。

这些差异对于设定胴体的生产目标、如何管理和饲喂肥育场的牛有重要影响。对于小型或中型牛，基于它们的生长阶段设计饲喂项目非常重要。断乳后如果很快饲喂高能日粮就会导致成熟前的肥胖，结果胴体较轻而且过肥，这是因为饲料提供的能量过高，动物没有机会让骨骼和肌肉完全发育并让自己的生长最大化，骨骼和肌肉生长的遗传潜力被压制，多余的能量都用于脂肪沉积。如果这些动物断乳后饲喂一段时间的低能日粮（64%～68%TDN），就可控制它们的生长，并让肌肉和骨骼生长最大化。随后饲喂更高能量的日粮，这些动物就可能在理想的体重获得想要的胴体特征。

大型牛如果以同样的方式饲喂就需要更长的时间才能获得想要的胴体特征，因而胴体特别重。经验显示为了满足加拿大市场的评级和体重需要，不需要低能日粮让骨骼和肌肉的生长最大化；相反，在断乳后很快提供高能日粮，在12～15月龄就可以达到理想的胴体重量和质量指标。如果要达到更大的体重销往美国市场，这样的牛常常需要饲喂一段时间达到特定的体重，从而提高出栏体重和提高大理石纹评分。

（2）肥育牛的饲喂。

相比于架子牛饲喂，肥育的目标在于快速提高增重和脂肪沉积，以与市场指标相符合。架子牛需要适应并饲喂一段时间的高能日粮，肥育后的体重和胴体特征根据目标市场变化。

如果牛是为加拿大市场肥育，最高的净肉率评级（瘦肉率59%或以上）以及大理石纹评分至少为A，但大多数加拿大屠宰的牛都是AA和AAA评级。最佳胴体重量因生产厂家不同而不同，但一般为258～340千克。如果牛肥育后的体重更大或过度肥胖，售价就会降低。

相反，如果牛是销往美国市场，净肉率评级必须在1～3级（瘦肉率62%～63%或更好），质量评级为精选级（相当于加拿大的AAA）才能获得最好的市场价格。质量评级优选级（相当于加拿大的AA）较精选级价格就会降低，净肉率评级跌为4～5级。美国市场欢迎更重的牛，胴体重量常常达到

385～410 千克。

　　销往加拿大和销往美国的牛在管理方面的基本差别是饲喂时间的长短。销往美国市场的牛需要饲喂更长的时间以获得最佳的大理石纹评级。以 389 千克体重的中型周岁去势牛为例，冬季期间饲喂架子牛日粮，如果是销往加拿大市场，经过大约 100 天肥育日粮的饲喂，体重达到 500～544 千克上市，动物每天的增重为 1.36～1.45 千克，饲料转化率为 7：1，加拿大评级 1 级（59% 或以上），大理石纹评级 A、AA 或 AAA；如果是销往美国市场，还应该在此基础上再饲喂 30～50 天，出栏体重将达到 567～639 千克。饲喂期延长，平均日增重将降低 5%～10%，饲料转化率也相应降低，单位增重饲料成本增加。养殖户的销售经验显示，这样的牛应该有 50%～70% 的概率达到美国农业部的精选级评级。

　　大型牛的生长潜力更大，应该在断乳后不久就开始饲喂高能日粮。这样的牛销往加拿大市场应该在 12～15 月龄出栏，体重达到 500～544 千克，肥育期常常为 150～180 天，平均日增重超过 1.36 千克，饲料转化率为（6.5～7.0）：1。如果在使用高能日粮肥育前经过短暂的架子牛饲喂（70 天，1.13 千克/天的增重），出栏体重可以达到 567～590 千克。

　　如果销往美国市场，大型牛一般在使用高能日粮前的体重就达到 385～430 千克，这使得屠宰时牛更成熟体重也更大，达到美国农业部精选级评级的数量更多。出栏体重为 590～635 千克或更重。由于饲喂期更长，增重速度和饲料转化率变差，特别是最后的 30～40 天，这与销往加拿大市场相比增重成本也相对更高。

　　为了使获利最大化，设计以出栏牛特定胴体质量特征为目标的饲喂计划很有必要，这些质量特征在两个市场的要求有所不同。为了使出栏牛达到理想的质量特征，有必要理解和掌握不同生理类型牛的生长规律，然后通过选择不同的架子牛饲喂以获得特定胴体特征。

9. 开喂料

　　很多肥育场为新来的牛或刚断乳的犊牛提供干草，饲喂 3～5 天以让它们适应料槽饲喂。最早可以在到达饲喂舍的第 2 天就开始引入开喂料（精饲料加玉米青贮或铡碎的干草），可以按每头牛每天 2.2～3 千克的量撒在干草上，这样牛在吃干草的时候也能采食开喂料。第 2 天以后，干草的量可以每天减少不超过 10%，而开喂料的量每天增加 5%～10%。通常 5～7 天后停止饲喂干草。

　　开喂料一般都是全混日粮，以加工的粗饲料为基础（干草或玉米青贮）。表 5 - 20 列出了开喂料的一般营养指标，一般是 70%～75% 的粗饲料和 25%～70% 的精饲料（干物质基础）。对于新断乳的犊牛，饲料采食量常常会有一些挑战，断乳犊牛的采食量可能低至体重的 1.5%～1.9%（干物质基础）。

表 5-20　断乳犊牛开喂料的营养推荐量

营养物	建议范围（每天）
干物质采食量（%）	1.55～1.90
干物质（%）	80～85
粗蛋白质（%）	12.5～15
能量（TDN）（%）	65～68
常量矿物质（%）	
钙	0.6～0.8
磷	0.04～0.5
钾	1.2～1.4
镁	0.2～0.3
钠	0.2～0.3
微量元素（毫克/千克）	
铜	10.0～15.0
锌	75.0～100.0
锰	40～70
钴	0.1～0.2
硒	0.1～0.2
维生素（国际单位/千克）	
维生素 A	4 000～6 000
维生素 E	75～100

开喂料可以饲喂 14～21 天，或者干物质采食量达到体重的 2.5%～2.7%（表 5-21）。周岁的牛很少有适应开喂料的问题，在开始饲喂的第一周采食量就能达到体重的 2.4%～2.5%。开喂料的蛋白质一般占干物质基础的 14%～15%，能量相对较低（TDN 占干物质基础的 65%～68%）。为了克服新断乳犊牛采食量减少的问题，开喂料的能量水平可以略微提高至 70%～71%。开喂料还应该包含所有的营养物，包括必需的矿物质和维生素，矿物质如铜、锌和铬与动物的免疫功能密切相关，已经证实它们能减少犊牛的疾病和死亡损失。

表 5-21　不同体重和年龄的犊牛和架子牛的干物质采食量

| 犊牛或架子牛的体重（千克） | 干物质采食量的估计（DMI） | | | |
| | 占体重比例（%） | | 千克/（头·天） | |
	犊牛	架子牛	犊牛	架子牛
小于 250	1.25～1.75	1.75～2.25	3.3～4.4	4.4～6.3
小于 250 千克时的开喂料（2～3 周）			6.9～9.6	9.6～13.8
250	2.5～2.6	2.8	6.3	7.0
300	2.45	2.7	7.3	8.1
349	2.4	2.6	8.4	9.0
400	2.35	2.5	9.5	10.0
449	2.25	2.35	10.2	10.4
500	2.10	2.15	10.4	12.2
549	1.90	2.0	10.4	12.2

10. 架子牛的递增日粮

递增日粮是为特定营养水平配制的一系列日粮。架子牛的饲喂包括 5 种日粮（表 5-22 中的 1～5），而肥育牛一般包括 9 种日粮（表 5-22 中的 1～9）。每一种日粮都是为特定的能量水平配制的，从一种日粮改为另外一种日粮，日粮的能量水平都是稳定增加的。一般第 1 种是开喂料，主要以粗饲料为主，随着饲喂项目的进行，谷物被用来代替粗饲料。通常的做法是用 10% 的谷物来代替 10% 的粗饲料（干物质基础），每一个日粮水平就代表其能量水平的稳定增加。

表 5-22　生长和肥育牛递增日粮示例（干物质基础）

递增日粮	TDN（%）	CP（%）	Ca（%）	P（%）
1	65～67	14.0	0.60	0.40
2	66	12.5～13.5	0.60	0.40
3	68	12.5	0.55	0.35
4	70	12.5	0.55	0.35
5	72	12.0	0.50	0.30
6	74	12.0	0.50	0.30
7	76	12.0	0.45	0.25
8	78	11.5～12.0	0.45	0.25
9	80	11.5～12.0	0.45	0.25

大多数架子牛和肥育牛日粮都需要添加盐和矿物质，建议使用微量元素

盐。钙磷对于骨骼生长和生长牛的发育非常重要，如果日粮中的粗饲料和谷物不能提供足够水平的矿物质，必须进行补充。

日粮中其他营养物的水平是根据饲喂的牛的类型来决定的。开喂料和前2～3个日粮的粗蛋白质水平应该为12%～14%，这也和新断乳的犊牛将要经历120天以上的架子牛饲喂或生长阶段相适应，这些日粮中钙磷比例也比较高。随着递增日粮的后移，由于能量含量的增加，这些营养物在干物质基础上的百分比含量也在降低，这些变化也和动物的营养需要相匹配。除了盐和矿物质，日粮中还可能添加饲料添加剂和促生长剂以改善饲料效率和生产表现。

考虑到要满足不同生产阶段大多数牛的营养需要，递增日粮并不是非常切合部分架子牛的营养需要。这种日粮是为某种要饲喂很长时间的一类动物设计的，如生长/架子牛阶段或肥育阶段（表5-23，表5-24）。考虑到架子牛刚离开草场，需要时间来适应高谷物日粮，初到肥育场，应该饲喂第1个或第2个日粮，可能不需要12%～14%的粗蛋白质含量。但这些日粮只饲喂三四天就会就会转换成下一个日粮，粗蛋白质的过量饲喂也无不利影响。架子牛只需要10%左右的粗蛋白质，新断乳牛需要的粗蛋白质水平更高。

递增日粮的好处包括：

①提供能量水平的自然递增，有助于将瘤胃酸中毒有关的消化问题最小化，有助于肥育牛最终适应高谷物日粮。递增日粮饲喂项目一般从第1个或第2个日粮水平开始，每种日粮饲喂4～7天，然后转变成下一个水平。牛通过相同的模式直到第9个日粮，这时日粮中80%～85%是谷物（干物质基础）。有经验的管理者会把1岁左右的牛在第8个日粮水平饲喂21～32天，以使日粮的能量水平和生产表现预期相一致。每一个日粮水平最少也应该饲喂3～5天以使瘤胃细菌适应日粮中淀粉水平的增加。

②使消化紊乱的问题最小化。较快饲喂高谷物日粮可能导致牛消化紊乱、不采食或生产表现下降。使用递增日粮这些问题就大大减少，每一种日粮都有一段时间的适应期，然后才使用下一级日粮。

③使生产表现更加具有预测性和稳定。日粮是按特定的能量和蛋白质水平配制的，有经验的养殖户能更准确地判断每个阶段的牛在某种日粮上的表现，

④日粮配制使成本最低。递增日粮的设计与牛的营养需要相匹配，并添加了饲料添加剂，如离子载体瘤胃素。因为递增日粮是为特定营养水平设计的，养殖户可以使用任何可以利用的饲料原料，配制饲料成本最低的日粮。

⑤适应料槽管理。递增日粮可以非常简单，也可以很复杂。良好的料槽管理包括每天的同一时间投喂准确数量的饲料，这有助于减少消化问题或谷物过多；保持料槽没有剩料或粪便，每周或需要时进行清理。

⑥有助于牛能吃饱或自由采食。肥育场经理面临的最困难的事就是确保牛能吃饱，以及是否出现亚临床瘤胃酸中毒的问题。高谷物日粮容易出现酸中毒或谷物过多的问题，特别是主要以大麦或小麦为基础的日粮时，这些粮食谷物很容易消化，导致瘤胃的酸过多。谷物过载是指牛在短时间内采食了太多的谷物，还在适应高谷物日粮或一段时间没有采食（空槽或天气恶劣的原因）的牛很容易发生。饥饿的牛会采食过快或吃得过多，导致亚急性瘤胃酸中毒或消化紊乱，停止采食。很多与牛停止采食有关的问题都和管理有关，通过准确的料槽管理和日粮中添加离子载体可以预防其发生。

表 5-23　生长/架子牛递增日粮（干物质基础）和预期增重示例

饲料成分	日粮 1	日粮 2	日粮 3	日粮 4
大麦（%）	15	25	35	40
青贮（%）	82	72	62	57
补充料（%）	3	3	3	3
预期日增重（千克）	0.68	0.82	0.90	1.1

表 5-24　肥育牛递增日粮（干物质基础）和预期增重示例

饲料成分	日粮 5	日粮 6	日粮 7	日粮 8	日粮 9
大麦（%）	45	55	66	75	84.5
青贮（%）	52	42	32	23	13.5
补充料（%）	3	3	2	2	2
预期日增重（千克）	1.2	1.3	1.4	1.45	1.45

11. 饲料添加剂

（1）法律法规。

加拿大联邦和阿尔伯塔省政府都致力于安全食品的生产。联邦政府统管食品添加剂和埋植产品的使用，相关部门具体实施法规。

加拿大卫生部在卫生政策的制定、执行卫生法规、促进疾病预防和保持加拿大人民健康中发挥领导作用。联邦卫生部对以下与牛肉有关的法律法规的实施有部分或全部的责任：

- 《加拿大食品检验署法》
- 《食品和药物法》
- 《虫害控制产品法》
- 《饲料法》

加拿大食品检验署（CFIA）为四个联邦部门提供检验和相关服务，包括加拿大卫生部、加拿大农业和农业食品部。CFIA 管理和执行以下有关牛肉安全的法律法规：

- 《饲料法》
- 《食品和药物法》（与食品有关）
- 《动物健康法》
- 《肉品检验法》

《食品和药物法》为药物的生产和销售设定了条件和标准，它确保加拿大市场的药物是安全并有效的，标签包含必要的警示，如毒性、禁忌和停药期。CFIA 是联邦饲料法的执行部门，管理全国的家畜饲料，以确保加拿大的生产和销售的饲料产品或进口到加拿大的饲料产品安全、有效并有恰当的标签。

在饲料法规中，"药物饲料"定义为含有药物成分的饲料。"药物成分"定义为可以用来预防或治疗动物疾病的物质，或者用来影响家畜身体结构或功能的物质，在《饲料和药物法》中指定了具体药物的识别码。

（2）常见的饲料添加剂。

很多饲料添加剂可以用来提高肉牛的健康水平和生产效率。最常使用的饲料添加剂分类为：离子载体、抗生素、抗球虫药、发情抑制剂和瘤胃臌气抑制剂，其中饲料中的抗生素被用来改善动物健康和预防细菌性疾病；抗球虫药被用来控制球虫病；发情抑制剂被用来抑制母牛的发情；瘤胃臌气抑制剂用来防止瘤胃臌气的发生。

离子载体（如瘤胃素等）是能改变瘤胃菌群并增加瘤胃内丙酸产量的化合物。离子载体能够降低约 6% 的干物质采食量，增加 12% 的维持净能（NEm）效率，改善饲料效率或增重效率。一些离子载体还可能提高平均日增重。

瘤胃臌气抑制剂能够防止豆科植物引起的牛的瘤胃臌气，一些离子载体（如瘤胃素）也有此功效。

醋酸美伦孕酮（MGA）是一种合成激素，是一种防止母牛发情的饲料添加剂。MGA 能够抑制小母牛在屠宰前的发情，对饲料效率和平均日增重可能有所改善。

饲料中抗生素的使用应该和良好的管理区分开来，不应该作为良好管理的替代品。在饲料中使用抗生素和抗球虫药之前应该咨询兽医。

抗球虫药被用来预防球虫病。在舍饲和饲养密度比较大的牛场，抗球虫药的使用比较广泛。球虫病的症状包括血痢和生产表现降低。瘤胃素除了能改善饲料效率，还能预防球虫病。

（3）饲料添加剂和其他肉牛生产系统。

消费者对于了解食品是如何生产的呼声越来越高，一些人已经准备为有机或天然食品支付更多的价钱，这也为肉牛行业创造了一些市场机会。过去已经出现了有机牛肉、天然牛肉和认证无激素牛肉，但随着人们健康意识增强，这些市场机会的增长和发展可能被放大。

有机是一个注册用语，被定义为认证机构认证为有机的产品。1999 年 7 月加拿大有机食品推荐委员会（COAB）通过了加拿大有机牛肉的全国标准。在这个标准下，激素类生长促进剂、抗生素和其他用于促进生长的饲料添加剂都不能使用，经未允许药物处理的动物必须从有机类别中剔除，不能以有机产品出售。屠宰的动物必须在认证的有机牧场出生并饲养。COAB 的标准还包括认证过程的最低标准、圈舍要求、动物原产地和每年的认证费。

天然产品指那些没有使用埋植产品和抗生素的产品。天然牛肉不是一个注册用语，没有正式的认证过程。

认证无激素牛肉是由 CFIA 管理，并保证所有合格的牛肉产品没有使用激素类生长促进剂。无激素牛肉必须经 CFIA 和 CFIA 授权兽医认证的农场认证，养殖户每年都需要递交申请并做出声明。CFIA 为每一个养殖户提供耳标，并完成存栏量的登记。犊牛由 CFIA 授权兽医监督饲养，且至少 10% 的动物接受检验。动物从一个场转移到另一个场必须填写一个认证表格。兽医在屠宰前 3 个月进行检验，尿和饲料样品被检测以确定动物没有使用激素类药物和抗生素。

作为养殖户，如果想进入有机产品或天然牛肉生产链，应咨询认证机构，什么添加剂可以使用，什么不可以使用，并遵循该项目的指导。但是不使用这些产品就会导致日增重减慢，饲料效率降低，动物需要更多的饲料，也需要更长的饲养时间才能达到同样的屠宰体重，这也增加了养殖户的生产成本。这些成本的增加应该考虑进盈亏售卖价格中。

12. 冬季公牛的饲喂

冬季是调整公牛体况的好时机，以为下个春季和夏天的配种季做准备。公牛的繁殖力对母牛能否尽早妊娠并在产犊季早产犊有重要影响，还影响犊牛断乳体重及均匀度，因此，保持正确的公牛体况就非常重要。另外，因为自然配种的公母牛比例为 1∶（25～50），公牛的繁殖力比任何单头母牛的影响都大，事实上公牛繁殖力比生长表现和产品质量重要 5～10 倍。

营养是影响公牛体况和繁殖力主要因素，过肥和过瘦都对性欲有影响。冬季饲喂的目标是使公牛在配种季的体况为好或非常好（3.0～3.5）。夏季配种季公牛都是在草场上放牧，到了秋季可能会比较瘦。在改善体况之前，任何的生长需要必须得到满足。

一旦公牛通过配种前的评估，饲喂项目必须使其维持 3.0～3.5 的体况，饲养人员应了解公牛的生长速度以达到理想的成年体重。表 5-25 是生长公牛的目标体重和必要的日增重，以实现全部的配种潜力。公牛生长而不肥育的推荐日粮的目标是达到日增重 1.4～1.6 千克。

平衡年轻生长公牛的日粮时饲养目标如下：

干物质采食量：227 千克体重采食量为体重的 2.7%；544 千克体重采食量为体重的 2.5%。

能量：以 TDN 表示为 67.5%～68.5%。

粗蛋白质：1.35%～14%（干物质基础）。

钙：0.55%（干物质基础）。

磷：0.40%（干物质基础）。

钙磷比例：（2～7）∶1。

确保所有的微量元素和维生素 A、维生素 D、维生素 E 足够水平。

使用优质苜蓿牧草混合干草或谷物青贮和粗粉状的大麦或燕麦来饲喂公牛，可能需要蛋白质补充料，0.9～1.4 千克的豌豆或黑小豆可用来补充蛋白质。饲喂瘤胃素能够改善饲喂效率和减少潜在的瘤胃臌气，谷物或补充料每天分 2 次饲喂也是减少瘤胃臌气的一种方法。高于生长日粮的营养水平能够促进公牛的骨骼和肌肉发育。

配种季后足够的营养对于生长公牛的继续生长、发育和终生繁殖力也同样重要。配种季后，公牛每天的增重应该在 1 千克左右。对于 2 岁或以上公牛，冬季饲喂应该使其达到配种季时最佳的配种体况。如果牛场母牛 1—2 月份产犊，对较瘦的公牛按表 5－25 进行补饲可能是必要的；如果牛场母牛 4—5 月份产犊，冬季饲喂同样的公牛可能只需要接近维持水平，取决于春季草场的草能否把公牛的体况改善起来。判断冬季饲喂的营养水平，取决于进入冬季时公牛的体况。如果公牛的体况已经很好（3.0～3.5），冬季饲喂可能只是维持，不应让牛在配种季太肥。公牛在进入春天时营养水平应该相对较高，公牛需要在配种季开始时有很好的能量储备。

为生长公牛提供大量的谷物并获得较高的增重速度没有好处，不应过度饲喂而使得生长公牛达到其最大的成年体重。事实上，和那些过度饲喂或过肥的公牛相比，维持公牛在相应年龄段的目标体重和中等体况，配种问题更少。

表 5－25　生长公牛的目标体重和日增重

中等体况成年公牛体重（千克）	目标体重（千克）			期待日增重（千克）	
	200 日龄断乳①	14 月龄配种②	24 月龄③	断乳到配种	1～2 岁
798	270	500	748	1.4	0.8
898	279	528	800	1.4	0.9
998	285	560	858	1.5	1.0

（续）

中等体况成年公牛体重（千克）	目标体重（千克）			期待日增重（千克）	
	200 日龄断乳①	14 月龄配种②	24 月龄③	断乳到配种	1～2 岁
1 098	290	588	918	1.6	1.1
1 198	310	620	980	1.6	1.2

注：①估计为成年体重的 26%～34%。②估计为成年体重的 52%～62%。③估计为成年体重的 82%～94%。

2 岁公牛到达配种季时的体重已经很接近成年体重，因此其日粮不是很重要。在配种季，公牛需要每天增重 0.5 千克。一头活跃的 2 岁公牛每天需要 13～16 千克（干物质基础）的干草（取决于干草的质量）和 2～3 千克的谷物来为配种储备能量。年老的公牛每天需要足够水平的维生素 A 以满足精液生产的需要。如果年老的公牛进入冬季时体况很好，日粮中需要 2～3 千克的谷物以为配种季做好能量储备。

同时为每头公牛提供充足的料槽空间，每头公牛需要 0.6 米² 的料槽空间。在饲喂任何谷物前，确保所有公牛都聚集在饲喂区域，这样每头公牛都能吃到自己的份额，防止少数牛变得太肥。

运动在保持公牛健康方面也很重要，最简单的做法就是让公牛在有围栏的草场内运动。每头公牛需要 0.8 公顷的草场，好几头公牛就需要较大的围场，可以一起跑动，也可以把饲料和饮水放到围栏相反的两端以逼迫公牛运动。

好的公牛是一项非常重要的投资，对配种项目的成功非常关键。冬季和配种季前的正确饲喂有助于保持公牛配种季的繁殖力和生产活力。

（四）放牧时的饲喂管理

阿尔伯塔省的大部分地区放牧季都很短，但对繁殖场的盈利非常重要。阿尔伯塔的一些繁育场能够做到全年 12 个月放牧，这得益于温和的气候和冬季良好的粗饲料资源。阿尔伯塔省南部的大多数繁育场在尝试把放牧季节延长至 9～10 个月；而阿尔伯塔中部和北部由于冬季严寒和降雪覆盖草场，很难实施冬季放牧，这些地区的放牧季节一般是春季开始，5～7 个月以后结束。

尽管夏季放牧季节很短，但这个阶段母牛和犊牛的营养水平对于肉牛繁育场非常重要。饲养母牛获得成功的标准就在于其能够产一头健康的犊牛，母牛的再妊娠能力和进入冬季饲喂时的体况，都和放牧季节草场的质量有关。

1. 草场的的粗饲料供应量

牛采食多种植物，但表现出明显嗜好的只有其中的几种。没有良好的管理，牛只会采食最喜欢的植物，而忽视其他的植物，如果这种情况不能得到控制，放牧将会使得草场出现牛喜欢的植物被过度采食，而不喜欢的植物被遗弃。被放弃的植物就有了竞争性优势，相对于被采食的植物，这些植物的枝叶完整，就能更加有效地繁殖和扩散开来。经过一个放牧季，草场就从一个生产率高和被牛喜欢的草场变成一个生产率低下和不被牛喜欢的植物所主宰的草场。

低温草（最适宜在 29℃ 以下生长和繁殖的草种）和阔叶植物以及一些灌木是阿尔伯塔草场的主要品种。低温草在放牧季的生长周期比较典型。早春开始生长，那时土壤温度还比较低。一些草可能在雪底下生长（如红牛茅草），这些草生长发育快，在 6 月份达到高峰（图 5-6）。在夏季，许多低温草由于从阳光中捕捉能量的酶系统不能很好地适应夏季高温而生长缓慢，有一个短暂的休眠期。随着植物繁殖周期的完成，种子成熟，开始在根部为冬季储备能量，地面上的产量降低。

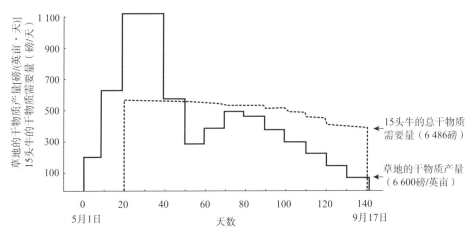

图 5-6　粗饲料供应量和牛的需要量*

植物生长、发育、成熟和死亡形成了植物一年的生命周期。晚秋和冬季可供使用的粗饲料数量最少。植物在春季开始生长，然后到夏季粗饲料的供应量在增加，到了夏末和秋季，随着植物的死亡粗饲料的供应量在减少。

牛对粗饲料的需求虽然经历同样的周期，但和粗饲料的供应量并不匹配。在春季和夏初，牛的需要量可能不及草场的供应量，大多数草场管理者都认识到多余的草需要储备下来以供后期使用。

通常，母牛和犊牛在春季粗饲料达到最大产量前进入草场，这和母牛对粗

---

* 英亩在我国不是法定计量单位，1 英亩约合 4 047 米²。

饲料的最大需要量刚好同步。整个生长季母牛对饲料的需求相对比较稳定，但随着植物产量的下降，牛的需要量可能超过粗饲料的供应量，形成缺口。如果草场管理者比较细心，草场就不会过载，春季生长阶段储备的多余的粗饲料可以用来弥补这个缺口。

2. 草场的粗饲料质量

粗饲料质量对于现代肉牛繁育场的草场经理来说是一个主要问题。一个世纪以前，阿尔伯塔省的大多数草场都是天然牧场，没有围栏以及野生的草，现在还有少量这样的传统草场。如今的草场投资更大，更加现代化。

一些草场生长品种都是单一作物，即一个品种的草占主导地位，这些草场包括一年生粮食作物，如小麦、黑麦、冬黑小麦和多年生黑麦草，以及甘蓝。多年生黑麦草和它的近亲意大利黑麦草和韦斯特伍德黑麦草，在阿尔伯塔省都活不过1~2个生长季，因此也被认为是一年生植物。阿尔伯塔省南部一些可以灌溉的田地，也播种多年生的单一作物，最受欢迎的是草地雀麦草。但是，大多数多年生草场是牧草和阔叶植物混合生长。阿尔伯塔省的气候和土壤条件对天然草场牧草品种的存活和繁殖施加了一些限制。驯化播种的草场通常由豆科作物（如苜蓿）和不同的草种混合种植。

随着生长季的延长，粗饲料的质量和消化率下降。植株不同部位质量下降的速度不同；茎秆部分较叶子的质量下降得快，下降幅度更大。质量下降的速度也和作物的品种有关。图5-7显示的是阿尔伯塔省常见的人工种植单一作物品种和混合草场的质量下降情况。质量下降是植物自然发育的结果，是植株上支撑叶子和花蕾的茎秆中细胞壁（纤维）增加的结果。

较单一作物的草场，混合草场放牧表现出很大的倾向性，即使是单一作物的草场，也能看到采食的选择性。由于选择性采食，牛会采食一定品种的植物或不同时间特定品种植株上的不同部位，这取决于牛在草场的位置、竞争采食同一食物的同类数量、植株的发育阶段和个体牛能发现多少其喜欢的食物。牛的倾向性和食物的供应情况直接影响每日的采食量。

草场上，甚至是在牛舍里，牛的采食量与所采食的食物的消化率高度相关。如果牛有所选择，牛就会采食更容易消化的食物（哪怕这种食物的供应量很少），并降低了对消化率较差的粗饲料的采食量。由于草场上粗饲料消化率的季节性下降，牛的采食量减低，生产表现包括产乳量、增重和体况也降低。

其他粗饲料质量问题还包括导致消化或代谢紊乱的植物的多少、矿物质和维生素含量的高低（缺乏或中毒），以及是否有有毒有害的植物。

很多植物都能导致消化或代谢紊乱，如：能被快速消化的植物如苜蓿、黑麦能导致瘤胃臌气（瘤胃过多的臌气）；采食荞麦和紫云英的牛可能发生光敏问题（如晒伤和皮肤病）。采食受冰雹、干旱或冻害损伤的作物，可能导致硝酸盐中毒。

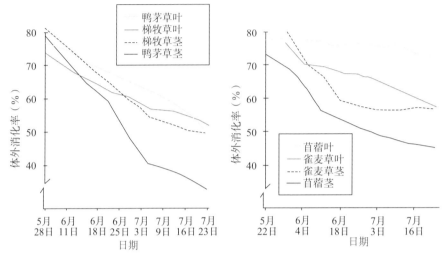

图 5-7　生长季牧草茎叶消化率的变化

牛群中矿物质和维生素的缺乏很少出现，但每年都会有几例报告。阿尔伯塔省的大多数土壤缺少重要的微量元素：钴、铜、锌或硒。维生素的缺乏，尤其是维生素 A 的缺乏，可能发生在晚秋和冬季牛放牧采食作物秸秆的时候。一种最常见的病是青草搐搦，由镁缺乏所引起，最常发生的情况是哺乳牛在早春采食嫩青草的时候。

牛群发生中毒的情况非常少见。但是，少数植物含有非常高的毒性物质。薯类绿色植株的顶端常含有毒性物质茄碱，很小剂量就有致死性，牛不应该在收获后的马铃薯田地放牧。高粱或苏丹高粱有时候被用来制作青贮；当植株受霜冻或缺少光照影响就会产生氰化物的糖苷；其他正常含有产生氰化物糖苷的植物比较少见，包括苦樱桃和箭草，很小剂量就能产生毒性。

3. 放牧草场的管理

繁育场的草场比较复杂，原因是投资容易失败且效果不会立竿见影。放牧草场的管理通常可以分为三个方面：粗饲料管理、家畜管理和放牧管理。大多数决策都是基于这三项的结合，通常一个方面的变化会引起其他两方面的变化。

例如，假设试图将每年的产犊季从 5 月份往前移到 2 月份，这个决策至少引起粗饲料管理三个方面的变化。首先，为妊娠期后三个月和哺乳初期储备的粗饲料质量和数量必须增加，因为冬季的需求增加，储备的饲料必须增加至少

2个月的用量。其次，夏季草场的质量和数量需要增加，以适应由于犊牛体重增加了20～40千克所带来的采食需要。再次，需要改善晚秋季节的草场以维持或提高母牛体况，为下一年的生产做准备。

4. 粗饲料植物的生产

希望提高粗饲料产量和质量的养殖者可以从《阿尔伯塔粗饲料操作手册》及相关的出版物中获得有关粗饲料植物播种、生长和生产的信息，也可以从阿尔伯塔可持续资源发展处、联邦机构（如草原省份农场复健管理处）获得更多信息。

（1）播种和建立草场。

"种得好，收一半"，建立一个新草场最为重要的原则就是确保要播撒的种子比其他植物有竞争优势，因此这三个方面需要管理：

①消除竞争性植物（前茬作物、杂草或套种作物）或将其降低到最低水平，不能干扰发芽和出苗。

②选择的品种必须适合当地的土壤和气候条件。

③播种量足够，通过合适的土地准备和播种技术促进发芽和出苗。

牧草或豆科植物的播种深度应该在土壤表面下2.5厘米以内，种得太深就不能出苗。播种量应该接近50～70粒/米^2（以活纯种子计）或者300～450粒/米^2，播种太密就面临光和水分的竞争，且种子和土壤的接触较差。

（2）粗饲料植物的营养需要。

阿尔伯塔的土壤不能为植物提供所需的所有养分，可利用的养分也不足以使植物达到最佳的生长潜力。自然条件下，可循环养分（如水和氮）的补充率可能较低，而不可循环微量元素（如硒、铜或锌）可能根本就不存在。植物已经适应了较低的养分条件，补充养分可能不会立即出现反应。大多数养殖户都试图把盐和矿物质补充料撒到草场上，但这种使用方法受到当地环境的限制。

最大的限制性养分就是水，植物和动物都对水的短缺或充足有一定的适应力。图5-8显示了牧草对不同水量的生长反应（水对产量的影响）。竖线代表4月1日到11月30日（多年生植物生长季）阿尔伯塔省长期的最大降水量（560毫米），左边是单产对降水量低于560毫米的反应，右边是单产对降水量高于560毫米的反应。

阿尔伯塔省绿色地区4—11月的长期平均降水量为396毫米，范围为242～581毫米，该省许多地区的降水量低于或高于这个水平。阿尔伯塔省粗饲料植物的水利用率与4—11月的降水量相关。

通过简单对比牧草品种与用水量曲线，养殖户很容易确定哪个品种的草适合自己的草场或干草生产。

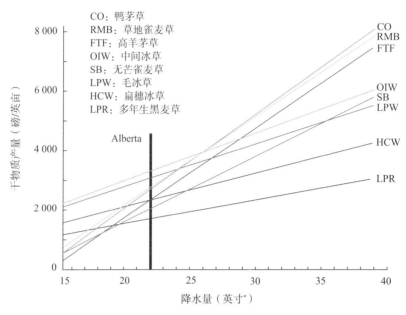

图 5-8　牧草产量对水的反应（阳光、气温和养分没有限制）

分析每一块地的养分，并确定是否存在酸、盐等因素的限制。当植物密度和水分不是限制因素时，合适的土壤肥力能大大提升草场的产量。对每个品种使用推荐的肥力标准，笼统的推荐值很少能取得成功，而且从长期看也不经济。受土壤的限制因素、植物类型（牧草、豆科或两者的混合）、植株年龄、之前的处理（粪便的喷洒）和可利用水分的影响，植物对肥力的反应有差异。

5. 杂草控制

新播种的草场出现杂草比较正常。播种前的翻耕等准备工作使得地里积累的杂草种子更容易发芽和出苗，早期控制是解决杂草的秘诀。

随着时间的延长，杂草会侵占草场，蒲公英、匍匐冰草和蓟草最为常见，存在于阿尔伯塔的每一个角落。它们的生长和繁殖策略是只有一部分能被家畜所采食。蒲公英和匍匐冰草的生长很靠近地面，而蓟草的刺使得自身适口性很差。少量的杂草比较正常，大量的杂草生长就是草场管理不佳的标志。

草场的杂草一经发现就应该尽快控制。少量的生长应该标记在地图或GPS 系统上，并每年都进行查看。如果生长面积不超过 0.5 公顷，可以定点

＊ 1 英寸＝25.4 毫米。

喷洒除草剂或人工清除；如果大量生长，则需要放牧、喷洒除草剂或重新播种等措施来进行控制。

6. 一年生作物

一年生作物可以是非常好的草场用饲料作物。一般来说，种植一年生作物用来放牧较多年生饲料作物费用高；但其可以用来制作储备饲料，减少了收获、处理、饲喂和粪便处理等环节的成本，也使得养殖户有更多的选择。

一年生作物常被用来当作多年生作物的补充，常作为遭受干旱时救急饲料或冬季放牧的储备饲料，从而延长放牧季节（春季和冬季）。最常用的一年生作物就是粮食作物，既有冬季作物，也有春季作物，它们种植成本不高、适应范围广、好管理、容易找到种子，产量也高，是一种风险较低的作物。

春季作物不太适应夏季放牧，它们的生长季节比较早，较其他作物再生长的能力差。它们也很难维持在适合放牧的青绿阶段，且倾向于高秆结籽，不适于放牧。最常用来放牧的春季作物是燕麦、大麦和黑小麦，遭受干旱或冰雹损害的作物也可用来放牧。

春季播种的冬季作物，在夏季似乎生产效率更高。它们需要经过春化阶段才能结籽，所以春季播种这些作物很够维持很好的青绿状态并有很多的叶子，这使得它们用于放牧时很容易管理。与持续放牧相比，冬季作物在集约化放牧管理系统下生产效率更高，冬季作物的蛋白质含量很容易达到20%，消化率达到75%。最常用于放牧的冬季作物为黑麦、黑小麦和冬小麦。

黑麦草是另外一种可用于放牧的一年生作物。黑麦草耐旱性差，降水少的地区不应考虑。黑麦草生长和再生长非常快，是非常理想的放牧用草。有些黑麦草品种是存活时间较短的多年生作物，有些只是一年生。在加拿大西部，因为它们没有足够的耐寒力度过严冬，都成了一年生作物。黑麦草和大多数牧草一样，种子很小，春季播种后，开始阶段长得比较慢，后期长得非常快。在集约化放牧管理系统下，黑麦草的产量非常高，由于它很少落叶，在延长放牧时间上非常有用，可以继续生长并维持很好的质量一直到秋季。

放牧用的播种量较生产粮食略高一些（25%）。植株密度增加能够改善再生长潜力。

一年生草场应该使用临时围栏（带电围栏）分成小的草场，以减少践踏带来的损失。每一个小的草场应该提供饮水，所以一年生草场的费用就比多年生草场大。

杂草控制对于一年生草场的建立非常关键，而且有些除草剂不能用于放牧。在选择种子前应咨询专业人士。

肥力管理也很重要，氮肥使用太多可能导致粗饲料中硝酸盐的累积，这种状况可能出现在干旱、霜冻或冰雹损伤后，需要分析饲料的硝酸盐含量。

7. 条列放牧法

条列放牧法被用来延长放牧季节，降低粪便处理、粗饲料收获、冬季饲喂和饲养围栏清理方面的费用。

对于条列放牧法，一年生作物在5月中旬到6月初播种，然后在8月末到9月中旬达到灌浆期，在出现霜冻前收割成列，这些草列就留在地里以供冬季放牧。

通过条列放牧，肉牛能够获得所有或部分营养需要。要想条列放牧取得成功，良好的管理必不可少，在制订条列放牧计划的时候，饲料围栏、饮水准备和牛棚等重要项目都需要细心规划。

未哺乳成母牛（妊娠4～7个月）体况在2.5～3.0都适合条列放牧。条列放牧犊牛、年轻牛、瘦牛或带犊牛的母牛时，需要注意它们需要更高的能量、蛋白和管理水平，和干乳成母牛相比，它们需要更好的饲料质量。条列放牧时，为需要更好管理的牛提供补充料和牛棚。

控制牛采食的草列是条列放牧法取得成功最具有挑战也最为重要的因素之一。便携式带电围栏可以用来限制牛的采食范围，这些围栏通过控制可以采食的草列从而改善饲料的利用率，也能减少较大范围践踏所带来的饲料浪费。

表5-26显示了两个试验场使用条列放牧的结果，表明牛能很好地采食条列饲料。在两个场地，母牛和犊牛都能在下一个春季播种前清理完所有可以采食的条列饲料。对哺乳牛应补充额外的青贮或谷物以满足它们的营养需要。

以下经验有助于养殖户取得条列放牧的成功：

①牛能在60厘米的松软雪下采食，如果雪太硬太厚，就需要把雪清除。

②交叉摆放带电围栏，就可以暴露出草列的走向，每一次移动围栏后牛都能看到草列在延续。

③在草列之间使用麦秸当垫料，可以延长草列的采食。牛使用部分饲料当垫料，可能导致多达25%的饲料浪费。

④在条列放牧前评估与野生动物之间的冲突。鹿、麋鹿、鸭和鹅都能践踏饲料并排便到上面，在放牧前将鹿和麋鹿吓走，然后再把牛放入草场。如果和野生动物的冲突不可调和，考虑其他的饲喂方法。

表 5 - 26　加拿大西部两个试验场的条列放牧试验

条列放牧时间段	放牧天数	牛数 （头/英亩）	作物单产 （磅/英亩）	放牧天数 （天）
燕麦草条列放牧，试验场一				
1994 年 11 月 3 日至 12 月 21 日	48	2.6	7 179	125
1995 年 11 月 21 日至 1996 年 1 月 8 日	48	2.25	6 750	108
1996 年 11 月 21 日至 1997 年 1 月 9 日	48	2.25	7 624	108
大麦条列放牧，试验场二				
1997 年 11 月 19 日至 1998 年 1 月 30 日	70	4.0	7 004	297
1998 年 12 月 1 日至 1999 年 2 月 17 日	79	2.1	4 508	167
1999 年 11 月 8 日至 2000 年 3 月 2 日	115	2.3	6 446	296
2000 年 11 月 15 日至 2001 年 2 月 27 日	104	2.3	7 660	197
2001 年 12 月 3 日至 2002 年 2 月 20 日	86	1.7	7 659	148
2002 年 11 月 1 日至 2003 年 2 月 20 日	111	2.7	9 678	301
2003 年 11 月 21 日至 2004 年 2 月 23 日	94	2.1	8 130	194
燕麦条列放牧，试验场二				
2002 年 11 月 1 日至 2003 年 2 月 20 日	111	2.6	7 011	288
2003 年 11 月 21 日至 2004 年 2 月 23 日	94	1.9	8 130	176

　　通过了解草列的饲草质量来估计可以利用的营养水平，并决定补充料的种类和用量，可以在 10 月初进行饲料分析。如果计划春季放牧，则应在 3 月份再做一次检测。随机在地里取 10～20 个样品，这些样品就能代表整个草场的饲草质量。任何认证的实验室都可以分析饲料样品，分析项目应该包括纤维、能量、蛋白质、钙、磷、钾、钠、镁和硝酸盐含量，这些结果可以用来平衡放牧的饲草和补充料。

　　春季放牧可以清理冬季采食不到的饲草，或预留特定数量的草场供春季放牧。母牛在产犊后采用条列放牧而不是多年生草场，可以使多年生草场的使用年限延长。如果春季哺乳母牛采用条列放牧，就应该补充能量水平。

　　条列放牧使得养殖户的选择更加多样。实践表明，该方法可以降低与饲料使用、人力和粪便处理有关的费用。养殖户需要仔细评估田地情况、动物体况、作物选择、饮水、牛棚、围栏、剩料和粪便管理等情况。条列放牧的可行性很大程度取决于当地的地理状况、降雪厚度和野生动物的情况，养殖户还需要评估自己牛场牧草的经济可行性。

8. 豆科草场的放牧

苜蓿是少数能够与肥育场饲养水平相当的草场饲料作物之一。据估计，阿尔伯塔省养殖户在苜蓿草场放牧的年产值为 3.32 亿加元，与苜蓿和牧草混合草场相比，纯苜蓿草场放牧能够使养殖场的净收入翻倍。如果可以灌溉，苜蓿草场放牧的牛肉产量将会非常高，据称每英亩苜蓿草场的牛肉产量可以达到 622 千克。尽管苜蓿草场的牛肉产量潜力巨大，但其导致的瘤胃臌气问题限制了这种做法的大范围推广。目前很多方法都被用来防止苜蓿草场放牧所导致的瘤胃臌气问题，这些措施包括新培育的苜蓿品种和使用预防瘤胃臌气的药物或添加剂。

粗饲料可以分为瘤胃臌气高风险型、瘤胃臌气低风险型或瘤胃臌气安全型（表 5 - 27）。瘤胃臌气高风险型作物与其容易被瘤胃微生物消化有关，这类作物能快速消化；而臌气安全型作物的消化比较缓慢。苜蓿是最常用作放牧的豆科作物，但引起瘤胃臌气的风险很高。

表 5 - 27　草场粗饲料类型引起瘤胃臌气的风险分类

瘤胃臌气高风险型	瘤胃臌气低风险型	瘤胃臌气安全型
苜蓿	剑叶三叶草	红豆草
甜三叶草	春小麦	鸟足拟三叶草
红三叶草	燕麦	西塞紫云英
白三叶草	油菜	小冠花
瑞士三叶草	多年生黑麦草	胡枝子
冬小麦	埃及三叶草	冬黑麦
	波斯三叶草	大多数多年生禾本科牧草
	AC 草场苜蓿	

9. 苜蓿草场放牧影响瘤胃臌气的因素

（1）植物方面的因素。

苜蓿在瘤胃消化的初始速率是大多数牧草的 5～10 倍。瘤胃微生物在苜蓿上的快速定植和消化使草的颗粒变小，食糜通过瘤胃的速度加快，使得动物能够采食更大数量的粗饲料。快速消化和颗粒变小也是牛在苜蓿草场上生产效率提高的原因所在，也是引发瘤胃臌气的部分原因。

尽管具体的原因尚不清楚，但有足够的证据表明苜蓿中可溶性蛋白对瘤胃臌气的发生起到关键作用。苜蓿在开花初期前的青绿阶段，引起瘤胃臌气的风险最高。随着苜蓿进入全部开花到开花后阶段，可溶性蛋白水平下降，细胞壁增厚，木质素含量增加，苜蓿在瘤胃的消化率下降，瘤胃臌气的风险随之降低。于是，很多有经验的养殖户不在苜蓿全部开花前放牧。在一天中，早晨植株上的可溶性蛋白质可能较高，因此很多研究者建议早晨等苜蓿植株上的露水干了，再把牛赶到草场放牧。另外，预防瘤胃臌气的方法还有人为使苜蓿枯萎，降低其可溶性蛋白的含量。

有人认为霜冻或冰冻能够破坏细胞壁，使得植株里的可溶性蛋白丢失，可能也有同样的效果，因此认为霜冻后的苜蓿不会引起瘤胃臌气。然而，许多奶牛场都发现苜蓿干草也能引起瘤胃臌气，因此长时间冷冻的苜蓿可以降低瘤胃臌气的风险，但不是绝对安全。

（2）动物方面的因素。

正确的管理对于瘤胃臌气的预防同等重要。大多数有经验的养殖户都认为必须学习在苜蓿草场上放牧的方法。如果牛没有在苜蓿草场上放牧过，就会采食草场里出现的其他粗饲料（如牧草或蒲公英等）。当草场里还有其他种类的粗饲料存在时，就很少发生瘤胃臌气，但是随着其他种类粗饲料的消失，瘤胃臌气的风险增高，这种情况解释了为什么在新的苜蓿草场放牧 3 天后瘤胃臌气开始暴发。

均匀持续的采食量是管理牛在苜蓿草场放牧的关键。当牛很饿时，绝不能直接把牛赶到苜蓿草场放牧，把牛放到新的苜蓿草场前，提供优质苜蓿和牧草混合料能够让牛的瘤胃填满，可以防止过度采食新鲜苜蓿。增加牛的密度能够增加其对苜蓿草的竞争，减少了动物选择性采食植株顶端部分的可能性。

一旦开始进行苜蓿草场放牧，就应该尽量维持这一做法。在纯豆科作物草场放牧能够改善动物的表现（日增重增加 80% 以上）。第 1 次在苜蓿草场放牧时，动物经常出现温和的瘤胃臌气，发生这种情况时可以让牛保持走动，直至瘤胃中的气消失。如果是采用轮牧管理，应确保牛在转移到新的草场时这个新草场里草的高度应还有 7.5～10 厘米。

在苜蓿草场上放牛，必须了解导致苜蓿采食量波动的因素。暴雨、极度炎热或昆虫叮咬，都能打乱苜蓿草场的正常放牧计划，改变动物的采食模式，导致瘤胃臌气的风险增加。在高风险时期，需要经常观察瘤胃臌气的情况。牛一般被允许在苜蓿草场短时间放牧 3～4 次，主要的放牧安排是在日出后不久和黄昏前。瘤胃臌气常常发生在放牧的 1 小时以后，因此了解牛的放牧模式就能让养殖户调整管理方法，在高风险时段能观察动物的情况。

按照以下做法可以减少瘤胃臌气的风险并改善草场的生产效率：

①使用不会导致瘤胃膨气的豆科作物，如西塞紫云英、红豆草和鸟足拟三叶草（这些草在单产、再生长能力、持久性方面都不能和苜蓿草相比）。

②把苜蓿和牧草混合草场的放牧当作纯苜蓿草场来管理。

③使用低风险品种 AC 草地苜蓿来放牧。使用该品种的结果是初始消化率降低，有助于防止瘤胃膨气的发生。当豆科作物和牧草一起种植时，它们的存在能改善动物的生产表现多达 15%。

④植物开始开花后再开始在苜蓿或三叶草草场上放牧。

⑤使用专门的产品或补充料来防止瘤胃膨气，包括离子载体、膨气卫士等。

⑥最初开始苜蓿草场放牧时，等到草场的露水都干了以后再把牛赶入（如中午）。轮牧管理系统下，下午再把牛转移到新的草场。

⑦在瘤胃膨气风险大的豆科作物草场放牧前，提供干饲料饲喂（长纤维）。

⑧维持均匀持续的粗饲料采食量。一旦开始放牧，就把牛留在草场上（包括晚上）。

⑨把牛放到苜蓿草场后，1 年至少检查 2 次。有些牛会出现慢性膨气，观察这些牛，必要时把牛赶离草场。

（五）放牧系统

放牧系统就是植物、土壤和牲畜之间相互作用的有机整体。如果你在放牧牛，那么你已经在使用一种放牧系统了。传统的放牧系统，使用多年生的天然或驯化草品种，让牛自己选择采食的地点、时间、种类，虽然生产效率低下，但管理成本也很低。很多传统的做法都有适应能力并有可持续性，尽管一个世纪以来经济和环境都发生了改变，但有些系统仍然能取得成功。正常季节性生产周期与产量水平见图 5-9。

单一作物的草场需要特殊化管理，以维持整个放牧季的粗饲料质量和动物的采食量。对于混合作物的草场，养殖户需要知道动物采食作物的种类和品质以及是否需要做出改变和观察。

放牧管理是对草场的使用和护理，以保持动物能够获得持续的高产量，并没有损害到作物植株、土壤、水资源和其他土地的重要属性。为了做到这些，首先要维持植株充足的叶片面积以接收赖以生存的光照；然后控制放牧以维持植株的生长活力，并加强水和其他养分的循环供给。

牧场和草场良好管理的目标：

• 保持草场都被理想的和健康的粗饲料植株所覆盖；

• 维持牧场的饲料储备；

• 增加家畜的生产能力和保护野生动物的栖息地；

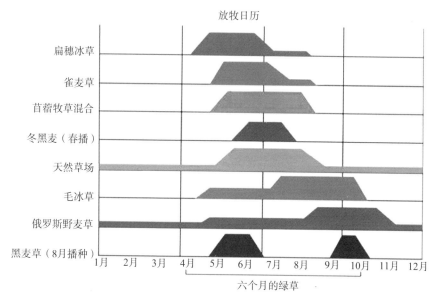

图 5-9　放牧季节草场产量的典型模式

- 改善土地的保墒能力，防止降雨的快速流失；
- 防止土壤退化。

1. 放牧管理的原则

（1）适应牛的生产需要。

放牧牛的生产阶段应该和可利用粗饲料的种类和营养水平完美契合。比如，干枯的粗饲料就不能满足妊娠后期母牛较高的营养需要。

牛的生产阶段应与当地的地理环境相匹配。母牛与犊牛通常不能和干乳母牛或育成牛一样完全利用陡坡草场。

牛的类型要适合养殖环境。在平坦开阔的草场长大的牛，如果转移到灌木丛或沼泽的草场就不能很好地适应。

考虑动物以前的放牧经验。牛如果不熟悉草场的粗饲料作物，则生产表现没有它在熟悉的粗饲料草场好。

（2）控制牛的数量。

这可能是任何放牧系统最为重要的决定。草场的牛数量太多，不仅导致生产表现下降，还导致土壤和植被的破坏。大多数放牧系统都包括生长季节的策略性禁牧时间，从长远看，较整个放牧季节的连续放牧能够饲养更多的牛。

（3）放牧动物的均匀分布。

如果放牧时不加以人为控制，牛就会在小范围内不停地采食。为了达到均匀放牧，可利用饮水位置，盐和矿物质的投放，围栏、牛按摩刷、牛棚的位置以及看护牛采食未放牧的区域来进行调整。

饮水源的设置就是为了保持放牧动物均匀分布，很多没有牛采食的地方就是因为没有饮水。提供较近的饮水源，还能改善牛粪尿的均匀分布，有利于养分循环和草场的肥力。在平地草场上牛饮水的距离不应超过 3 千米，陡坡地不应超过 0.8 千米。设置防护栏以防止牛靠近水源地（如泉水、池塘、水坑等）。

盐和矿物质的投放点也被用来改善放牧动物的分布。通常动物会寻找盐，为了改善放牧的均匀分布，一般盐和矿物质的投放点应该远离饮水，投放在没有牛采食的地方。如果定期改变盐的投放点，牛通常会跟着盐移动。

轮牧系统下围栏被用来改善放牧的分布：一是限制牛采食的范围；二是把牛赶到通常不采食的区域。使用 8 个或更多草场的短期放牧就能使放牧更加均匀。短期放牧还能为草场提供休息时间，维持较高的产量和良好的草场状态。休息时间对于延后轮牧系统下的天然草场特别关键。表 5 - 28 显示了增加草场数量对草场休息比例的影响。

表 5 - 28　延后轮牧系统示例

草场	第 1 年			第 2 年		
	春	夏	秋	春	夏	秋
1 号	放牧	不放牧	放牧	延后	放牧	放牧
2 号	放牧	不放牧	放牧	放牧	不放牧	放牧
3 号	延后	放牧	放牧	放牧	不放牧	放牧

（4）留茬。

留茬数量是放牧结束时粗饲料剩下的数量。绿色植株生产自己所需的营养，当植株被中度采食时，一部分营养被用来进一步再生长，另一部分被储存在根系。当所有叶片被啃食后，营养的生产工作停止，植株依靠根系来维持再生长，如果储备的营养耗尽，作物就会死亡。足够的留茬量可以保证有足够的根系储备来维持下一年的产量。

在天然草场，45% 的当前生长的植株和 20% 的结籽茎秆应该没有被采食。因为每年的产量都有变化，每年都有 45% 的剩余量不太现实，这个范围可能为平均粗饲料产量的 35%～250%，45% 的剩余量是一个平均值，恰当的载畜率会使草场在很多年内都能保持正常的产量。

人工草场的留茬没有天然草场那么重要，但 70%～75% 的利用率被认为比较正常。当牛被转移到新的草场后，可以通过平均草茬的高度来估计利用率。留茬高度因草场种类而有差异，但有一个总的原则是在平均草茬高度为7.5～10厘米时就把牛转移走，持续的过度采食将会导致植株的养分耗尽，降低植株的生长活力。

（5）放牧时动物采食的倾向性。

牛会选择采食最喜欢的植物品种和植株部分。放牧系统影响牛采食倾向性的程度，当牛能够最大限度地采食最喜欢的粗饲料，个体生产表现就会最好。当牛被迫采食不喜欢的粗饲料，个体的生产表现就会下降。

（6）放牧时间。

避免在植株生长的关键阶段频繁放牧，特别是天然草场。植株生长最为关键的阶段是新植株生长的起始阶段，包括春季或秋季的新植株生长，或季中放牧后的新植株再生长。植株新的生长需要植株本身提供能量，植株也需要这样一个机会来补充所要使用的能量，叶片是植株能量生成的主要场所，如果采食过后剩余的叶片很少，植株就不能再生长和补充自己的能量储备。植株也需要足够的组织来增加抓地力。避免在一年的同一时间在同一块草场放牧，如果重复这样做，草场的产量就会降低。使用延后轮牧系统，可以允许天然草场在关键的生长阶段休息，能够改善草场的生产效率。

（7）放牧的频次。

避免一个生长季频繁地在同一个草场放牧。如果在一个生长季内一个草场的植株有机会再生长和补充能量储备，可以放牧好几次。

如果放牧次数太少，死去的植株就会淹没新生植株，导致植物的后续生长受到限制，导致粗饲料的营养水平下降。

牛不应该简单地按日历从一个草场转移到下一个草场，而是根据草场的生长速度和粗饲料的特定高度来决定。春季，粗饲料生长很快，草场的轮转加快（每4天或更少），留茬可以高一些（15～20厘米），但要足以避免粗饲料的抽穗和生理成熟。进入夏季，草的生长速度减慢，轮牧频次降低，草的留茬高度为10厘米，因此增加了放牧间隔的休息时间。轮牧放慢时使用快速生长时期的饲料储备来弥补植物生长较慢时期的缺口，最终的留茬长度为5～7.5厘米，以利于下一个春天的快速生长。

（8）决定载畜率。

粗饲料的产量取决于土壤和天气状况以及草场的状态，因此计算农场每一个草场的载畜率就很有必要。

载畜率表示为每年每英亩草场每个月可以饲养的牛头数。动物单位（AU）即每天平均12千克的粗饲料干物质采食量，相当于1头体重为454千克的成母牛（带犊或不带犊），其换算关系见表5-29。表5-30提供了阿尔伯塔省人工播种草场的载畜率（假设投入为平均水平，持续放牧）。如果使用化肥和轮牧系统，则应按照高一级的降水量模式计量。

表 5-29　动物单位换算

动物单位换算	动物单位（AU）
成母牛（带犊或不带犊）	1.0
成年公牛	1.3
育成去势牛或后备牛	0.67
断乳犊牛	0.5

表 5-30　人工播种草场不同状况下的载畜率

年降水量（毫米）	载畜率（动物单位/英亩）			
	草场状况优	草场状况良好	草场状况一般	草场状况差
250~350	0.75	0.50	0.40	0.25
350~450	1.25	0.80	0.60	0.40
450~550	2.00	1.40	1.10	0.70
550~650	3.30	2.20	1.60	1.10
灌溉草场	7.50	5.00	3.75	2.50

　　以下对草场状况的划分只适合降水量 250~550 毫米的地区，不适合灌溉草场。

　　①优：

- 该地区最高产量的 75%~100%；
- 95% 的产量来自适应良好的牧草品种和豆科作物；
- 10%~50% 的产量来自一种适应良好的豆科作物；
- 小于 5% 的产量来自杂草或不想要的草品种；
- 施肥项目为平均水平或高于平均水平。

　　②良：

- 该地区最高产量的 60%~75%；
- 90% 的产量来自适应良好的牧草品种；
- 小于 5% 的产量来自豆科作物；
- 小于 10% 的产量来自杂草或不想要的草品种；
- 施肥项目为平均水平。

③一般:

- 该地区最高产量的 50%～60%;
- 60% 的产量来自适应良好的牧草品种;
- 小于 20% 的产量来自杂草或不想要的草品种;
- 施肥项目低于平均水平。

④差:

- 该地区最高产量的 33%～50%;
- 小于 50% 的产量来自适应良好的牧草品种;
- 应该翻地并重新播种适应性好的牧草和豆科作物。

以下为载畜率的计算演示。

【示例 1】计算所需要的草场面积。

假设:450～550 毫米的年降水量,草场状况为优,2.0 动物单位/英亩的载畜率,80 对母子(80 动物单位),一年放牧时间 165 天(5.5 个月)。

所需草场面积(英亩)=(动物单位数×放牧月份数)/载畜率

=(80×5.5)/2.0

=220

注意:如果管理好以及使用轮牧系统,所需要的草场面积可以下降到 135 英亩。

【示例 2】计算草场的容量。

假设:450～550 毫米的年降水量,200 英亩牧草和豆科混合草场(状况优,载畜率 2.0 动物单位/英亩),一年放牧时间 120 天(4 个月)。

草场容量(动物单位)=(面积×载畜率)/放牧月数

=200×2.0/4

=100

注意:100 动物单位相当于 100 对母子或 133 头育成牛。

20 多年前,阿尔伯塔的大多数肉牛是传统的英系品种,它们的体重为 340～430 千克,断乳犊牛的体重为 138 千克左右。后来与欧洲大陆品种的杂交,使得母牛体型增大到 544～590 千克,母牛体重范围增大为 454～680 千克,这些体型大的牛需要更多的维持能量和拥有更大的泌乳产量。遗传变化不但增加了母牛的体型,也使得犊牛体重增大。犊牛体型以及产犊时间的提前,表明现代繁育场需要更多的营养。总的来说,较大体型的母牛和较重的犊牛需要更多的草料,需要进行相应的调整以满足家畜对粗饲料的需要量。

表 5-31 列举了体重 454 千克、泌乳量中等、犊牛大小平均的母牛能量需要,并与大型母牛及其犊牛进行比较。这个比较有点极端,但可以显示遗传对

饲料需求的影响。一头体重 567 千克的母牛需要的能量较 454 千克母牛增加 34％。如果母牛体重 680 千克，产量很大，犊牛断乳体重达到 227 千克，它的能量需求较 454 千克的母牛增加 64％。粗饲料需要量根据体重大小成比例增加，尤其是考虑到大型母牛产乳量大，犊牛的体重也大。

表 5－31　牛体型大小、泌乳量和犊牛大小对能量需要的影响

牛的生产阶段	兆卡/天	能量/粗饲料需要量（％）	动物单位（AU）
454 千克母牛，产乳量 4.5 千克/天，平均大小犊牛	25	100	1.00
567 千克母牛，产乳量 8.6 千克/天，平均大小犊牛	34	134	1.34
680 千克母牛，产乳量 11 千克/天，犊牛较大	41	164	1.64

如果养殖户还和原来一样饲养同样多的大型牛，却不相应地减少放牧时间，家畜对粗饲料的需要量超过了土地的供应能力，就会造成过度放牧。这时应根据动物的体型大小进行调整，体重每增加 45 千克，草场增加 0.1 动物单位，比如一头体重 567 千克的母牛所需要的草场容量相当于 1.25 动物单位。

图 5－10 显示了根据哺乳牛体重来调整载畜率。100 动物单位的草场 1 个月的放牧牛头数分别为 100、80 和 67 头。随着牛的体重增大，一块草场一个月能承载 100 动物单位的草场所能放牧的牛头数就减少，这个调整也适用于其他生产阶段的家畜。

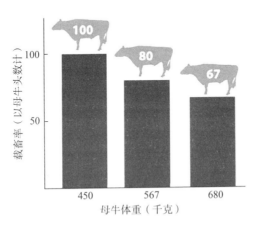

图 5－10　载畜率根据母牛大小的调整

2. 放牧中可能遇到的有毒植物

阿尔伯塔省的不同地区有多种有毒植物，养殖人员应学会如何辨识它

们。只有少数几种可以导致死亡，如箭草、水毒芹、高翠雀花和有毒棋盘花。

过度放牧可能导致牛采食正常情况下不会采食的植物，如低洼地中的水毒芹。春天过早开始放牧，真正的牧草还没有生长，动物可能会采食生长比较早的有毒棋盘花。养殖户应该注意不要把饥饿的牛转移到的新的草场，因为动物将会采食最早碰到的适口性好的植物，不幸的是它们可能是有毒。干旱年尤其要注意，牛可能会采食任何它们能找到的食物，这也是为什么适口性不好的植物的采食量还比较大的缘故。

（1）箭草。

箭草是多年生草本植物，它们一般高 15～76 厘米。通常生长于潮湿土壤、湿地或泥沼，那里的土壤为碱性或水比较咸，一般很少长草。这些植物分布于加拿大西部，但数量不多。

箭草在春天较牧草生长早，割草后较牧草生长快。由于它们在该时期具有生长优势，在这些时间放牧最为危险。箭草含盐量高，家畜一年四季都很容易采食。当植株受霜冻或干旱损害以及收割后再生长时，有毒物氢氰酸的含量增加，一旦摄入，氢氰酸降解为氰化物，抑制氧的代谢。

牛中毒症状包括流口水、兴奋、呼吸加快、步态蹒跚、肌肉痉挛和抽搐，常由于窒息而死亡。箭草干草的毒性随着时间慢慢消失。

（2）水毒芹（图 5 - 11）。

水毒芹被认为是北美毒性最大的植物。水毒芹属于伞形科植物，能够长高到 2 米，茎秆光滑、多枝；根部肿大，有紫色条纹或斑点；除根茎结合部的间隔外，茎空心；叶子边缘呈锯齿状，叶面有纹理。水毒芹年复一年长在同一个地方，常常可见一株单独的植株，多见于潮湿的地方（如泥沼或溪边）。水毒芹常常和水防风混淆，后者作为饲料价值中等，更加常见。

水毒芹的块根储备了很多的营养，也是区分该植物最有用的特征。根系含有一种气味强烈的油，遇见空气几分钟内由黄色变成红色。块茎样的根和大丽花很相似。一株水毒芹块茎含有的毒性就可以杀死一头牛。

水毒芹根部有毒物质（毒芹素）的浓度最高，叶子的毒性较低。干旱季节，牛最有可能食用水毒芹。中毒可能出现在采食后的 15 分钟以内，症状包括流口水、剧烈抽搐、肌肉震颤、痛苦的腹部痉挛和腹泻（如果能活过急性阶段），窒息引起死亡。牛常常发现死在源头处（低洼地或水坑），死亡很快。

水毒芹地面以上的部分随着生长季的延续毒性降低，干燥后毒性基本消失。水毒芹的干草不会引起中毒，但干草中可能混有水毒芹的根，其根部即使干燥后仍有毒性，绝不应该饲喂。

养殖户在处理水毒芹的根部时应该非常小心，根部流出的油接触到开放的伤口，2滴就可以毒死一个人。

图 5-11　水毒芹

（3）高翠雀花。

高翠雀花属于毛莨科，是一种多年生植物，高 1～2 米，叶片有很深的裂缝（图 5-12），常见于山脚下或阿尔伯塔省南部高海拔的地方。

这些植物在生长的初期毒性最大，是初春放牧最大的威胁。随着植株的成熟，毒性减弱，结荚后期相对比较安全；但是夏末的暴雨可能使其代谢增强，提高毒性碱的浓度。干燥成熟的植株毒性很小，尽管其种子有毒，但很少被采食。

中毒症状包括神经症状，虚弱，肌肉颤抖和抽搐，动物反复跌倒。通常，几小时内要么死亡要么好转，中毒后没有可靠的治疗方法。

预防的唯一方法就是在放牧季的早期砍掉它，喷洒杀虫剂很难控制它，因此养殖户常常到草场去砍掉高翠雀花。绵羊对其毒性的抵抗力较牛高 4～6 倍，因此可以在放牧季的早期放牧绵羊。

（4）有毒棋盘花。

该植物属于百合花科，常见于加拿大西部，有许多黄油色的花，根部像洋葱一样（图 5-13），分散生长在低洼地。

该植物所有部分都有毒，特别是球茎，所含毒素浓度最高。每年很早就能达到放牧的高度，初春最为危险。干草仍有毒性。

动物采食后中毒发展很快，造成肺部严重淤血和出血，常因心脏骤停死亡，牛可能在死亡前几小时处于昏迷。

为了避免中毒，应等到草场更多的草长高以后再开始放牧。有毒棋盘花是春季最早变绿的植物之一，在生长早期，有毒棋盘花可以通过喷洒杀虫剂来控制，最为重要的措施是保持家畜远离这种植物。

图 5 - 12　高翠雀花　　　　　　　　图 5 - 13　有毒棋盘花

3. 草场的饮水质量

过去，养殖户常常把家畜赶到草场去，允许它们到处走动，从泥沼、溪水、河流或湖中饮水。如果没有这些水源，就挖一个水坑。

现在，许多家畜养殖户想为牛提供一个安全、可靠、优质的水源，更好地利用草场资源以增加产出。

允许家畜接近水源可能导致很多环境污染、家畜健康和草场利用的问题。

环境问题：

- 水源污染；
- 鱼排卵地淤积；
- 湿地栖息地和植被的破坏；
- 水池和溪流储水能力的损失；
- 水源和下游水体的养分蓄积；
- 杂草和藻类的快速生长；
- 水质的恶化。

家畜健康问题：

- 增加传染病的传播机会；
- 蓝绿藻的毒性对牛造成损害；
- 腐蹄病；
- 四肢受伤；
- 应激；

- 溺水或陷入泥沼；
- 增重减慢。

草场利用问题：

- 水源附近牛粪的堆积导致养分转移不好；
- 水源地附近的过度放牧。

（1）草场饮水试验。

水的质量和牛饮水难易程度，都能影响牛的行为和草场的产量。在草场试验中，牛的生理状况、草场的草的质量、水源和水的质量都是变量，非常难以辨别具体因素的具体影响。

一些草场的研究显示水泵提供饮水较直接从水池饮水能够显著提高肉牛的产量，另外的研究显示提供饮水的方式对家畜产量的影响很小或者没有。许多研究都发现与直接从水池饮水相比，牛倾向于饮用水泵提供的优质饮用水，但也有一些研究显示如果提供给牛干净井水和浑浊的水池自由选择，牛可能有一天饮用干净的井水，另外一天又饮用另外一种。从草场供水系统的综合效果看还是不要让牛靠近水源效果最好。

（2）草场供水系统的好处。

计划和建设良好的供水系统所带来的好处有：

①更长的水源寿命。

②改善牛群健康。

③提高家畜产量（某些情况下）。

④更好地利用草场。

⑤保护天然水源，使家畜养殖业更加环保。

如果允许家畜直接接触水源，则会导致一个平均大小的水池由于储水量损失和额外的维护费用，每年增加 200～500 加元的成本支出。

（3）草场供水系统的选择。

目前，很多种饮水系统都可用于任何草场，所需要的动力来源包括太阳能、风力发电、燃油发电、溪流发电。选择合适动力来源对养殖场来说有一定挑战性。养殖户可以设立一个优先选择的列表，尽量使用所处位置的天然优势和设备。考虑的因素有：

①可利用水源的位置和类型。

②位置和条件（如偏僻位置、地形和水文特征）。

③放牧系统的类型（集约化或粗放型）。

④家畜数量。

⑤水源的利用。

⑥水泵（提升量、自动或手动）。

⑦灵活性和便携性。

⑧可靠性和维护成本。

⑨临时或季节性储水。

⑩成本效益比和每头牛的成本。

⑪个人喜好。

存储的水样需要进行品质检测（包括化学分析和细菌分析），化学分析的项目包括 pH、总盐分（总可溶固体物）和矿物质。水样可以在私人的实验室进行检测，总可溶固体物（TDS）是重要的检测项目。对于牛的饮用水而言，TDS 水平应低于 3 500 毫克/千克。如果含盐量接近 1.25%，就说明该水源有毒性。

为了维持水池的水质，至少应该有 2 年的存储量。通过使用风车进行换气，可以防止藻类的生长。避免家畜直接接触水源，可以防止污染物的堆积。水坑可以用围栏围起来，然后使用风能或太阳能水泵把水引到水槽。

动物可以自己操作的草场水泵叫作鼻子泵，牛用鼻子推动就可以把水打上来，一个鼻子泵就可以给 30 对母子供应饮水。但是，需要体重至少 300 磅的牛才可以操作它，且牛需要几天的时间才能掌握怎么使用它。

市场上有五六种鼻子泵可以选择，包括冬天不会冻结仍可以使用的鼻子泵，有些泵的使用比较轻巧，鼻子泵每推动一次就可以供应大概 1 升的水，水泵最高可以提升 6 米的垂直高度。一旦水泵的位置确定，就推荐使用浅埋的水管。通过浅埋的水管，牛饮水位置距离水源的距离可以减少 400 米或更多，可最大限度地减少水的提升高度，让牛更容易操作鼻子泵。

使用浅埋的水管可以增加草场的饮水点，这些水管在冬天的时候需要清理积水以防止冻裂。

水是生命的重要成分，动物离开水只能存活 7 天。检查水的质量并确保病原体不会通过水来传播，是非常值得的。

（4）蓝绿藻中毒。

水中藻类蓄积可能引起中毒，且藻类的毒性变化很快。有毒藻类的形成取决于几个因素：稳定温和的风、暖和的气温、水中含有大量的养分（如肥育场的磷或化肥），以及水缺乏流动。

藻类产生的有毒物质有好多种，毒性取决于牛摄入的毒素量。死亡常发生于摄入后 1~48 小时，急性中毒的症状包括震颤、步态蹒跚、抽搐、腹痛、腹泻、呼吸困难和死亡。慢性中毒导致肝损伤、黄疸和光敏反应（光照引起浅色皮肤的脱落），治疗通常无效。

在水池中添加硫酸铜（每 400 吨水添加 0.25~0.5 千克硫酸铜）可以杀死藻类。泥沼等大型水体中如果有藻类生长，没有什么办法可以控制。

尽管这类中毒发生的时间很短，但可能发生一次就造成很大的损失。检测水样可能无效，因为有毒物质会很快消失，水样的检测结果可能为阴性。防止牛接近泥沼可能是最有效的预防办法，防止粪便和其他养分进入水体也能降低藻类繁殖的风险。其他措施包括收集肥育场污水和维护水体周围的绿化防护带。

本 章 小 结

优秀的营养与饲喂管理是要一年四季为不同生长阶段的母牛、犊牛和公牛提供足够的营养，并且成本合理。一年中任何时间的营养不足都能导致牛群的繁殖表现降低，要么立即显现，要么一段时间以后。

足够的营养，意味着为动物提供一定水平的营养以满足维持、生长、生产和繁殖需要，避免营养缺乏和营养过剩。这些营养包括能量、蛋白质、矿物质、维生素和水。

能量通常是日粮中最为昂贵也是第一限制性营养物，动物的维持、生长、生产、繁殖和产乳都需要能量。表示饲料能值的常用方法是净能系统，包括维持净能（NEm）、增重净能（NEg）和泌乳净能（NEl）。

蛋白质在动物的代谢中有多种重要作用，动物采食的大量蛋白质被瘤胃微生物消化而生成了氨基酸，这些微生物蛋白又被动物消化并用于维持和生产。

最为重要的常量元素为钙、磷、钠、钾和镁。阿尔伯塔生产的饲料最常出现缺乏的微量元素包括铜、锌、碘和硒。所有日粮中都应添加维生素 A。任何时候都应提供自由饮用的水。

水是肉牛重要的营养物。饮水量取决于动物的年龄、增重、泌乳与否、活动量、日粮类型、采食量和气温。养殖户需要细心观察是否满足了动物的饮水。雪可以作为怀孕牛的水源，但哺乳牛和犊牛需要液态水作为水源，如果雪的状况不好或缺乏降雪，就需要为牛提供其他供水方法。

确保日粮中提供了正确数量和比例的能量、蛋白质、矿物质和维生素。如果可能，在日粮中添加矿物质补充料和盐，而不是提供自由舔食的矿物质。过多的营养物可能造成不必要的成本浪费，降低其他营养物的利用率，以及粪便流失造成的土壤和水体污染以及其他环境问题。

牛的营养需要还取决于饲料是否满足了维持、维持＋生产或维持＋繁殖。首先，营养将被用于动物的维持需要，这样牛就能维持自己的体重、基本的生理功能如呼吸、心跳、采食、保持体温和修复组织。如果饲料和营养还有多余，就被用来满足生长的需要。最后，还有更多的饲料和营养进入身体，动物才能用于繁殖。

干物质采食量也是监测动物状态的一种有用工具，可以预测生产表现。饲料的物理状态可能限制粗饲料日粮的采食量，因为瘤胃已经装满，没有多余的空间再采食更多的饲料。高精日粮的采食量可能受到能量总摄入量的限制，动物的大脑说不能再摄入更多的能量了。

根据动物的不同生产阶段来配制日粮。牧场存储的饲料原料营养水平可能有很大差异，所以需要分析饲料并利用这些信息来决定怎样进行补充以满足不同阶段牛的需要。进入冬天时牛的体况决定了冬季需要饲喂的饲料质量和数量。

架子牛的日粮取决于新购牛的类型和体重、交割日期、目标体重和所商定销售时牛的状态。肥育计划必须以特定的肥育牛的胴体质量特征为目标，可以使用饲料添加剂来改善牛的健康和生产效率。

饲料分析和配方计算机软件可以帮助确定牛群的饲料需要，但不能代替牛场的良好管理。应该不断地根据气候变化、饲料质量、剩料量和采食量做出调整，必须监测体重和体况以确保饲喂计划达到了想要的结果。使用体况评分和对动物进行称重可以准确评估这些因素。

在放牧季节，母牛和犊牛的营养非常重要。良好的草场管理包括满足牛的营养需要、维持健康高产的草场和降低生产成本。

草场管理需要养殖户将粗饲料管理、放牧管理和家畜的营养需要融为一体。粗饲料管理包括草场的播种和建立、肥料管理和杂草控制。使用一年生和多年生草场可以使草场系统更加灵活。豆科作物草场的放牧能够增加单位面积的牛肉产量。条列放牧法被用来延长放牧季节。

放牧管理包括牛的数量和类型、放牧的均匀分布、放牧时间、放牧频次和采食的倾向性。决定适当的载畜率非常重要。载畜率取决于降水量、放牧系统（持续或轮牧）、肥料使用、草场状况和动物的体型大小。

动物健康管理

疾病预防和健康管理是提高产量并降低成本的一条途径。造成肉牛繁育场经济损失的问题有三个方面：临床疾病、亚临床疾病（观察不到临床表现）和管理措施的变化，这些因素导致不能获得最佳产量（每头母牛的平均断乳犊牛体重降低）。

疾病预防和准确的管理是牛群健康项目取得成功的关键。本章的目的是让养殖户更清醒地认识到影响牛群的各种情况及这些情况对生产的影响，对肉牛繁育场经济影响最大的疾病（包括病因、症状、预防和治疗措施）进行介绍。此外，本章还将讨论给药方法、病牛护理、人兽共患病和生物安全措施等。

本章内容不包括药物治疗的具体细节。药物的剂量因给药途径、动物的类型和大小以及所使用的产品而有差异，不同药物的品牌和含量使用效果各不相同，养殖户可以咨询当地的兽医了解具体药物的信息。

和兽医建立一个良好的工作关系很重要。养殖户让兽医参与疾病的预防层面是效益最高的方法，不要等到疾病很严重了才联系兽医。养殖户经常是什么方法都试过了但没有效果才给兽医打电话。在这样的状况下，挽救动物的机会也是最小的；如果兽医的治疗不是很成功，养殖户和兽医都会非常沮丧。

肉牛相对于其他家畜来说，发生临床疾病的情况非常少。在牛群健康方面兽医最有益的帮助就是确保预防和控制措施得到遵守并落实，从而使得疾病暴发或繁殖失败而导致巨大损失的可能性最小，并保证牛群的生产的效率，从而为牛场的经济收入做出贡献。

一、牛群健康管理日历

1. 秋季、断乳前期和断乳期

①妊娠检查，淘汰所有空怀和配种晚的母牛，并在合适的时间点出售。

②淘汰其他低效的母牛（患蹄病、有乳房问题、坏脾气、经历过剖宫产或阴道脱垂等）。及早淘汰无饲养价值的牛，能从饲料上节约成本（夏末和秋初饲料成本都在上涨）。

③产犊前6周，给新购母牛、后备母牛打第1针防止腹泻的疫苗。给母牛和妊娠后备牛注射疫苗能提高免疫水平，帮助母牛更好地保护犊牛，防止发生腹泻。

④通过外用药、注射杀虫药来控制寄生虫和昆虫，最好是在每年11月30日以前注射。

⑤分析饲料原料，检查冬季日粮的营养是否平衡。

⑥预防可能导致空怀、流产和犊牛感染的繁殖性疾病。接种IBR、PI-3、BVD、BRSV、黑腿病、嗜组织菌病疫苗，或按照兽医制定的规程来接种。

⑦犊牛断乳，应使应激最小。断乳前接种以减少应激和提高抗病力；观察犊牛有无肺炎，一旦发现立即治疗；对犊牛称重，并记录断乳重。

⑧初次挑选要留养的后备牛。

⑨评估繁殖牛群的表现，计算得犊率、每头母牛的犊牛断乳重、死亡损失的比例、上市犊牛每千克的成本。一些计算机管理软件都能帮助养殖户进行这些计算。

2. 冬季阶段

①为不同市场阶段的牛（后备母牛、妊娠母牛、妊娠后备牛、后备公牛、配种公牛和架子牛）配制日粮。

②产犊前2～3周，加强免疫，防止犊牛腹泻，特别应提高后备母牛免疫力。

③每天检查母牛的发情表现，注意区分发情表现与体外寄生虫引起的摩擦和挠痒。

④观察是否有流产迹象，收集流产的胎儿。收集部分带有子叶的胎衣交给兽医进行诊断，能够大大提高诊断的准确率。

⑤通过饲喂有足够能量、蛋白质、矿物质和维生素的平衡日粮，维持母牛和后备牛的健康，特别是关键的妊娠期最后3个月。体况良好（2.5～3.0）的母牛难产的问题较少。

⑥通过以下方式学习更多的肉牛知识：研究科技推广资料；参加科技推广会议；利用互联网了解有关农场、农业的简讯；咨询商业公司以及专家。

3. 产犊前和产犊季（晚冬到初春）

①给母牛提供产前矿物质补充料（至少应在产前45天补充）。

②观察是否有流产，收集流产的胎儿供兽医进行诊断。阿尔伯塔省肉牛场的平均流产率为2%～3%。

③检查是否有外寄生虫，一旦发现及时进行处理。

④咨询兽医有关防止犊牛腹泻的疫苗接种计划。最好在头胎牛产犊前2周

加强犊牛腹泻的免疫，在牛群数量超过 200 头时就非常有必要。

⑤为产犊和助产做准备。准备必要的用品（润滑剂、长臂手套、消毒剂等）。

⑥准备治疗犊牛腹泻的电解质溶液和抗生素。

⑦准备足量的冷冻初乳（产后第 1 次挤出的乳）。

⑧保持产房干净、干燥、垫料充足。

⑨记录出生日期和出生重。

⑩打牛号，使用 CCIA 耳标。记录准确的出生日期，并提交给 CCIA 数据库。

⑪给犊牛注射维生素 A、维生素 D、维生素 E 和硒，帮助犊牛建立免疫力，减少白肌病的发生。

⑫观察有无犊牛腹泻和肺炎。

⑬重新评估后备牛的营养需要和市场表现，必要时做出调整。

4. 配种季

①每日检查犊牛是否患腹泻或肺炎。

②评估所有配种公牛的繁殖力，检查阴囊大小、精液质量、生理状况。

③为牛群挑选新公牛。公牛为牛群提供一半的遗传潜力，最快的遗传改良是购买一头优质的纯种公牛。

④在配种开始前，请兽医检查曾经产犊过程中或产犊后出现繁殖问题的所有母牛。

⑤评估公牛和母牛的比例。该比例应该接近 25∶1。

⑥如果使用人工配种，则应准备发情辅助动物。

⑦配种前至少 2 周给后备牛接种传染性鼻气管炎、病毒性腹泻和黑腿病疫苗。

⑧直肠检查后备牛的生殖道和骨盆大小。包括发现不育后备牛（与公犊一起的双胞胎母犊）、没有发育好的后备牛、感染疾病的后备牛、体型太小或生殖道畸形的后备牛。

⑨如果在秋季没有接种，配种前至少 2 周给母牛和公牛接种繁殖疾病的疫苗。配种前可以使用弱毒苗。

⑩1～3 月龄的所有犊牛接种黑腿病疫苗。

⑪去势和去角。

⑫防范苍蝇、蚊子，考虑使用杀虫剂耳标或体外浇淋的产品。如果使用杀虫剂耳标，可经常变换杀虫剂以预防抗药性的出现。

二、肉牛疾病

预防和控制疾病以最大限度地减少疾病死亡，是肉牛群管理的一个重要方面。除了引起各种疾病的特定病原。但是，可能还有其他因素对疾病的发生有影响，例如动物的免疫状态（表6-1）、病原的数量、环境、营养、遗传或其他因素，或这些因素共同作用都会放大病原的影响。疾病的临床症状通常是很多因素相互作用的结果。

（一）了解疾病的临床症状

每一种疾病都有自己特定的临床表现，但对于养殖户来说最为重要的是能够识别健康的牛，这就使得病牛很容易被发现。健康的牛对饲料反应很快、眼睛明亮而警觉，反刍明显。犊牛的瘤胃发育后，2月龄时就开始反刍。而在此之前，它们和单胃动物的表现很相似。

养殖户应经常观察动物的体重变化、增重快慢、毛发颜色或其他表现，很多引起生产损失的疾病的初期表现都很轻微，不易察觉，但会导致增重减慢、繁殖力下降，从而降低养殖户的盈利。营养性疾病也可能发生并让养殖户遭受损失。

了解病牛症状是一个单独的病例还是一场疾病暴发的开始，也非常重要。这能帮助养殖户决定是否需要采取预防措施。

表6-1 加拿大西部肉牛场控制传染病疫苗接种程序汇总

疾病/病原	疫苗接种时间	备注
• 传染性鼻气管炎（IBR）	• 后备母牛和配种牛群（包括公牛）：配种前至少2周 • 犊牛：断乳时或断乳前3周 • 断乳犊牛到达肥育场：到达后的24小时以内	• 妊娠母牛使用鼻内接种和灭毒苗比较安全 • 灭毒苗需要接种2次以增强免疫力 • 肌内注射常导致妊娠母牛和后备牛的流产 • 如果犊牛在2~4月龄接种，应该在6~7月龄时接种加强1次
• 副流感-3病毒（PI-3） • 牛呼吸综合征病毒（BRSV）	• 犊牛：断乳时或断乳前3周，如果使用灭毒苗，断乳时再接种1次 • 断乳犊牛到达肥育场：到达后的24小时以内	• 灭毒苗需要接种2次以增强免疫力 • 也有修饰活毒苗可以使用，遵从产品使用指导比较妥当

（续）

疾病/病原	疫苗接种时间	备注
• 梭菌病 〔黑腿病（肖氏梭菌）、恶性水肿（败毒梭菌）〕 • 其他梭菌病和恶性水肿类病〔传染性肝炎（诺维氏梭菌B型）、细菌性血红蛋白尿（诺维氏梭菌D型）、肠毒血症（产气荚膜梭菌B和C型）、破伤风梭菌〕	• 吃乳犊牛：1～3月龄打第一针 • 断乳犊牛：6～7月龄第2针，或断乳前3周再次接种 • 断乳犊牛到达肥育场：到达后24小时以内 • 后备母牛和后备公牛：配种前至少2周 • 所有繁育牛：每年接种直到3岁（如果有暴发）	• 可以使用含细菌素和类毒素或细菌素和类毒素混合物的多种不同组合的疫苗 • 接种适合的不同组合的梭菌病疫苗，有两联、三联、七联或八联苗 • 所有肉牛都应该接种黑腿和恶性水肿的疫苗 • 在发生过该病的地区，为了确保获得永久的免疫力，所有牛都应该每年接种直至3岁 • 接种其他梭菌病疫苗的必要性取决于该地区是否发生过这些疾病 • 加拿大西部零星发生过几例传染性肝炎、细菌性血红蛋白尿和破伤风
• 病毒性腹泻（BVD）	• 后备母牛：断乳后3～4周 • 配种母牛：配种前2周	• 妊娠母牛可以使用灭毒苗 • 空怀牛和不接触怀孕牛的可以接种一种肌内注射的修饰弱毒苗
• 弧菌病	• 母牛：配种开始前40天左右打第1针，配种开始前10天加强 • 后备牛：配种开始前50天左右打第1针，配种开始前10天加强	• 加强接种必须在第1次接种后约4周，接近配种季可以确保配种期有较高的免疫力
• 嗜组织菌病	• 断乳犊牛：断乳前3周打第1针，断乳时再加强1次 • 断乳犊牛到达肥育场：到达后的24小时以内	• 21天以后加强接种 • 犊牛建议5～8月龄接种
• 细菌性腹泻 • 犊牛大肠杆菌病	• 妊娠后备牛：接种2次，产犊前6周和产犊前2～3周 • 妊娠母牛：如果在前1年接种过，则只需在产犊前2～3周加强1次	• 后备牛的第1针可以在秋季或冬季接种

肺炎表现精神沉郁，头耳耷拉，明显没有精神，呼吸加快，有些情况下表现出流涎。

很多情况下，动物的体温能够证实观察是否正确。但是，有时候体温也会对观察者造成欺骗，例如，病牛可能刚刚开始发热，体温还不高；或者牛病得非常厉害，高热已经退却，出现了死亡前的体温下降。

所有发病的情况下，养殖户应该了解并密切观察牛群。在联系兽医之前，密切观察和仔细评估很有必要。关于临床表现和病程发展的情况掌握得越多，越有利于兽医做出准确的诊断。例如，导致跛行的情况很多，而不仅仅是腐蹄病。在确定结论前应仔细检查，否则养殖户可能搞错状况，甚至采取了截然相反的治疗措施，造成更大的损失。

接受过良好培训的兽医能够认识并检查疾病，帮助养殖户制定措施解决很多问题，满足养殖户的特殊需要。如果养殖户搞不清楚自己给牛只在治疗什么病，则应经常寻求兽医的意见，兽医能告诉你什么情况下愈后可能体况非常差，屠宰就成了一个明智的选择。一旦采取药物治疗，就必须在屠宰前留有足够的停药期。停药期是停止药物治疗和允许肉、乳产品供人类消费的时间间隔。

（二）梭菌病

1. 恶性水肿

败毒梭菌和其他细菌引起了这种土壤传播的疾病。受污染土壤中的病原经擦伤、手术伤口或分娩时的损伤进入动物身体。所有年龄段的动物都能感染该病，感染处的强毒素被吸收进入血液，导致很高的致死性。

通常在感染后的 12～48 小时出现临床症状，以感染处的肿胀为主要特征。肿胀处起始比较松软，有压痛；后期又热又硬。混合感染时里面还含有气体。动物通常高烧超过 42℃，精神非常差。动物肢体可能比较僵硬或出现跛行。

最好的治疗方法是在发病初期给予大量的抗生素，但动物大多仍在发病后的 24～48 小时死亡。和黑腿病一样，患病的动物应进行隔离，必须严格执行正确的尸体处理规程。

恶性水肿应该和黑腿病一起通过疫苗接种来进行预防。疫苗接种应该在去势和去角前至少 2 周完成。

2. 黑腿病

该病具有高度致死性，通过土壤传播，由能产生孢子的肖氏梭菌所引起，经消化道或外伤进入身体。所有年龄段的牛都有被感染的风险，但通常 6～24 月龄的生长快速且健康的牛易受到影响，特别是营养状况非常好的牛。病原体侵入肌肉组织，导致严重的炎症和系统性毒血症。

感染后几乎很少有动物能存活，通常都会死亡。如果能够侥幸活下来，受影响的肢蹄会出现跛行，感染的地方明显肿胀（先是又热又痛，后是冷而无痛），触诊时皮下有气体并会发出沙沙的声响（像是揉搓报纸）。患肢的皮肤后期变得干燥开裂，动物表现高热和精神极度沉郁。极少情况下病原还会影响其他肌肉，如膈肌、舌或心脏。

治疗措施包括使用大剂量的青霉素，但通常效果不好。应将牛群中的其他动物赶离受影响的草场并隔离。尸体应该深埋或焚烧以使土壤被孢子污染的风险最小化。

通过疫苗接种来进行预防。接种能产生很好的免疫力，但接种后需要10～14天来产生免疫力。

3. 破伤风

经土传播的破伤风梭菌会引起该病。孢子经伤口进入身体，产生的毒素影响控制肌肉的神经，导致肌肉震颤。破伤风感染所有年龄段的动物，包括人类，但马特别易感。

对于牛来说，破伤风常常与手术去势的伤口或分娩时的产道损伤相联系。无血去势的动物也有报道发病。

感染破伤风首先出现的症状是步态僵硬，后来出现严重的肌肉震颤。这些症状可能多发生在运输后或一声突然的大叫之后。常由于神经损伤或呼吸肌肉的功能丧失而导致死亡。

治疗包括将动物转移到黑暗的牛舍让其安静，并使用抗毒素和抗生素药，必须对伤口进行清理和消毒。患牛的护理也很重要，动物的饲草应该适口性好，容易下咽。

预防措施包括注意去势、分娩时的损伤；清理场地上可能会引起刺伤的物体，如钉子。黑腿病的八联苗对破伤风也有预防作用，这两种病紧密相关。

（三）呼吸系统疾病

1. 运输热

运输热是指一般发生在断乳时期很多呼吸道问题的总称。它通常与细菌和病毒的感染有关。经常在感染动物肺里能发现大量的巴氏杆菌。该病的发生最初与应激有关，如断乳、运输、去角、去势和寒冷天气，或是多种这些应激因素的共同作用，导致免疫力减弱，容易发生感染。许多情况下，一种呼吸道病毒感染了受应激的动物，会进一步降低呼吸道对细菌（如巴氏杆菌）的抵抗力。

所有年龄段的动物都比较易感，但通常6～24月龄的动物受影响最大。临床表现包括精神不振、轻微的咳嗽、浅而快的呼吸以及停止采食。刚开始感染时鼻眼周围有透明的分泌物，几天后变稠变干。体温升高是一个明显指征，常常高于 40.5℃。

治疗措施取决于早期诊断，病犊牛应隔离并采用抗生素及时治疗。现在有有效浓度可达 96 小时的几种抗生素可用，使用前应咨询兽医以决定使用哪种药物和剂量。如果牛群中超过 10%～15% 的牛感染运输热，对整体牛群进行治疗就很有必要。这可以通过注射、饲喂或饮水给予长效抗生素。

早期进行治疗，动物通常都能康复。如果治疗时机被延误，发生肺脓肿和粘连，死亡的风险会比较大，活下来的牛也没有经济价值。运输热的控制需要有良好的管理和疫苗的正确使用。常见的呼吸道病毒疫苗（如 IBR、PI-3、BVD）都可以使用，溶血性巴氏杆菌和睡眠嗜组织菌的疫苗可以和这些病毒疫苗联合使用。

管理措施有助于减少运输热的发生：

①减少引发肺炎的应激因素。

②在犊牛断乳前做好准备（去势、去角、疫苗接种和驱虫处理）而使应激最小化。

③爬入式饲喂有助于犊牛适应断乳后的日粮。

④选择天气良好的时候断乳，并提供干净的环境、优质饲料和干净的饮水。

⑤断乳后至少 4 周再进行运输，可以最大限度地减少应激，使犊牛开始增加体重。

⑥直接销售以减少运输应激。

⑦保证断乳时没有其他应激因素。

⑧断乳前提供足够的营养（包括微量元素），确保免疫力比较高。

2. 传染性鼻气管炎

传染性鼻气管炎（IBR）是上呼吸道的一种病毒性感染，最常影响鼻和气管的内部结构。该病原属于疱疹病毒科。动物通过吸入病牛污染的水雾颗粒而感染该病。该病毒可能隐性感染，被感染动物不出现任何症状，当动物后来经受应激时，病毒被激活从而扩散到其他牛。这是牛群完全封闭管理一段时间后又暴发该病的唯一解释。

所有年龄段的牛都易感，但刚断乳的犊牛受影响最大。感染的牛将表现几天时间的高热、重咳、鼻腔有分泌物、眼睛湿润和食欲丧失。常常 1 周内恢复，但肥育场的病期可能延长。有些牛可能出现继发感染，如肺炎。

妊娠母牛感染后常常发生流产，流产可能突然出现在妊娠的任何阶段，但在妊娠后 3 个月最常见。流产母牛通常不表现临床症状。

眼型 IBR 出现在不同阶段的易感牛，并伴发呼吸型 IBR。起始眼睛有清亮的分泌液，后期变稠，颜色发白，双眼都会被感染。

生殖型 IBR 常影响阴茎正常生理活动，暂时影响配种。如果母牛和后备牛感染该病，常发现阴门有炎症以及黄色的分泌物，持续几天时间。常不需治疗就可以恢复。

尽管抗生素对病毒没有效果，但使用广谱抗生素处理呼吸型 IBR 能够控制继发感染（如肺炎）。

IBR 的控制可以采取疫苗接种和加强管理。加拿大 3 个类型的 IBR 疫苗都有供应：修饰弱毒苗（MLV），不可用于妊娠牛；一种鼻内接种的 MLV，妊娠牛和其他牛都可以使用；一种灭活苗，也可以用在妊娠牛和其他牛。IBR 疫苗不能为其他常见的呼吸道疾病（如运输热、坏死性喉头炎或肺炎）提供保护力。但是，疫苗可以使动物产生干扰素，对病毒感染有非特异性保护作用。

以下是 IBR 预防接种的推荐做法：

①配种季开始前至少 2 周对繁育牛群进行接种，包括母牛、后备母牛和配种公牛。

②犊牛在断乳前 3～6 周接种疫苗。如果断乳前肌内注射修饰弱毒苗，确保母亲之前已经接种过 IBR 疫苗。

③断乳犊牛和架子牛在应激期间不应接种疫苗。

④如果养殖场面临 IBR 的暴发，所有妊娠母牛可以接种疫苗，但只能使用灭活苗或鼻内接种疫苗。具体措施应咨询兽医。

⑤IBR 和 BVD 是导致牛流产最常见的两种传染病。因此建议对繁育动物接种相关疫苗。

⑥所有牛均应一起接种 IBR、PI-3、BVD 疫苗。给配种后备牛接种修饰弱毒苗，以获得较高的免疫力。这些疫苗应该在配种前至少 2 周进行接种。特别是使用修饰弱毒苗时，应先咨询兽医的意见。

向国际市场出售纯种牛的养殖户应该认识到有些国家要求进口的牛 IBR 血液检测是阴性。这就要求牛不能接种疫苗。养殖户需要咨询与评估不接种的风险，也就是说为了保持国际出口市场而将整群牛置于风险之下是否值得。

在肥育场，避免还没有对 IBR 建立免疫力的新购牛与场内其他牛接触；避免将新购牛放入已经有牛的牛舍；不建议将新购的牛与原来的牛混合饲养；建议相邻的牛舍饲养的是饲喂了相同时间的牛。

有些情况下，肥育场还对饲养时间长的牛加强接种 1 次 IBR 疫苗。兽医会根据情况制定相应的方案。

3. 嗜组织菌病

嗜组织菌病是由睡眠嗜组织菌引起的一种综合征。历史上，这种病被认为是嗜睡病，称作传染性血栓性脑膜脑脊髓炎（ITME）。

嗜组织菌病是加拿大西部所独有的病症，它包括几种形式：一种形式与运输热相似；另外的形式包括心肌感染导致的心力衰竭、心包炎，多发性关节炎（多个关节的关节炎）导致的重症关节炎，肋膜炎（肺表面的感染）和肺炎。睡眠嗜组织菌还与繁殖问题有关，可以感染牛的耳朵、眼睑和眼球，以及引起弱犊综合征。

睡眠嗜组织菌的感染可以发生在一年的任何时候，多见于秋季和冬初。该病可以感染 1 周龄的犊牛，也可感染 10 岁的老牛。最常发生该病的是肥育场的新断乳犊牛（6～10 月龄），应激（包括断乳）使得犊牛易感。1980 年以后，该病被认为是加拿大西部大型肥育场死亡率最高的疾病。肉牛场和奶牛场都可发生嗜组织菌病。在草场放牧的牛也会感染发病。

常从成母牛和公牛的生殖道分离到该病病原菌。从生殖道分离到的菌株有很多种，但大多数不会致病。

睡眠嗜组织菌进入大脑，会导致传染性血栓性脑膜脑脊髓炎（ITME）。ITME 是一种急性病，多数病例都会突然死亡。临床症状包括肌肉无力、后肢球节着地、一过性发热和缺乏协调性、瘫痪、视力丧失、不能站立。受影响的牛一侧着地，脖子前伸，头往后弯。最常发生于秋季进入肥育场 3～4 周的犊牛。犊牛发生 ITME 后常被发现死在牛舍里，或经过 2 天的治疗后死亡。死亡的犊牛大脑都有出血。

嗜组织菌病的确诊需要进行尸体剖检。大脑、关节、肺和心的样品需要在实验室进行显微镜检查。

受感染的牛（倒地之前）如及早治疗通常都能康复，但是在临床表现出现几小时后进行治疗可能不会有反应。病牛倒地和不能站立时预后不良。

一旦确诊嗜组织菌病，所有接触的牛都应该每隔几小时检查 1 次临床表现。如果发现有症状出现，应立即进行治疗。有些情况下，通过饲料给药或大规模注射抗生素治疗可能有效。

目前有嗜组织菌病的疫苗，但对于减少肥育场死亡的有效性还不确定。肥育场开喂料中添加多种抗生素对于减少嗜组织菌病导致的死亡非常有用。嗜组织菌病仍然是加拿大西部肉牛肥育场引起死亡和慢性病的最主要原因。

4. 犊牛病毒性肺炎

病毒性肺炎的发生与多种病毒有关，常常还伴随细菌感染，2～6 月龄的犊牛最易感。影响因素包括过度拥挤、湿度大、贼风和营养不良。出生后初乳饲喂不足可能增加 4～8 周犊牛对肺炎的易感性。

病毒性肺炎通常是一个牛群问题。个体牛常表现高热、鼻分泌物增加、呼吸加快和干咳。如果没有继发感染，大多数牛经过 4～7 天会自愈；如果发生了继发感染，而且没有进行抗生素治疗，死亡率就会增加，但抗生素对病毒无效。

良好的管理对控制病毒性肺炎非常重要。养殖场应提供充足的牛棚、良好的营养，避免拥挤，确保新生犊牛在出生后的前 2 个小时饲喂 1～2 升初乳，6～8 小时后再饲喂 2 升初乳。

养殖户可以通过疫苗接种预防大多数肺炎（IBR、PI-3、BVD 和 BRSV）。BRSV 有"牛场突然杀手"的恶名，早期症状包括嘴巴周围有泡沫、呼吸加快。经历过这些疾病的养殖户应该对母牛接种疫苗以加强初乳的保护力。尸检可以确定病因，如果怀疑有肺炎，应该剖检所有突然死亡的病例。

5. 犊牛白喉（坏死杆菌病）

犊牛白喉几乎只发生在犊牛（小于 1 岁）身上。病原经过口或喉进入身体。

该病只感染喉头，称为坏死性喉头炎。喉头感染后，肿大，有时候会出现脓肿。当动物呼吸时，由于呼吸道缩小，有很大的噪声。病牛伸长脖子，使用腹肌来进行呼吸。触诊时，喉头肿大，有痛感。常见大量流口水，鼻周围有分泌物。大多数犊牛有高热症状，呼出的气体出现难闻的气味。

早期治疗对于防止病情发展非常重要，能取得很好的治疗效果。磺胺、青霉素、四环素与抗炎药联合使用效果很好。犊牛严重的坏死性喉头炎可能需要进行手术，以防止窒息，并能让喉头痊愈，手术的成功率为 50%。因此，药物治疗优先，手术是最后的选择。治疗需要较长时间用药，可能长达 10 天，疗种过短可能导致治疗失败。

犊牛由于拖拽导致的肋骨骨折有相似的症状。肋骨痊愈后可能压迫气管，这些犊牛对治疗没有反应，应予以淘汰。

6. 非典型间质性肺炎（AIP）

这种病也称为肺气肿或牛喘病。它与很多因素有关，包括发霉的饲料、有很多尘土的干草、夏末和秋季犊牛从干燥且过度放牧的草场转移到茂盛草场等因素。AIP 被认为是一种过敏性肺反应。最近的研究显示粗饲料中色氨酸含量高可能导致该病发生，色氨酸可在牛的瘤胃内转化为一种影响牛肺膜的化学物质。

动物可能在转移到新草场的 4～14 天突然死亡，其他动物可能呼吸吃力，常常张口呼吸。它们把头伸长，嘴周围有泡沫，体温正常或略高。即使在暴发期，牛群的发病率也较低，但受影响的牛死亡率很高。该病为进行性，对治疗的反应较差。

AIP 没有特异性疗法。把牛从受影响的草场赶离似乎对发病牛的数量没有影响。如果需要把牛从草场转移，则应逐渐分批转移，以避免追逐或使受影响的牛太过兴奋。研究显示饲喂 MGA（一种发情抑制剂）的后备牛死亡损失较大；饲喂离子载体似乎能减少该病的发生。肾上腺素、肾上腺皮质激素或抗组胺药都能暂时缓解症状，具体用法用量需咨询兽医。屠宰常常是严重感染牛的唯一出路。

减少 AIP 风险的关键是放牧管理。在把牛转入茂盛的草场前，应该饲喂干饲料（如干草或麦秸）。避免饲喂发霉的饲料，饲喂灰尘很多的饲料时应该加水。放牧开始阶段只让牛在茂盛的草场放牧 1～2 小时，然后补饲干饲料；而后慢慢增加放牧时间，大约 1 周后就可以全天待在草场。当牛转移到新的草场后，要经常观察。

非典型间质性肺炎有时候和硝酸盐中毒容易混淆，应咨询兽医后治疗。AIP 有时候还与低感染水平的肺线虫病相混淆。

（四）腹泻病

1. 犊牛腹泻

细菌、病毒、寄生虫和营养因素都能导致年轻牛的腹泻，但通常是在寒冷或拥挤等应激作用下使牛发病。最常见的病例是 10 日龄以下还没有从初乳获得足够免疫力的犊牛。

腹泻因病因不同，粪便颜色和严重程度也不同。受影响的犊牛常常精神不振、虚弱和脱水，表现最为明显的症状是眼窝下陷。死亡可能出现在数小时以内，但常常很严重的病例也持续几天后才死亡。

2. 腹泻的治疗

腹泻的成功治疗需要早诊断。经常检查牛群很有必要，咨询兽医以寻找确切的做法。

发现腹泻的犊牛，并将它们和其他牛隔离开来，这有助于防止感染的扩散，也容易确定犊牛开始腹泻的时间和总共需治疗的次数。养殖场的工作人员应经常更换工作服、洗手、擦洗鞋；在进入另一个犊牛舍前冲洗鞋。腹泻犊牛的治疗总是牛场工作的最后一项。

使用抗生素治疗腹泻犊牛。抗生素既可以注射，也可以口服。至少治疗 3 天时间以减少反复腹泻。抗生素只对细菌（如大肠杆菌）引起的腹泻有效，但临床上常常很难辨别是由细菌还是病毒引起的腹泻。受感染的牛常常有细菌和病毒的混合感染，如果使用抗生素治疗病牛，由肠道进入血液的细菌就会减少；如果腹泻是由病毒引起的，使用抗生素可以防止继发性感染。过去几年，出现了可用于治疗腹泻的多种抗生素，可咨询兽医以求最好的治疗方案。如果是细菌性腹泻，兽医可以分离病原菌并检测不同抗生素的敏感性。

犊牛腹泻最重要的治疗方法是补充身体丢失的液体和电解质，如钠、氯、钾等。市场上可以买到多种电解质补充液，有些还含有糖。观察眼窝的下陷和皮肤的弹性，可以估计脱水的程度。眼窝开始下陷，脱水大约 6%；犊牛只能平躺、不能站立时，可能脱水 8%～12%，这种情况下，需要静脉滴注来补充液体。这种补充方式关键是要仔细计算液体的滴注速度和补充量。因此，需要兽医来监督或亲自进行电解质的静脉滴注。严重脱水的犊牛还需要保暖，给予防止昏迷的药物。

对少数严重病例，腹泻的犊牛可以通过口服补液盐得到很好的治疗，使用胃管或奶嘴瓶（犊牛可以吸吮）就可以操作，但要确保这些胃管和奶嘴瓶只用于腹泻的犊牛。商业电解质补充液很容易买到。在使用过程中微小的计算错误可能导致盐中毒或严重的电解质失衡，因此应咨询兽医以确保使用的产品含有足够水平的电解质和糖。

腹泻的犊牛可能需要 4～5 升的液体才能补充水分，具体需要量取决于犊牛的大小和脱水程度。建议每隔 6～8 小时补充 1.5～2 升液体，直至停止腹泻。

个别情况下，母牛挤完乳后需要和犊牛分开，在犊牛出现腹泻后限制吃乳 24 小时可能有助于停止腹泻。牛乳只能禁食 24 小时，如果时间过长，犊牛的体重损失可能更大。犊牛腹泻暴发期不建议对所有母牛进行挤乳，因为不太现实，而且将犊牛和母亲分开会对犊牛产生很大的应激。

犊牛的腹泻应以预防为先。产前的预防包括母牛和后备牛的管理，产后的预防包括新生犊牛的管理和疾病扩散的预防。牛群大小、可利用的设施、人工、总的管理水平等，各场情况都不一样，但是，可以采用总的管理原则并结合自己牛场的情况，改进自己牛场的预防能力。成功预防的一个关键因素就是保持尽可能简单或自然，任何新的想法都要适合自己牛场的情况，学习同行的经验和总结过去的经验教训，和兽医一起制定一个产前和产后的行动方案，来预防和控制牛场的疾病。

3. 增加犊牛腹泻机会的因素

一种病原能否引起犊牛腹泻，取决于其致病能力、犊牛接触的病原数量和犊牛携带的抗体数量（免疫力）。许多引起犊牛生病的病原都存在于母牛身上，当犊牛出生时，犊牛所处的环境就有这些病原。

决定犊牛腹泻是否发生和严重程度的一个最关键因素可能是冬季和产犊期动物可以使用的空间大小。长时间或过度拥挤都增加了新生犊牛所处环境的污染程度。如果母牛都拥挤在一个地方，还在这里产犊，犊牛就会接触到大量的病原体，这可能大大超过了初乳所能提供的免疫力和任何疫苗所能带来的保护效果。

拥挤还能增加动物的应激，特别是新生犊牛。应激能降低犊牛的抗病能力。在拥挤条件下，新生犊牛很难找到自己的母亲并吃乳，且可能吃不到足够的初乳。年老的牛可能干扰头胎牛的正常哺乳模式。正常情况下，不吃乳的时候犊牛大多数时间都是在睡觉。但是，如果很拥挤，它们就很难找到一个安静和舒适的地方去休息。牛舍、牛棚内产犊，都增加了犊牛腹泻的风险。

其他导致疾病暴发与应激有关的因素还包括极度寒冷、湿冷、吹风、没有食物和疼痛。腹泻的暴发经常是在冬季或风、雪、雨天气以后。恶劣的天气增加了应激，改变了犊牛的吃乳习惯。而且，由于躲避恶劣天气，动物都寻找遮护的地方造成拥挤。

地面水太多时，不仅犊牛很难找到一个舒适的地方去休息，而且容易传播传染病原。相反，干燥、冷冻或被雪覆盖的表面可以减少污染的数量。初春冰雪融化或暴雨天气，都使地面的水太多，常常使本来不太好的产犊环境更加恶劣。

如果犊牛没有吃到足够的初乳或初乳的质量较差，犊牛发生腹泻的风险就会增加。头胎牛初乳的质量和数量都比较低。因此，来自头胎牛的犊牛与来自老母牛的犊牛相比，犊牛腹泻的发生率至少高2倍。

4. 预防犊牛腹泻几种途径

①疫苗。给母牛接种疫苗可以增强初乳中抗体的保护力。兽医可能建议在产犊前对妊娠母牛和后备牛接种预防腹泻的疫苗；或是根据过往的经验，只对妊娠后备牛接种。每一个牛场的情况都不相同，制订最适合自己牛场的操作程序很重要。应该对新买入的妊娠后备牛进行接种。在接种疫苗前，应仔细了解疫苗的使用说明，在合适的时间点接种以获得最高的抗体浓度。

每年都有犊牛腹泻造成损失的风险，大多数养殖户都选择接种疫苗。即使腹泻犊牛完全康复，断乳时的体重也会比正常情况轻45千克左右；未完全康复的犊牛可能由于肠道损伤而变成僵牛。对于母牛超过200头的牛场，以及有犊牛腹泻史或舍内产犊的养殖户，疫苗适时接种非常重要。

有多家公司生产的犊牛腹泻多价疫苗可供养殖户选择。大多数疫苗都对大肠杆菌、轮状病毒和冠状病毒有效，这也是导致阿尔伯塔犊牛腹泻的3种主要的病原。出生1年内接种2次，之后每年接种1次，最好是在产犊前2~3周接种，这种情况下初乳中拥有最大的抗体浓度来防止犊牛腹泻。此外，养殖户还能从接种疫苗的母牛收集初乳供牛场备用。

②生物安全措施。最近几年阿尔伯塔发生沙门氏菌腹泻的病例增多（沙门氏菌还可以传染给人）。临床表现为超过一周的犊牛出现血痢。这些病例对抗生素反应不佳，常常还伴发肺炎。新买入的牛常常是问题的源头，因此严格的生物安全措施就很有必要。

隐孢子虫病是另一种犊牛腹泻病，对抗生素没有反应。它也可以传给人，并污染饮水。犊牛患有隐孢子虫病后常常出现免疫抑制。

③刺激被动免疫力。面临犊牛腹泻的暴发，兽医可能尝试使用口服产品以刺激犊牛的被动免疫力，如提供初乳。有些特殊产品可以对抗大肠杆菌或病毒（轮状和冠状病毒）性腹泻，可以在犊牛出生时口服。

④冬季后备牛和成母牛分开饲养。冬季将头胎牛和成母牛分开饲养。因为后备牛还在生长，两个牛群的营养需求差别较大。如果冬季后备牛和成母牛一起饲养，成母牛得到了太多的营养而后备牛的营养又不够。成母牛体况太差（低于2.5）或太好（高于3.5），难产可能性都增加，而且初乳质量差，产乳量低，后续配种季将会有更多的配种问题。

⑤准备和维持产犊区域。确定牧场产犊的区域，最好有牛棚和挡风墙。如果产犊区域是半封闭的，则应选择地势较高、便于排水、向南敞开的区域。

经常更换干燥的垫料，这样母牛的乳房和腹部就会保持干净，犊牛也有一个干燥舒适的地方去睡觉。提高卫生程度可能是减少病原传播和防止腹泻的最佳做法。如果产犊区域的一部分被污染或排水不良，应用围栏围起来直到状况有所改善。空闲的地面越多，牛可以利用的空间就越多。

5. 防止犊牛腹泻的具体做法

①提供准确的冬季饲喂日粮，确保母牛和后备牛的体况都很好，产犊时很健康。

②在冬季为牛群提供不同的饲养区域，有利于散开牛粪，牛也有活动的空间。这将使环境里病原菌的污染处于最低水平，特别是以后用作产犊的区域。

③如果牛群里腹泻重复发作，兽医可能推荐头胎牛和成母牛在产犊前接种预防腹泻的疫苗，一般在产犊前3～6周接种。

④不要让头胎牛和成母牛在一起产犊。为头胎牛和成母牛提供不同的产犊区域；后备牛需要至少185米²的产犊空间。如果天气允许，不要把产犊区域封闭起来；如果头胎牛和成母牛一起产犊，那么整个牛群就要围起来饲养，这样就容易观察后备牛，在必要时助产。

⑤避免母牛在泥泞区域产犊，这些地方也容易积累粪便。

⑥产犊期经常观察后备牛和成母牛，必要时提供帮助。提供牛棚，助产时可以使用。

⑦提供干净干燥的垫料和天气恶劣时可用于产犊的牛棚。便携式犊牛棚可以为犊牛提供干燥的地方，也可以挡风，应该定期移动并清洁。保持产犊区域干净干燥，特别是舍内产犊的时候。

⑧定期更换垫料。

⑨冬季和产犊季，应避免过度拥挤和封闭饲养太长时间。每个牛舍或封闭场所最多饲养50对母子。产犊季避免拥挤的一个方法就是增加产犊的草场数

或产犊区域。

⑩如果产犊区域有必要半封闭起来，就根据预产期将牛群分成较小的牛群，或轮流进出产犊区域，以减小临产时的牛群密度。

⑪如果天气允许，尽快将已经产犊的牛分散开来，但不要单独饲养，仍以群为基础，以减少应激。

⑫最大限度减少新生犊牛的应激。新生犊牛的应激源包括缺少充足的初乳、天气湿冷或者刮风，以及太过拥挤。

⑬养殖户和兽医一起制定一个应急方案，如果发生第 1 例腹泻就立即执行。

⑭任何表现症状的犊牛都应该和母亲一起转移到病牛舍进行评估和处理。

⑮如果犊牛出生时比较弱，帮助其站立并吃乳，或使用奶瓶或胃管饲喂初乳。

⑯对弱犊提供特别的护理。把弱犊和牛群分开护理几天时间，等它们足够强壮后再归群。弱犊可能在腹泻暴发的初期就表现出症状。

(五) 球虫病

球虫病是由一种单细胞寄生虫引起的急性或慢性疾病。粪便污染的饲料、水或土壤中的虫卵感染进入牛体内，然后在肠内膜大量繁殖，对牛体造成严重的损害。年轻动物，不论是放牧还是舍饲，都常常被感染，且该病能抑制免疫系统，使得犊牛继发感染其他疾病。

一种类型的球虫病容易发生在夏季，这与球虫的正常发育过程相吻合。而另一个类型的球虫病发生于冬季，与应激有关。球虫病能导致神经症状，包括肌肉震颤和抽搐，这些病例也被称作神经性球虫病，对治疗反应差，预防才是最佳选择。

球虫的天然寄居场所就是牛的肠道，然后随粪便排放到环境，等待寄生年轻的犊牛。虫卵可以在冬季存活，到了春季，地面的虫卵聚集在水坑中，年轻犊牛从这些水坑中饮水就会造成感染。因此，在潮湿的春季和拥挤的环境里，球虫病的发病率就特别高。

临床表现包括血痢，过度紧张，体重损失，贫血引起的脱水；严重病例导致死亡；努责过度可能导致直肠脱垂，而如果直肠脱垂，则必须归位后缝合治疗。通过检查粪便中的虫卵或尸体剖检可以确诊球虫病，粪便检查可以帮助养殖户了解犊牛中虫卵的水平。

该寄生虫的生命周期很短（21～28 天），其繁殖速度特别快，几周内就会出现临床症状，说明肠道已经被损伤。亚临床病例中，患病犊牛的增重大大降低。

当寄生虫还在肠道时，多种药物均非常有效，但必须在临床症状开始表现时及时给药。在日粮中提供瘤胃素等离子载体也能大大减少粪便的排毒，也是一个有效的预防措施。另一个有效的方法是在爬入式饲料中添加特殊的抗球虫药，可以控制球虫感染。

降低球虫风险的管理措施有：避免应激、过度拥挤，避免饲料、水等被粪便污染；正确抛撒粪便；保持犊牛区排水良好。

良好的管理和早期诊断可以大大减少该病造成的损失。牛群中出现的第一个病例常常是冰山一角，隔离发病的犊牛非常重要，以防止病牛把病原散布得到处都是。采取预防措施是疾病防控的关键，必要时应咨询兽医。

（六）副结核病

副结核病在几十年前已经被发现，但很多国家近年来才开始执行控制措施。过去这种病常常和心包炎混淆，母牛经常被误诊。

副结核病会导致持续性腹泻，所排粪便形似比较稠的豌豆汤。感染牛虽然可以继续采食，但会进行性损失体重。牛腹泻通常持续好几个月，最终死亡。

这种结核样的疾病潜伏期为 2 年以上，一般不会在未成年的牛身上看到临床表现。在冬季，受感染成年牛的尾根周围可能形成大的球状粪便。只有不到5％的感染牛表现出症状，个体牛都是从环境中慢慢被感染。具有临床表现的牛每天向环境中排放出大量的病原，有些哺乳牛可能通过排乳排放病原。

年轻犊牛最为易感，建议将后备牛和临床感染的牛分开饲养。

为了对污染的环境进行消毒，养殖户需要将粪便清除，对被污染的区域使用5％的福尔马林溶液进行喷洒。

如果成母牛持续性腹泻，却还能正常采食，兽医就应该怀疑是副结核病。实验室对活动物的检测很难诊断出副结核病，血液检测特异性不好，且粪便培养需要 6 周才能完成，既费时间，又费钱。但剖检死亡动物很容易确诊。副结核病以小肠壁增厚为特征，可以用显微镜检查小肠以发现病原的存在。

2001 年，阿尔伯塔省政府在自愿参与的原则下委托兽医检测该病。加拿大的牛肉出口市场需要养殖户将该病的发生率维持在较低水平。因此，快速确诊患有慢性腹泻的牛非常重要。兽医可以检查疑似患该病的牛，明确问题的根源，从而最终减少副结核病的发生。

养殖户应注意媒体对该病的报道，该病有可能成为世界性的重要议题。

（七）营养代谢性疾病

1. 瘤胃臌气

气体是瘤胃发酵的正常产物，但当气体的形成速度很快，超过了瘤胃排出气体的能力，就会很快发生瘤胃臌气。一般情况下瘤胃臌气有两种类型：自由气体型臌气和泡沫型臌气。

自由气体型臌气是由于食管受阻，或瘤胃填满过度，或瘤胃瘫痪使得瘤胃不能收缩所致。饲料的快速转换或采食量不规律，能引起自由气体型臌气，原因是瘤胃内的微生物不能快速适应饲料的转换。当动物发生自由气体型臌气时，使用胃管通常能很容易地确定气囊位置，将气体通过胃管排出就能立即缓解臌气的状况。

肥育场的自由气体型臌气一般散发，通常只影响个别牛。犊牛较年老的牛更容易发生慢性自由气体型臌气，这与饲喂的饲料类型或特定的病原没有明显的相关性。动物在幼年期发生过自由气体型臌气，其生长一般不受影响。

泡沫型臌气（也称为草场臌气、豆科作物臌气或肥育场臌气）常常导致死亡。当动物在牧场采食新鲜的豆科作物时，常常发生泡沫型臌气；当动物采食豆科干草或谷物时，则不会经常出现。发生泡沫型臌气时，瘤胃的泡沫性内容物常常抑制了牛的打嗝机制。在瘤胃发酵的过程中，豆科作物中的可溶性蛋白被释放，产生的泡沫又聚集捕捉了发酵过程中产生的气体，阻止了动物的打嗝排气。气体被瘤胃的液体所聚集，形成气泡直径大约 1 毫米的气溶胶（图 6-1）。随着泡沫性内容物的增多，填满瘤胃的空间，抑制食管贲门的神经末梢。

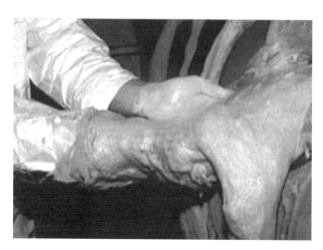

图 6-1　泡沫型臌气时的瘤胃内容物

肥育场发生的臌气类型一般都是泡沫型臌气，动物饲喂高精日粮使得瘤胃发酵产生变化，生成的泡沫或黏液阻止了发酵气体的正常排出。

尽管草场或豆科作物臌气与肥育场臌气都是以瘤胃泡沫性内容物为特征，但两种状况的物理和化学解释有所不同。有人观察草场臌气和肥育场臌气表现后发现了同样的因素（表6-2），从而发现了统一的泡沫型臌气理论。这些相似特征包括：快速消化的饲料原料，日粮谷物或新鲜未成熟的苜蓿含量高，瘤胃内容物中有大量的细小颗粒。细小颗粒和黏液遇到饲料消化所产生的气泡，就形成泡沫性臌气复合物，被聚集在黏液颗粒混合体中。

表6-2　草场臌气和肥育场臌气的相似性

特征	肥育场臌气	苜蓿草场臌气	功能
快速消化的饲料原料	高精日粮	新鲜未成熟的苜蓿	细菌生长的能量来源、快速形成黏液和产生气体
瘤胃内容物中的细小颗粒	细小的谷物颗粒	苜蓿叶绿体颗粒	细小颗粒加上黏液基体
黏稠的瘤胃内容物	细菌性黏液	细菌性黏液	基体聚集颗粒和气体

　　瘤胃臌气的临床表现非常明显，以左侧腹部不同程度的扩张为特征，整个瘤胃也会变大。由于瘤胃扩张，膈肌和肺的压力变大（图6-2），直至产生的气体被限制排出。受影响的牛有神经表现，踢自己的腹部或经常卧倒又立即起来。如果臌气没有被排出，则牛在几小时内死亡。

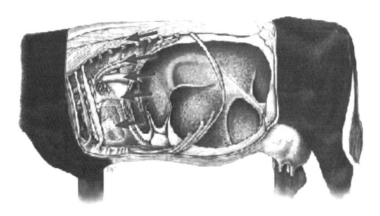

图6-2　瘤胃臌气的牛

　　治疗效果取决于臌气的类型和严重程度。瘤胃穿刺可以很快排出自由气体，但泡沫型臌气必须口服抑制泡沫的药剂，如丁二酸二辛酯钠或矿物质油，且动物必须保持站立并走动，停止喂食，常常在服药后15分钟臌气开始缩小。如果动物跌倒，则必须立即穿刺。穿刺一般都是在臌气最严重的左侧进行，在很大的压力下泡沫性内容物可以排出体外，且应直到气体完全排出再拔出穿刺针。穿刺治疗的动物的后遗症很少，但伤口处可能需要使用抗生素以防感染。

　　有些动物属于慢性臌气。这种状况需要给予瘤胃刺激物，如瘤胃必需的益生菌。如果投药效果不好，常常需要兽医做一个瘘管手术，将气体持续排出。

避免在早晨到草场放牧，因草场比较湿或有露水，易引发瘤胃膨气。在牛群转移到豆科草场前，给牛饲喂非豆科干草对防止瘤胃膨气可能是有帮助的。如果必须在豆科草场放牧，粗糙且成熟的苜蓿草会比较安全。此外，还可以选择不易发生瘤胃膨气的牧场豆科品种，如 AC 草地苜蓿，与其母本相比，这个品种能将瘤胃膨气的发生率平均降低 56％。

多种产品和管理措施都能防止瘤胃膨气的发生。

①离子载体能促进生长、防止球虫病和提高饲料效率，也能有效地减少瘤胃膨气的发生。现在有一种缓释药丸，每天可以释放一定数量的瘤胃素到瘤胃内。如果瘤胃膨气的风险较高，使用这种药丸被证明能减少 80％的瘤胃膨气。这种药丸可以持续使用 100 天，并可以促进动物生长。离子载体还能添加到矿物质预混料里，也有良好效果。

②一种称为膨气卫士的产品可以按每 100 千克体重 4～8 克的剂量每日饲喂 2 次，能防止瘤胃膨气的发生。但是它没有离子载体促进生长的效果。

③一种阿尔伯塔当地生产的水溶性药物，作为处方药也能控制瘤胃膨气。它含有控制瘤胃膨气的成分，可以有效防止瘤胃膨气。

④维持较大的饲料颗粒，可以使肥育场更有效地控制瘤胃膨气。粗糙的饲料颗粒较很细的加工饲料还有其他好处，如更多和更加稳定的饲料采食量，减少吹风导致的饲料损失，以及降低细小灰尘对动物和人的影响。

⑤发生瘤胃膨气时，改变日粮常常能控制瘤胃膨气。从混合日粮中去掉甜菜渣或糖蜜也能立即控制瘤胃膨气。

2. 谷物过载

当给动物饲喂的谷物太多，且动物采食过快，就会出现瘤胃的谷物过载（图 6 - 3）。在瘤胃微生物适应高水平碳水化合物日粮之前，大量淀粉发酵产生了过量的乳酸；乳酸被吸收进入血液，然后产生毒性。

谷物过载与很多消化紊乱有关，会导致临床和亚临床酸中毒、肝脓肿或瘤胃膨气。这些状况或单独出现或合并出现。

谷物过载是一个常见问题，当肥育场的动物日粮谷物含量提升太快或配制日粮中出现错误均会导致谷物过载的发生。由于料槽空间限制，比较霸道的牛采食了超过自己份额的谷物，也会出现个别病例。

谷物过载的症状可能发生在进食后 6～12 小时，取决于谷物的形式（全颗粒还是粉碎的颗粒）和摄入的谷物数量。症状从停止采食、腹泻、虚弱到外观膨气、步态蹒跚，更严重的病例通常出现大量的腹泻和眼窝下陷（脱水）。膨气的程度取决于摄入的谷物数量。

这个情况的治疗方法取决于很多因素，包括受影响动物的数量、摄入的谷物数量、动物的价值和疾病的发展阶段，应尽快咨询兽医以找到最好的处理办法。

受影响不大的牛可能不需要任何治疗，只需要将日粮中的谷物撤去几天时间就可自然恢复。而更严重的病例，则需要通过胃管给予抗酸剂治疗。如果只是少数牛采食了大量的谷物，可以采取手术切开瘤胃拿走谷物。但是，如果这些病牛数量较多，快速屠宰可能是最好的选择。屠宰前需要咨询屠宰场的检疫人员是否可行。

静脉滴注对于矫正严重的脱水和酸中毒很有好处。解决任何谷物过载问题的关键是早处理。当大量已经发酵的物质进入肠道并开始被吸收，处理取得成功的概率就在降低。

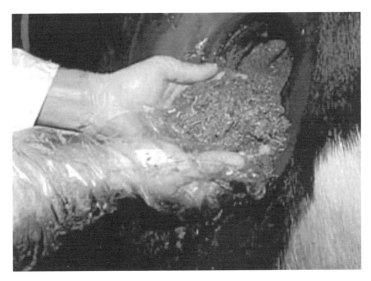

图 6 - 3   谷物过载时的瘤胃内容物

治疗过程中还需要防止蹄叶炎的发生。由于酸对瘤胃形成的伤害，长期病例还可能发生真菌感染，导致肝脓肿。对极端严重的谷物过载，可以将瘤胃的微生态制剂投送给病牛以快速建立健康的瘤胃微生态环境。

为了防止谷物过载，要保证有充足的料槽空间，日粮应准确混合且架子牛的开喂饲料至少含有 60% 的粗饲料。饲喂 7～10 天以后，再每隔 4～5 天将谷物含量增加大约 10%，直到达到最后的肥育日粮水平。

其他防治措施还包括仔细保管谷物存储设施和确保病牛慢慢回归谷物饲喂。

3. 硝酸盐中毒

最常见的硝酸盐毒性来自植物和水源，秸秆中硝酸盐的累积含量最高。硝酸铵或硝酸钾化肥是植物和动物硝酸盐的主要来源。从粪堆流出的水和施用过硝酸盐化肥的土壤中流出的水进入水池，可能成为牛硝酸盐中毒的源头。一年生植物较多年生植物更易蓄积硝酸盐，冷冻和冰雹天气损害导致硝酸盐在植物中蓄积。干旱、潮湿或阴沉的天气后的很短时间内植物中硝酸盐的浓度也增加。

瘤胃很容易将硝酸盐转化为亚硝酸盐，而亚硝酸盐的毒性更大。亚硝酸盐使血红蛋白氧化成为高铁血红蛋白，使血液失去了运输氧的功能。

中毒常常发生在采食后的几小时以内。症状包括呼吸加快、流口水、肌肉虚弱、腹部疼痛、黏膜发白和眼睛变白。如果硝酸盐摄入量大，动物可能在短暂的昏迷后死亡。偶尔也会有动物摄入硝酸盐后 4～5 天症状还不明显的情况出现，这种情况下的表现包括精神不振、对疾病的抵抗力减弱。低水平的中毒还会因胎儿得不到足够的营养而导致流产。

如果确诊是硝酸盐中毒，兽医应该给病牛静脉注射甲基蓝。经过化学反应，甲基蓝可以将高铁血红蛋白转化为血红蛋白，使血液重新能够输送氧。如果症状反复，就需要重复治疗。

最有效的预防措施就是分析饲料的硝酸盐含量，并根据分析结果设计饲喂方案。根据分析方法不同，硝酸盐含量有 3 种报告方法：硝酸根含量、硝酸根中的氮含量或硝酸钾含量。在解读报告前要明确所使用的分析方法（表 6 - 3）。

表 6 - 3　硝酸盐的分析方法和数据报告

类别	硝酸根含量（％）	硝酸根中的氮含量（％）	硝酸钾（％）	备注
1	<0.5	<0.12	<0.81	比较安全
2	0.5～1.0	0.12～0.23	0.81～1.63	小心，可能会出现亚临床症状
3	>1.0	>0.23	>1.63	严重硝酸盐问题——死亡和流产

如果饲料管理得当，大多数含有硝酸盐的饲料都可以饲喂动物。确定某种饲料比较安全以及如何将不同粗饲料和谷物混合成一种安全日粮，均需通过饲料分析来完成。与损失一头牛相比，饲料分析的费用微不足道。

反刍动物将硝酸盐转化为亚硝酸盐并最终转化为氨的能力不同。如果动物的转化能力较差，中毒的风险就比较大，个体动物对饲料中硝酸盐的耐受能力也不相同，这就使得饲料中硝酸盐安全水平的确定比较复杂。与饲喂不好或营养不良的动物相比，每日能摄入足够营养且体况良好的动物就能更有效地将硝酸盐转化为亚硝酸盐并最终转化为氨；体况较差的牛即使饲喂良好，其将硝酸盐转化为氨过程中存在的问题也较多。

其实，高硝酸盐饲料调整的是瘤胃内的微生物，而不是动物本身。瘤胃微生物能将硝酸盐转化为亚硝酸盐并最终转化为氨。微生物能够适应饲料中的硝酸盐水平，并更有效地将硝酸盐转化为亚硝酸盐。瘤胃微生物需要 2～3 天的时间来适应新的瘤胃情况。一旦适应，瘤胃微生物的转化能力就能提升 3～5 倍。在调整期间，一些微生物死亡，消化效率降低，一旦微生物数量恢复到正常水平，消化率也就恢复正常。一段时间后，瘤胃微生物就能适应饲料中较高的硝酸盐含量，增加了自身的存活能力，在新的环境中能够发挥正常功能，这就是适应后的动物能够处理饲料中较高水平的硝酸盐的原因。然而，确定硝酸盐水平是否安全的工作并没有变得更容易。

日常饲喂过程中在日粮中逐渐添加硝酸盐含量高的饲料原料，以保证瘤胃微生物有时间来适应。如果动物的日粮突然从较低的硝酸盐水平转变为较高的硝酸盐水平，那么在瘤胃微生物适应前硝酸盐就会堆积。因此，轮牧或冬季不同硝酸盐含量日粮之间的转换，会使动物处于硝酸盐中毒风险之中。保持提供给动物的日粮硝酸盐含量相对稳定较为重要。

已经适应了日粮硝酸盐含量较高的动物，能够在 2～3 天内将这种能力传递给周围的动物（如相邻的圈舍）。尚不清楚是什么机理，但这种情况确实存在。

采取以下措施，能够减少但不能消除硝酸盐的毒性：

①通过全混日粮来稀释硝酸盐含量较高的饲料原料。

②每天投送饲料 2～3 次。

③在使用硝酸盐含量较高的饲料原料前，让动物有一段时间来适应。

④确保给动物饲喂平衡日粮以达到相应的生产表现。

⑤等待一段时间再收割受霜冻或被冰雹损害的植物饲料，以允许过多的硝酸盐转移到土壤中去。青贮过程能将硝酸盐水平降低约 40%。

植物中硝酸盐的蓄积并不意味着就会出现饲喂问题。了解如何管理收获过程和如何饲喂硝酸盐含量较高的饲料，就能减少出现问题的风险。

4. 脑灰质软化

脑灰质软化对牛来说不是一种传染病，以采食量降低、视力受损、肌肉震颤、缺乏协调性、头抵无生命物体、磨牙、呻吟、抽搐、卧倒或倾斜身体为特征。该病有 2 个基本类型：一个是肥育场零星发作的急性病例，动物被发现时常常处于昏迷状态，另一个类型是在草场零星发作的温和型或亚急性病例。

阿尔伯塔省该病的发生率较低（每年 1.7%～6.6%），大约 50% 的受影响动物在发病后的数天内死亡，急性病例的死亡率可高达 90%，亚急性病例的死亡率为 50% 左右。亚急性病例可能会完全康复，但其平均日增重可能低于未受影响的牛。

这种严重的神经疾病的病因还不是很清楚，可能是由于几种因素的交互作用，使得瘤胃和其他组织的硫胺素（维生素 B_1）长期缺乏。下面一些因素可能使牛出现维生素 B_1 的缺乏以及发生脑灰质软化：

①硫胺素的破坏可能是由于瘤胃硫胺素分解酶数量的增加，这种胞外酶（结合在某种瘤胃细菌的细胞表面）可以破坏瘤胃中的硫胺素。这种酶的数量增加可能是由于日粮中精饲料的突然变化，导致某些具有硫胺素分解酶活力的瘤胃细菌的数量增加，瘤胃 pH 的下降释放了这种酶，因此酸中毒（谷物过载）与脑灰质软化有所关联。此外，发霉饲料中的某些真菌也能产生大量的硫胺素分解酶，导致瘤胃中硫胺素的破坏增加。

②瘤胃中的硫胺素可能被一种抗球虫药破坏，这种药可以起到抗硫胺素的作用，慢慢破坏瘤胃中的硫胺素。

③日粮钴缺乏也能导致硫胺素缺乏，但原因不是很清楚。

④硫摄入过量（包括从饲料或饮水中摄入），导致瘤胃中硫胺素被破坏。

脑灰质软化的预防比较困难。谨慎饲喂高精日粮可以预防和控制这种疾病，增加肥育场日粮中的粗饲料含量或每日每头牛补充 1 克维生素 B_1，持续 2～3 周可以降低该病的发生概率。肥育场需要更多的研究以提高控制脑灰质软化的必需水平。

脑灰质软化还会发生在草场放牧饲养条件下的牛身上。如果发生这种情况，则应将牛从问题草场移走，并在微量元素补充料中添加维生素 B_1，可起到一定的效果。

因为神经症状都比较相似，要做出明确的诊断比较困难，所以任何时间动物如果表现出神经症状都应请兽医来诊断。兽医可能对神经状况导致的死亡进行尸体剖检，并在实验室对脑组织分析以做出诊断。脑灰质软化导致脑组织在紫外光下出现荧光。

5. 搐搦

低镁血症导致的搐搦也称为青草搐搦、青草蹒跚、冬季搐搦和泌乳搐搦。它是多种代谢紊乱的合称，以血浆低镁（低于 0.65 毫摩尔/升）和脑脊髓液低镁（小于 0.5 毫摩尔/升）为特征。青草搐搦指动物转移到茂盛的草场后出现的类似搐搦的症状；冬季搐搦是指饲喂冬季日粮的动物发生了类似的症状。不管什么原因造成的搐搦，所有病例的临床表现都相对一致。冬季搐搦和产乳热易相混淆，需要请兽医来检测血中钙、钾和镁的水平后确诊。

该病的症状包括产乳量减少、体重减轻、食欲减退、有轻微的神经症状和肌肉震颤。急性病例，表现过度兴奋、肌肉痉挛、战栗、缺乏协调性、蹒跚和抽搐，最终死亡；偶尔发病牛和产乳热一样会倒下，表现非常安静，不能站立，这种状况常见于妊娠后期或产犊以后。肉牛场发生该病的第一表现是动物以头和四肢着地，四肢划水并挣扎后死亡。

动物在倒地之前对静脉给予的葡萄糖镁钙溶液的治疗反应良好，但疾病后期的治疗常常以失败告终，不能完全康复。

如果将哺乳牛放到茂盛的草场，则需要在矿物质补充料中添加 $1\%\sim3\%$ 的镁。大多数矿物质补充料几乎没有镁，镁的含量高会导致矿物质补充料的适口性降低。

6. 产乳热

低血钙水平的成母牛（4～9 岁）在产犊前或产犊后易发生产乳热。产乳热的发生是由于初乳的生成从血液中拿走了大量的钙，生产每千克初乳需要从血液中拿走大约 2.5 克的钙。当血清钙水平从正常水平快速下降，就会出现急性产乳热。血清损失的钙需要肠道钙的吸收量增加或者骨钙的动员增加，或者两种途径都有增加。

产乳热有 3 个可以辨别的阶段。在第 1 阶段，母牛不能站立，但表现过度敏感和兴奋；母牛的腹部和腰部有轻微的震颤，耳朵抽搐和头部摆动；母牛表现不安、反复挪动后肢和吼叫。如果没有补钙治疗，就会发展到第 2 阶段。

在第 2 阶段，母牛不能站立，但维持胸卧姿势（以前胸部支撑身体）。其他症状包括精神沉郁、厌食、体温偏低、四肢末端温度低、心跳减弱；平滑肌麻痹导致外观形似臌气，不能排便，肛门括约肌张力损失，可能失去排尿功能；母牛常常将头向后转放在腹侧，如果头部前伸则呈现 S 状躺卧。

在第 3 阶段，母牛逐渐失去意识，甚至不能维持胸卧姿势，肌肉完全无力，对刺激没有反应，出现严重的臌气；心率可能达到 120 次/分钟，但检测不到脉搏。母牛在这个阶段可能只能存活几小时。

头胎牛很少会出现产乳热，随着母牛和胎次的增加，产乳热的发病率会增加。加拿大萨斯喀彻温大学在几个受躺卧母牛综合征影响的牛场的研究显示，肉牛母牛产犊前的日粮水平可能与产乳热有关。所有受影响的牛场饲喂的都是谷物青绿饲料，这种饲料会导致母牛摄入的钾过量。所有的日粮都有明显的饲料阴阳离子平衡（DCAB）失常，部分原因可能是钾太高。大多数母牛的血钙或血磷较低，或两者都比较低，可能是由于日粮和代谢的多种因素所导致的。治疗受影响的牛需要超过正常剂量的钙、镁、磷溶液。研究者的结论是母牛日粮中的钾使得 DCAB 升高。

肉牛研究中有关 DCAB 过高的资料很有限，而奶牛上关于日粮最佳 DCAB 的资料很多。奶牛场使用阴阳离子的负平衡来防止产乳热。但是，肉牛场由于产犊日期通常不是很清楚，而且很难把个别牛从牛群中分开饲喂，因此，关于肉牛 DCAB 恰当水平的日粮没有正式的推荐。

产犊前 45 天开始给母牛饲喂低钾高钙日粮，可有效降低产乳热的发生概率。

7. 创伤性网胃心包炎（金属病）

钉子或其他金属物体进入牛体会刺穿网胃壁。急性病例表现为牛突然停止采食，移动缓慢，胸部区域疼痛；牛不愿意排便或排尿，粪便通常比较干燥。慢性病例由于症状不明显，通常很难诊断。如果创伤涉及迷走神经，可能会出现慢性膨气。如果创伤处靠近心脏，可能会发生心力衰竭。金属病和副结核病常常容易混淆，两者在后期都出现腹泻和体重损失。

急性病例的治疗包括使用抗生素和抗炎药物。常常投喂一个磁铁以阻止金属物体的进一步移动。如果给牛投喂磁铁后，磁铁就终生停留在牛的网胃里，金属不停地被磁铁吸附，然后被胃酸所消化。对于价值特别高的牛，可能需要进行手术将金属物体取出。

其他的预防措施还包括在饲料设备上安装磁铁，清理草场和干草存储地方，以清除饲料中可能存在的金属物体。

8. 甜三叶草中毒

饲喂发霉的甜三叶草干草或青贮，可能由于其含有双香豆素而出现中毒。甜三叶草含有香豆素，它如果被不同的霉菌代谢就会产生双香豆素，双香豆素可以抑制维生素 K 的吸收并导致维生素 K 缺乏。甜三叶草中毒的特征就是容易发生出血，维生素 K 缺乏使得血液不能正常凝结，出血不止。

并不是所有发霉的甜三叶草都有毒，也不能说没有发霉或没有看见发霉的甜三叶草一定没有毒。饲喂青贮较饲喂干草发生中毒的机会少，草场放牧的牛这种病也非常少见。甜三叶草中双香豆素的浓度超过 10 毫克/千克，就可能引起中毒。

牛出现甜三叶草中毒，在问题非常严重之前都表现正常，其主要的表现是体内或体外出血，体内出血会导致明显的皮下肿（血块）。情况严重的动物非常虚弱，僵硬或不愿走动，其原因是关节和肌肉的出血，动物进行性消瘦，平静死亡。饲喂发霉甜三叶草干草的动物可能在内出血发生前很长时间就有血液的凝结问题，很小的手术（如去势和去角）都可能导致大量出血，从而死亡。

动物表现中毒症状后应立即请兽医帮助，有时，可通过直接输血得到挽救；肌内注射维生素 K 也可以起到一定的效果。在日常饲养过程中可将饲料中的甜三叶草改为高质量的苜蓿，因为后者含有较高的维生素 K 和钙水平。

其他预防措施包括：

①种植香豆素含量较低的甜三叶草品种，确保干草彻底干燥。因为甜三叶

草茎秆较粗而且水分含量大，可能需要 14 天以上才能彻底晒干。此外，还可将甜三叶草制成青贮，能减少发霉和中毒的概率。

②使用无水氨对所储存的甜三叶草干草进行氨化，能够抑制霉菌。

③饲喂 2 周的甜三叶草干草或青贮，然后转换为其他粗饲料 2 周时间，后再饲喂甜三叶草 2 周时间（即喂 2 周，停 2 周），这样有利于中和毒性。将发霉的草和优质草混合断断续续饲喂也比较安全。

④在产犊前 3 周，或者去角和去势等手术前不要饲喂甜三叶草。

⑤日粮中补充维生素 K 也有助于中和毒性。

⑥日粮中补充钙也有助于防止出血。

9. 迷走神经性消化不良

这种情况很难诊断。可能是迷走神经受到损伤或刺激而引起，该神经控制瘤胃的蠕动。受影响的牛常常变为僵牛，采食量差，采食后左腹部比较饱满，就像发生了臌气。屠宰常常是最好的选择。

10. 消化迟缓

给动物饲喂的低质量粗饲料没有被瘤胃微生物适当消化后就进入了真胃（第 4 胃）从而发生了消化迟缓，饲料压实在真胃内。

消化迟缓的表现发展很慢，经过几周时间，直到一两头牛变得虚弱或倒地，养殖户才会注意到这个问题。受影响的牛行动迟缓，停止采食。随着真胃内容物越来越紧实，水不能进入肠道，动物常常出现脱水和排出干燥且少量的粪便。有时在牛倒下前能注意到牛很虚弱，步态蹒跚。如果发生在牛的妊娠后期，自身的能量需求大，胎儿占据了腹部很大的空间，使肠道的物理空间减小，消化迟缓的情况更加恶化。如果采用限饲管理方法，怀双胞胎和那些牛群中地位低下的牛更可能受到影响。

冬季饲喂大量低质量、粉碎的干草时牛更容易发生消化迟缓。寒冷天气或妊娠后期更容易发生迟缓，因为此时动物营养需求增加，采食量增加，但动物的消化能力很差。冬季动物不停地采食以保持暖和，看上去胃很大很饱，但近距离检查时其实很瘦，肋骨都很明显。

治疗第一例消化迟缓病例就像是看见冰山一角。由于其他动物很可能也出现同样的问题，要仔细检查牛群的其余动物。对严重病例来说治疗几乎是徒劳，推荐予以屠宰。泻药和矿物油对于早期病例可能有用；钙有助于恢复瘤胃微生物的活性；表现迟缓早期症状的牛群和出现迟缓的个体牛在恢复期都应该自由饮水；良好的护理和牛棚有助于病牛的恢复。

预防措施包括在冷天、潮湿或大风天气，以及妊娠最后 3 个月确保牛的日粮中有充足的能量和蛋白质。建议在日粮中补充谷物，特别是头胎牛和瘦牛；饲喂时避免将低质量粗饲料铡割得太细。

（八）繁殖问题和疾病

1. 牛病毒性腹泻（BVD）

牛病毒性腹泻是牛的一种病毒性疾病。呼吸型 BVD 常发现与支原体肺炎有关。另外，BVD 还与流产、胎儿干尸化、先天缺陷综合征有关，先天缺陷综合征导致大脑或眼睛的先天性缺陷。BVD2 型导致血小板减少性出血症。

牛病毒性腹泻通过与感染牛直接接触或采食了被感染牛粪尿污染的饲料而传播，它在很多牛群都广泛存在。该病通常为亚临床性表现，即看不到临床症状，但 6～24 月龄的年轻牛可能突然出现严重的致死性腹泻。

感染致死性 BVD 的牛是否会死亡，取决于动物在出生前是否接触了温和型的病毒。一只犊牛在出生前 120 天或更长时间接触到温和型病毒，就会成为温和型病毒的携带者，不会表现该病的症状；如果该牛在 6～24 月龄第 2 次接触该病毒（如接种弱毒疫苗），可能出现致死性腹泻。

严重型 BVD 常出现持续性水样腹泻，并伴有口腔溃疡。有时受影响的牛还会因为蹄冠（蹄匣上面的软组织）附近疼痛而出现跛行。这种类型的病例很少能活下来，即使活下来也无利可图。

妊娠期的感染可能导致流产、死胎、胎儿干尸化、胎儿出生时有缺陷或正常的胎儿成为病毒携带者。出现问题的严重程度取决于感染时妊娠的阶段。

控制措施就是对所有的繁育牛进行疫苗接种以阻断发育期胎儿的感染。具体疫苗有 2 种：修饰弱毒苗（MLV）和灭活苗。灭活苗可以用于妊娠牛，而修饰弱毒苗只能用于没有妊娠的牛，具体使用方法应咨询兽医。

2. 流产

流产是冬季初期造成肉牛繁育场损失的最大原因之一。阿尔伯塔省肉牛繁育场平均流产率为 2%～3%。整个妊娠期可能都有流产，但更常见于每年 11 月至次年 1 月，这时期牛流产更容易被发现。

正如之前讨论的，疫苗可以控制导致流产最为主要的两个原因——IBR 和 BVD。流产还与环境因素、母体的因素有关。通过秋季的妊娠检查，可以调查空怀率的高低、流产或其他繁殖问题。

发现的任何胎儿和胎衣都应该交给兽医进行检查，特别是流产率 3% 以上的地区或附近区域发现了好几例流产的情况。确保提交的胎衣样品带有子叶（胎衣上纽扣状结构），且应为母体内干净的部分胎衣。带有子叶能使诊断的成功率提高 2 倍以上。严重的遗传缺陷也能导致流产，但大多数流产的胎儿并不会表现明显的异常，因此，进一步的检查就很有必要。但是，即使提交了病样，准确诊断的概率也只有 50% 左右。根据诊断结果，兽医可能建议养殖户改变管理措施以使下一年的问题最小化。

真菌问题也与流产的暴发有关。真菌性流产常发生在妊娠 4 个月以后，冬季也经常发生。真菌是通过食物进入身体，或通过口和呼吸道到达血液和胎盘。为了控制这类流产，应避免给妊娠母牛饲喂发霉的饲料。

近年来，研究人员发现犬新孢子虫与肉牛场的繁殖损失有关。以前这种疾病主要发生在奶牛场，常引起妊娠 4~6 个月的母牛流产，或导致与 BVD 相似的胎儿干尸化流产。该寄生虫必须经过明确的宿主才能繁殖，犬被发现是这种寄生虫的终端宿主之一，其他犬科动物如狼和狐狸也能作为终端宿主。牛是其中间宿主，采食被犬的粪便污染的饲料是常见的传播途径。一旦进入身体，该寄生虫就能通过胎盘屏障感染胎儿。该病的确诊依赖于流产牛的血液检查，怀孕早期流产的胎儿中很难找到病原。

3. 弧菌病（弯曲杆菌病）

这是由胚胎性病弯曲杆菌和胚胎弯曲杆菌胚胎亚种引起的牛的一种性病，以早期胚胎死亡、不育、配种季延长和偶尔的流产为特征。弧菌病是在配种季经过牛的生殖器官传播的。

发病牛的症状通常表现为发情周期延长，受胎率降低。妊娠牛的症状可能延续 2~6 个月，甚至更长，直至牛获得免疫力为止，其间可见流产发生。

弧菌病可通过解剖流产胎儿分离到病原菌来确诊，但操作难度较大。

在过去，公牛常被认为是该病原的永久携带者。但是最近的证据显示年轻公牛即使自己没有感染也能把病从感染母牛传播给未感染的母牛。年轻公牛在非配种季可以自己清除病原。年老的公牛发展成为一个可以治愈的携带状态，但其非常容易被再次感染。

为了预防弧菌病，应在配种季开始前 40 天左右接种疫苗，然后在配种季开始前 10 天加强免疫，疫苗对母牛非常有效，但免疫力的持续时间较短，这也是为什么母牛在配种前需要再次接种的原因。人工配种是另一种可以预防该病的方法，使用的冻精只能来自没有感染弧菌病的公牛。

幸运的是，这种病不是很常见。兽医经常推荐配种期有很多牛聚集的地方接种疫苗。

4. 滴虫病

滴虫病是一种接触传染性性病，可导致不育、流产和子宫脓肿。因为该病只是通过性接触来传播，所以是一种真正的性病。该病是由一种寄居在母牛生殖道或公牛阴茎鞘内带有鞭毛的原虫所引起的。

公牛携带者不表现症状，其在配种季传播该病。公牛常常是永久携带者，该寄生虫在公牛阴茎鞘内小的凹陷或褶皱且没有空气的地方大量繁殖。年老的公牛由于阴茎鞘里的凹陷更多，因此感染率更高。年老的公牛在配种季开始时就开始传染母牛，使得母牛感染该病的机会大大增加。

被感染的母牛阴门出现了白色有黏性的分泌物,持续长达 2 个月。母牛常常能正常受胎,但在 60 天左右胚胎会被吸收。如果牛场以前没有发生过这种病,则很多母牛都会被感染。个体牛的不育可能持续长达 5 个月。胚胎死亡是重复配种的主要原因。最终,母牛恢复发情,并完成妊娠。如果配种季延长,母牛建立起免疫力,后来也能受胎。结果就是产犊季被延长。

该病的检测涉及公牛阴茎鞘病原培养。一次检测的特异性大约为 80%,需要每周检测 1 次,连续检测 3 次才能确保 100%准确。公牛在检测前需要休息 2 周。在进行配种可靠性检查时是理想的检测时间,利用公牛还在保定的时候取样进行病原培养。

预防措施包括:

①只购买还没配过种的公牛。

②保持公牛群年轻,年龄超过 5 岁的公牛更有可能携带该病。

③从不租借或使用不明背景的公牛。

④除了配种季,公牛和母牛分开饲养。

⑤配种后 60~80 天所有母牛和后备牛进行妊娠检查,淘汰空怀的母牛或后备牛。

⑥不要外借公牛或让公牛接触不明来源的母牛。

⑦饲养自己的后备牛。

⑧购买成对的母子或证实已经妊娠的母牛,因为妊娠母牛携带该病的情况非常少。

⑨如果妊娠率低,应在公牛配种可靠性检查时检测该病。特别检测那些超过 4 岁的公牛;在将新购公牛和母牛一同饲养前,检测该病。

⑩不要购买和混合饲养来自很多地方的牛,这会大大增加该病和其他接触传染性疾病的扩散机会。

⑪购买的空怀母牛可以肥育,但不能用于繁育。

⑫已经有一种有效的疫苗,但只限于流行该病的地区使用。在很严重的情况,疫苗能够将妊娠率提高 10%~15%。

5. 胎衣不下

胎衣滞留超过 24 小时的情况在养牛业比较常见。处理办法随着年代的推移也发生了很大的变化。20 世纪 60—70 年代,兽医花很多的时间清理母牛胎衣,然而这个方法被证实有害,清理过的母牛与没有处理过的母牛相比,常常要花更长的时间才能妊娠。

胎衣不下的发生受牛群营养状态的影响,体况太瘦(评分 1~2)或太胖(评分 5)者发生该病的比例较高。

维生素 A、维生素 E 或矿物质硒缺乏可能会增加胎衣不下的概率。养殖户应咨询兽医或营养师后决定牛只对于这些营养物的需要水平。

产犊过程过长、用力拉拽或较晚干预都能增加胎衣不下的发生概率。流产母牛常因为未成熟的子叶不能正常松开，从而出现胎衣不下。产双胞胎牛发生胎衣不下的比例也很高，与平均妊娠期相比，产双胞胎的妊娠期常常短1～2周。

如果母牛出现胎衣不下，并出现发热、停止采食，应该用抗生素治疗（长效四环素）。通常患胎衣不下的母牛看起来非常健康，但会有很难闻的胎衣挂在外面。子宫内的治疗方法有害，胎衣滞留的时间会更长。如果产后3～4周还有明显的分泌物，兽医可能建议注射前列腺素以诱导发情，发情就是一个清理的过程。

减少胎衣不下的预防措施包括：

①确保母牛产犊时的体况为2.5～3.5。

②提供足够的营养，包括微量元素和维生素（特别是维生素A、维生素E和硒）。

③难产或产双胞胎后，兽医可能推荐注射催产素以引起子宫收缩。

④产犊时如果需要人为干预，请保持手和用具干净。

⑤调查所有的流产病例。

⑥根据地域状况接种疫苗。

6. 子宫脱垂

子宫脱垂指产犊后整个子宫的内表面被全部推出体外的症状，常常出现在产犊后的几分钟以内，需要立即请兽医来处理。整个子宫大约有20升的水桶那么大，上面有红色的扣状物或子叶。子宫脱垂也能发生在产犊后的几天内，原因常常是胎衣不下导致的拉力。由于难产，头胎牛最为常见，但也见于年老的经产牛。

和阴道脱垂不同，该病没有遗传性。因此，如果母牛成功治疗后再次妊娠，就应该保留在牛群里。

及时治疗子宫脱垂非常重要。保持母牛安静可以提高保定、治疗的成功率，防止供应子宫的大血管被撕裂。如果让子宫挂在外面，可能导致子宫撕裂或由于出血而导致死亡。如果子宫能完好地复位，母牛再次妊娠的可能性非常高。

兽医进行硬膜外麻醉，随后进行子宫的复位（最好不带胎衣），然后进行系统性和子宫

图6-4　牛子宫脱垂

内抗生素治疗。通常在阴门处进行缝合，以防止复发。大多数情况下，1 周左右子宫就彻底归位，随后可进行拆线处理。

一头母牛如果后半身处于下坡位，不能站立，就可能诱发子宫脱垂。母牛产犊后能自行站立，由于重力作用，以及对犊牛的哺乳刺激催产素的释放，催产素能导致放奶和子宫的收缩，就不易发生该病。

7. 阴道脱垂

阴道脱垂是母牛生殖道的后半部分突出到体外的一种状况，通常发生在产犊前 2～3 周。暴露的阴道变得很脏，且母牛会很痛，导致母牛努责，使得情况更糟。进一步的努责，还会导致直肠脱垂。

阴道脱垂开始只是母牛卧倒时一个小的红球突出到阴门外边，随着时间推移通常会变得更加糟糕。这样的状况可能年年复发，发生阴道脱垂的母牛应该在秋季淘汰掉；这种状况也有遗传性，因此，母牛的后代也应该予以淘汰。

兽医治疗时会进行尾根麻醉，清理后进行复位。根据动物努责的严重程度使用相应的技术。通常多种程序可以让母牛不需干预就能正常产犊。但是，多数情况下，这些母牛临近产犊时要仔细观察，及时拆线，以防止产犊时阴门被撕裂。

一般而言，母牛阴道脱垂直到下一年不会复发，除非由于配种或胎衣不下而导致再次脱垂。新购牛妊娠时要确保该牛没有因为之前的脱垂而被缝合的痕迹。

8. 直肠脱垂

直肠脱垂通常在牛群中零星发生。直肠脱垂后会肿大变硬，因此较早发现是治疗该病的关键。球虫病常常导致年轻牛发生该病；年老的公牛可能因为跑动太剧烈而出现脱垂；严重的便秘也会导致过度努责而发生直肠脱垂。

严重的阴道脱垂有时候也会导致直肠被挤出，其治疗方法和阴道脱垂相似。直肠脱垂是否有遗传性目前还不清楚，只要动物的伤口不影响直肠开口就可以继续留群饲养。

（九）癌症

1. 眼癌

眼癌是牛最为常见的癌症，常发于眼睛周围，可能涉及眼球或眼睑（图 6-5）。这种病在头是白色的牛上比较多发，原因是紫外线的照射。眼癌在早期阶段和红眼病很相似，但没有或很少有疼痛表现。

如果发现得早，则有多种治疗方法可用，包括冷冻疗法（使用液氮）、热疗或手术摘除。如果发现得早且只有第三眼睑患病，手术摘除后眼睛还可以保住；如果一只眼睛（整个眼睛）被成功摘除，牛也可以存活好几年，但因为一只眼睛是瞎的，养殖户需要更多的精力来照顾它，并且养殖户也需要观察眼癌是否会复发。

图6-5　眼癌

患有眼癌的牛的运输涉及动物福利的问题，被社会谴责的概率很大。如果牛患有眼癌，就应该手术治疗或淘汰。手术治疗是最为经济的选择，有些眼癌被手术摘除后可以通过宰前检验。

2. 地方性牛白血病

这是牛第2常见的癌症，但这种病的病原是病毒。这种病常被称为白血病或牛的淋巴恶性瘤。淋巴恶性瘤有4种类型，只有成年型是由病毒引起的，其他类型的淋巴恶性瘤非常少见。该病毒通过血液传播、蚊虫叮咬、注射共用一个针头、直肠检查的损伤等方式进行传播。其他方式如去角、打耳标、烙牛号等都有传播该病的可能。

因为相互距离近，奶牛最易感染该病。感染牛真正出现肿瘤及死于该病的比例不到5%。临床表现可能经过一年的时间才显现出来，而且肿瘤的发展变化很大。该病最为常见的特征是体重减轻。肿瘤可能出现在耳后，使得双眼突出。

该病没有有效的治疗办法，确诊常需要活检。牛群中的其他牛也需要进行血液检查。出口到其他国家的纯种牛需要强制性检测，检测呈阳性的牛需要隔离以防止该病的扩散。

养殖户可以通过预防管理措施防止该病的扩散：确保动物不受蚊虫的叮咬；对接触到血液的鼻环、耳标、去角器和其他用具进行清洗消毒；疫苗接种时，每10～15头牛更换一个针头；如果养殖场有一头阳性牛，则应最后一个接种；为了减小疾病的扩散，淘汰阳性牛；用作胚胎移植项目的受体牛，应该在项目实施前进行检测。

养殖场兽医应该检测任何疑似牛。如果发现有阳性牛，则有必要监测和检查整个牛群。

（十）脓肿

1. 肝脓肿

肝脓肿（图6-6）可以发生在任何年龄、任何品种和任何地方的牛身上。最常见于肥育场和奶牛场饲喂高精日粮的牛或偶然采食了大量谷物的牛。

谷物过载与多种消化紊乱病有关，导致临床和亚临床性酸中毒、肝脓肿或臌气。由于消化大量易发酵的谷物，耐酸性细菌大量繁殖，瘤胃中产生了大量的酸和细菌黏液，诱发消化紊乱。瘤胃中过多的酸可以损伤瘤胃壁（瘤胃炎，或瘤胃壁脱落），导致采食量降低。这种酸性状态对瘤胃造成损伤，使得细菌进入血液，在肝部形成脓肿。肥育场肝脓肿的发病率最高。

当肝脓肿非常大或扩散到其他器官（如肺脏）时，才能看到临床表现，表现为走动或躺卧时出现呻吟，或其他疼痛表现。肥育场去势牛如果有多个肝脓肿，会导致饲料转化率降低，影响牛的产肉品质。

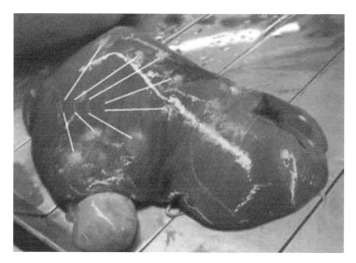

图 6-6　肝脓肿

在日粮中添加足够的粗饲料、对粮食谷物适当加工、预留一定的日粮适应期、合理添加多种饲料添加剂和准确管理料槽都是预防肥育场发生谷物过载的有效方法。

避免日粮种类的突然转变，特别是从高粗日粮变为高精日粮。消化谷物的细菌群落和消化粗饲料的细菌群落不一样。随着日粮的变化，细菌群落的变化需要一些时间（14～21 天）。最容易的一个方法是采用含 30%～40%粮食谷物和 60%～70%粗饲料的混合饲料作为肥育场的开喂饲料，维持饲喂 7～10 天，如果没有发现消化紊乱的问题，随后每隔 2～4 天减少 10%的粗饲料直至日粮只含有 10%～20%的粗饲料为止。大多数肥育场不会突然更换日粮。

面向肥育场提供的一种产品可以有效地降低肝脓肿 50%～60%的发病率，并能改善肉牛的增重。离子载体对防止肝脓肿的发生作用较小。

养殖户可以从屠宰场获得有关肝健康水平的很多有价值的信息。从这些结果来看，养殖户可以知道他们饲喂项目的管理工作情况。屠宰场较高水平的肝脓肿也是谷物过载的指标。如果多个动物出现了肝脓肿，养殖户就应该和兽医一起寻找原因。

2. 体表脓肿

有些时候养殖户可能发现牛体某些部位出现了大面积的肿块。这些肿块一般是由于注射、擦伤等伤口被感染所引起的。如果发生在腹部，还可能是由陈旧的脐带感染造成脓肿。免疫力低下的牛最容易发生脓肿。多种脓肿可能是一种系统性疾病通过淋巴系统扩散到全身的结果，兽医应该寻找潜在的病因。

大多数脓肿在身体内被一层厚膜包裹，直到特别大之前不会对牛产生较大影响。兽医需要做的第一件事就是抽出内容物，这样可以确定肿块里面是脓液或血液或肠道内容物。如果内容物是血液、透明液体或肠道内容物，则可能就是其他的问题造成的脓肿。如果脓肿已经成熟，就做一个穿刺并引流，以最大限度地减少复发的机会。如果脓肿接近一个重要结构，如颈静脉，则必须先了解这个部位的解剖结构后再处理。剪开脓肿后，应做好冲洗，有些情况下需要垫上无菌纱布进行包扎，数日后取走。

疫苗接种时每10～15头牛更换一个针头，可有效避免注射伤口感染引起的体表脓肿。

（十一）中毒症

1. 氨中毒和尿素中毒

尿素和很多氨的衍生物可以在反刍动物饲料中作为天然蛋白质的替代品。如果使用不当，则可能造成致命性损害。尿素在反刍动物的日粮中的用量建议不超过谷物用量的3%或全混日粮的1%。饲料中添加过多的尿素会导致腹泻和臌气，还会出现频繁的排尿和排便。

反刍动物如果出现营养不良或疾病，或是没有习惯在日粮中添加尿素，也会不耐受尿素。

牛误食尿素化肥也能导致中毒。尿素化肥比较咸，对牛来说较为适口，牛会误食。因此养殖场不应使用尿素化肥来化雪。

2. 有机磷酸酯和氨基甲酸酯中毒

有机磷酸酯和氨基甲酸酯被用于很多杀虫剂中。这些杀虫剂有些被用在牛背上来灭蛆，如果按照使用说明来操作是安全的，但如果不能根据牛的体重对剂量进行相应的调整就会导致中毒。

这些杀虫剂被广泛用于农业，可能由于污染动物饲料或储藏不当而引起动物中毒。如果摄入能够产生毒性的剂量，则会引起动物表现多种神经症状。大多数新的杀虫剂毒性很低，通常需要5～10倍的正常剂量才会有毒性。

这类中毒症状为兴奋、呼吸困难、大量流涎、出汗、流泪、排尿、牙龈变蓝、腹痛，有时有腹泻、肌肉抽搐、步态蹒跚、瘫痪、精神沉郁和死亡。

如果发现及时，兽医可使用阿托品作为解毒药。

（十二）需要报告的疾病

需要报告的疾病由《动物健康法》定义，并在该法第二章"需要报告的疾病条例"中有明确的罗列。《动物健康法》要求任何人饲养或控制动物，当怀疑是其中的这些疾病或意识到某些事实暗示某病的出现时，必须向加拿大食品检验署的兽医检验员报告。《动物健康法》的目的是阻止向加拿大输入动物疾病，控制并消灭影响人类健康或对加拿大家畜养殖业有重大经济影响的疾病。

1. 炭疽

炭疽让很多养殖户感到害怕，牛和人及其他动物都很易感。

该病是由一种产生孢子的细菌所引起，这种孢子可以在土壤中存活超过50年。疾病的暴发常发生在潮湿的春季之后的干热夏季。1966—2001年，加拿大报告了20多起炭疽病。相对其他疾病，该病比较少见。

炭疽的初始表现通常是毒血症引起的突然死亡。尸体不会僵硬，血液也不会凝结。养殖场任何突然的死亡牲畜都必须由兽医进行尸检，如果怀疑是炭疽，就需要进一步的实验室检查以明确死因。

如果已经确认是炭疽，则不应解剖，需要联系联邦兽医官。他们负责监督检疫程序和尸体的正确销毁。只要诊断明确并合理销毁尸体，每头动物最多可以得到500加元的赔偿。联邦兽医负责监督随后2年牛群的免疫接种。2年之后，养殖户和养殖场兽医可以决定是否继续接种。

预防性疫苗是一种非囊内孢子疫苗，在接种2周后具有几乎100％的保护力，价格也和其他疫苗相当。该疫苗通过皮下注射，所有年龄段的牛均可接种。由于炭疽很少见，兽医平常不会将其列入常规的免疫接种程序。如果牛场附近发生了炭疽，兽医才会推荐接种该疫苗。如果牛场与感染的牛场使用同一水源，则需要进行接种。

2. 口蹄疫（FMD）

口蹄疫是最为熟知的动物接触传染病之一，潜伏期3～6天。口蹄疫病毒可以感染所有偶蹄动物，影响动物的口腔、乳头和蹄部的皮肤。牛由于口腔疼痛而流口水，并有跛行。如果养殖户发现任何动物有相似症状，应立即求助兽医，尽快确诊。

感染口蹄疫的发病率接近100％，成年动物很少出现死亡，但病情较重。

加拿大在1952年最后一次出现口蹄疫。2001年，英国及相邻地区发生口蹄疫，损失非常巨大。

口蹄疫主要经过直接接触传播。该病毒还通过人的衣物传播，其在加工的肉奶产品中可存活数月。联邦政府禁止从任何发生口蹄疫的疫区进口肉类和动物副产品，以避免该病进入加拿大。加拿大各进口口岸都有监管。

该病必须被根除以维持动物产品的出口市场。口蹄疫的 7 个血清型都有相应疫苗，疫苗接种后动物出现抗体，但这种反应与疾病的自然暴露很难区别，也使该病的根除非常困难。因此，如果养殖场的生产目标就是出口市场，甚至不需考虑疫苗接种。

如果加拿大发现该病，出口市场就会立即关闭，整个地区就会被检疫直至该病被清除。加拿大牛只身份识别系统使得需要上报疾病的追踪溯源更加容易。

每个养殖户必须保持警惕并落实牛场的生物安全措施。这有助于防止口蹄疫和其他疾病进入或扩散到牛场。

3. 牛海绵状脑病（疯牛病）

牛海绵状脑病（BSE）是牛神经系统的一种进行性致死性疾病。BSE 会导致大脑组织出现很多海绵状空洞。

BSE 是一种相对较新的疾病，1986 年第一次在英国发现和确诊。BSE 为传染性海绵状脑病（TSE）家族的一种。其他 TSE 包括绵羊的痒病、鹿和麋鹿的慢性消耗性疾病和人类的克雅氏病（CJD）等。

尽管 BSE 的确切病因还不明确，但很可能与一种称为朊病毒的异常蛋白的出现有关。牛可能通过采食被污染的饲料或通过母-胎感染（占已知病例的不足 10%）接触该病毒。BSE 不能通过动物接触传染。

该病目前没有疫苗，也没有有效的疗法。

BSE 是一种中枢神经疾病，包括精神状态的明显变化和姿势、运动和感觉的异常。临床上通常持续几周时间，以进行性和致死性为特征。动物感染 BSE 可能表现的症状包括：①神经症状；②怵惕；③冲撞其他牛或人的侵略行为；④异常姿势；⑤头部保持很低的位置；⑥高抬腿的走路姿势，特别是后肢；⑦缺乏协调性；⑧从躺卧姿势很难站立；⑨皮肤震颤；⑩不愿意转弯、进门或进入牛舍；⑪产乳量减少；⑫尽管食欲增加，但体重减轻或体况损失。

这些症状可能持续 2~6 个月后死亡。应激可能导致有些的动物临床表现快速发展，特别是产犊之前购入或经过长途运输的动物。

BSE 的潜伏期很长，从动物接触该病到出现临床症状，一般为 4~5 年。大多数肉牛在 18~22 月龄时进行屠宰，因此可以推测当它们进入食品系统时还没有发展到传染阶段。

BSE 在 1990 年被加拿大列为需要报告的疾病。1992 年，加拿大国家监测项目开始实施，对 BSE 风险较高的动物进行检测。1993 年，加拿大的阿尔伯塔省确诊了第 1 例 BSE 病例，该确诊是 1987 年从英国进口的，该牛和其所在的牛群被全部捕杀。阿尔伯塔省自 1996 年开始实施 BSE 监测项目，任何疑似 BSE 的动物都必须报告联邦兽医，加拿大食品检验署（CFIA）负责控制和

BSE 根除措施的实施。

2003 年以来（截至 2007 年初），加拿大国家 BSE 监测项目总共发现了 9 例 BSE。受影响的牛也被屠宰场处理，没有任何肉品进入食品系统。由于加拿大的目的是根除该病，因此，国家 BSE 监测项目会持续定期有效地检测 BSE。加拿大所有确诊的病例都是通过这个项目发现的。2003 年以来，加拿大检测的高风险牛超过 11.75 万头。

1997 年，CFIA 实施饲料禁入，以防止 BSE 进入食品链。科学家们相信 20 多年前该病在英国传播是由于饲喂了来自受感染牛或绵羊的蛋白质产品。被禁入的饲料包括来自哺乳动物（如牛、绵羊和其他反刍动物）的蛋白产品（如肉骨粉）。宠物食品、厨余垃圾、家禽粪便不能用于饲喂反刍动物。被反刍动物饲料禁入目录豁免的动物蛋白质包括纯猪蛋白质、纯马蛋白质、家禽和鱼粉蛋白质、奶、血、明胶和非蛋白质动物产品（如精炼动物脂肪）。

2004 年 12 月，CFIA 提议对反刍动物饲料禁入目录进行修改以加强现存饲料的控制。提议从所有动物饲料中移除特殊风险物质，如宠物食品和化肥。CFIA 每年定期对饲料厂和熬炼厂进行检查，也对农场进行随机检查。《饲料法》授权 CFIA 确认家畜饲料安全、有效并恰当标识。

日常生产中可通过以下方法使家畜患 BSE 风险最小化：①仔细检查饲料标签有无"不要饲喂牛、绵羊、鹿或其他反刍动物"的字样，给反刍动物饲喂违禁饲料是违法的。②将反刍动物饲料和其他动物饲料分开储藏和处理。③不要将饲料弄混，也不要用反刍动物的饲料饲喂其他动物（如马、猪、禽等）。④如果农场既有反刍动物，也有非反刍动物；或者养殖自己进行混合饲料配制，则应保存好所有饲料的收据。⑤如果养殖户发现任何动物表现 BSE 的症状，应立即联系兽医或当地 CFIA 的办公室。

4. 布鲁氏菌病

布鲁氏菌病由流产布鲁氏菌引起，该病原还会引起人的间歇性发热。

易感动物通过被感染牛子宫或阴道分泌物、流产的胎儿、胎膜污染的饲料或饮水而感染该病。如果没有受到阳光直射，该病原菌可以存活很长时间。如果处于低温冷冻环境，该病菌几乎可以永久存活。通常牛群都是由于引入感染的牛发生该病。一旦一头牛被感染，就变成永久带毒者。

布鲁氏菌病的临床表现包括妊娠后期的流产、胎衣不下、子宫感染和母牛不育。有些牛还出现膝关节肿胀，公牛出现睾丸肿大和不育。

布鲁氏菌病可以通过血清检测确诊。在过去，拍卖市场都检测牛是否患该病，但在 1985 年该病被宣布已经根除，自此，即使是出口美国的动物，大多数检测都已经停止。但联邦政府仍然对阿尔伯塔省北部的几个拍卖场进行检测以确保该病没有从伍德野牛公园传播开来，那里的野牛可能被布鲁氏菌病所感染。联邦补偿项目通过 CFIA 来实施。

（十三）其他疾病

1. 腐蹄病和其他导致跛行的疾病

腐蹄病是一种接触传染性细菌病。它全年都可以发生，但在潮湿泥泞的环境里更多出现。经土壤传播的病原菌（坏死梭杆菌）通过石头或树枝造成的蹄部擦伤进入身体，导致组织的肿胀和腐烂，因此叫作腐蹄病。潮湿的环境使得细菌更容易进入蹄部，许多没有得到处理的病例发展到更深的组织，将会导致关节炎并出现永久的跛行。腐烂组织可以向环境中排出大量的病原菌。

如果早治疗，许多抗生素都能有效治疗腐蹄病。通常标签说明可以治疗腐蹄病的抗生素，效果都不错。大多数养殖户对草场放牧的牛给予长效抗生素，可以起到有效的治疗效果。如果情况较严重，可将腐烂组织去除，开放创口，可以杀死病原菌。

养殖户可通过改善肥育场的排水、在料槽和水槽附近设立水泥平台进行预防。放牧时应防止牛直接接触水坑、溪流或其他水体。这不但能保持牛蹄部健康，还能保护湿地和水的质量。日常饲养过程中，及时对蹄甲过长的牛进行修蹄。

在沼泽地放牧的牛群，应该接种可靠疫苗。养殖户应该考虑淘汰肢蹄结构不好的牛，这些牛更容易感染腐蹄病。

历史上，有些养殖户使用高水平有机碘强化盐（EDDI）来预防腐蹄病，但这个做法很有争议。预防牛腐蹄病的有机碘浓度很高［100～400 毫克/（头·天）］。但是，最近的研究发现 30～50 毫克/（头·天）可能也有效。

长期使用高水平的有机碘使得牛出现中毒的风险很大。中毒症状包括体温升高、干咳、鼻子和眼睛有分泌物，采食高水平碘的年轻牛首先表现中毒症状。日粮碘水平过高也会导致肌肉和奶中的碘含量升高，对人类健康可能有害。在加拿大，EDDI 的用量被限制在营养水平。

养殖户有时候认为所有的跛行牛都有腐蹄病，但其他一些情况也能引起跛行，如蹄底脓肿、脓毒性关节炎和牛茅草中毒。

蹄底脓肿导致严重的跛行，感染的蹄部几乎不能负重。在这种情况下，脓肿需要被打开以便引流。通常有经验的兽医和修蹄师就能解决这个问题。一般是由于蹄外部的创伤引起病原菌进入蹄底，一旦脓肿被处理和引流，病牛通常很快会康复。

脓毒性关节炎是指最后一个关节和蹄底被长期感染的情况，常常是腐蹄病未及时处理的结果。临床表现为受感染的蹄部严重肿胀，这些情况常常对抗生素治疗没有反应。对患脓毒性关节炎的母牛而言，可以进行手术截肢，通常恢复很好，牛可以延续很多年的生产寿命；而公牛体重比较大，手术会大大影响其配种能力，因此公牛常常被屠宰；对于价值非常高的牛，可以进行更精细的手术。

牛茅草中毒，是高牛茅草中的一种有毒物质引起的代谢性疾病。

其他可导致跛行的疾病还包括趾间皮炎、扭伤或挫伤，以及类似腐蹄病的传染性蹄部开裂。

对公牛和年老的母牛进行预防性修蹄能够防止很多蹄病的发生。如果小于3岁的牛出现螺旋蹄甲等遗传性蹄病，应予以淘汰。

2. 大颌病（放线菌病）

引起大颌病的放线菌是通过口腔的损伤（如麦芒、狐尾大麦芒等刺破的伤口）进入口腔组织，常定植在下颌骨，导致下颌骨或上颌骨出现坚硬的肿胀。肿胀处慢慢变大，甚至破裂，流出颗粒状麦秸色的液体。随着肿块变大，受影响的牛咀嚼困难，甚至不能采食。经过几个月的发展，牛体重损失很大。

由于涉及骨头，治疗仅能阻止该病进一步发展。通过静脉注射抗生素和碘化钠能够有效阻止该病的进一步发展。

早诊断、早治疗是该病最好的控制办法。如果肿块没有发展，也没有分泌物，只要体重不再损失就可以继续留养。肿大的下颌就是这个阶段的一个发病痕迹。

有时候犊牛下颌骨的肿块只是一个口腔创伤发展而来的脓肿，而不是大颌病，区分两者在疾病防控中非常重要。

大颌病的控制包括避免使用可能导致口腔受伤的饲料；隔离损伤处流分泌物的牛，以防止牛的分泌物把病原菌排放到环境中。

3. 木舌病（放线杆菌病）

该病导致舌头坚硬肿大，并突出到口腔外边。受影响的牛过度流涎、咀嚼困难，体重减轻。对于所有流涎的情况，兽医需要检查口腔、喉部和食管，以排除哽噎。任何时候遇到流涎，都需要检查是否患狂犬病。

林氏放线杆菌和大颌病的病原菌非常相似，通过麦芒、狐尾大麦芒等造成的擦伤或舌头的其他损伤进入舌头。

木舌病的控制措施和大颌病相同，在发病的早期采用抗生素和碘化钠进行治疗通常有较好的效果。

4. 红眼病

牛红眼病由牛摩拉克氏菌引起，较为常见，而且造成的损失很大。应激因素对该病的发生有重要作用。这些应激因素包括过量的紫外线、眼睛受伤、维生素A缺乏和牛蝇的干扰。该病是通过与患病动物的直接接触或牛蝇接触了患病动物的分泌物而传播的，白头牛更加易感。该病还可以传染给人。

受影响牛的一只或两只眼睛发炎，分泌大量脓液。随着病程的发展，眼角膜变得浑浊，眼睛的中央可能出现溃疡，见光非常痛，所以动物常闭着患病一侧的眼睛。受影响的牛增重和产乳量显著下降。红眼病暴发时很多牛受到感染。

红眼病严重时和需要进行手术的眼癌容易混淆。病情非常严重时，溃疡可能导致角膜撕裂，导致眼睛突出到外面。这种情况会使牛非常痛苦，兽医处理的唯一选择就是摘除眼睛。

红眼病的早期治疗非常重要，既可以使病牛快速康复，也能阻止疾病的传播。使用抗生素药膏效果较好，但必须每天多次给药；给眼睑注射青霉素和肾上腺皮质激素的反应也很好。近年来，一种注射用的缓释抗生素（四环素）被证实非常有效，该药可通过泪水排出，并且可能需要在眼睛外粘一个遮挡物以避免阳光的刺激。在治疗前应咨询兽医，以了解这些处理的正确做法，并使治疗效果最好。

当眼睛停止分泌脓液，角膜发白且浑浊，说明情况在好转。严重病例可能留下永久的白斑，但牛通常还有一定的视力。

良好的管理措施对于减少和预防红眼病非常重要。如果可以的话，将受影响的牛和健康牛分开饲养，预防效果较好。阳光中的紫外线可能使情况更加糟糕，因此，应为受影响的牛提供遮阳棚。

预防措施包括选择饲养眼睛周围是黑色的牛、控制牛蝇数量、接种疫苗。减少牛蝇的数量能够减少红眼病的发生；在牛蝇季节到来前接种牛摩拉克氏菌疫苗。目前，关于疫苗的有效性还有争论，但即使不能预防红眼病的发生，也可以减小受影响牛感染的时长和严重程度。

5. 白肌病

白肌病是低硒地区最常见的一种疾病，特别是灰色森林土的地区，而加拿大西部的大部分地区就属于这种土质。该病的病因是硒或维生素 E 缺乏。

白肌病与过多的或不寻常的肌肉活动有关。当牛舍出生的犊牛转移到草场或犊牛被追赶的时候就会发生该病。

患白肌病的牛骨骼肌或心肌会受到损伤，其症状与这些器官的功能异常有关。如果心肌受损，可能由于心力衰竭而出现突然死亡，受影响的牛可能比较虚弱或在运动后突然死亡，可发现患牛肌肉变硬或肿胀，并可能出现关节着地或四肢颤抖；当骨骼肌受损，犊牛由于走路疼痛而喜欢躺卧。

硒缺乏还能导致抗病力下降和胎衣不下。症状通常表现为犊牛喜欢躺卧，吃乳没有力气，肢蹄慢性僵硬。

维生素 E 缺乏症状和硒相似。当临床症状出现时，常需同时补充维生素 E 和硒，养殖户经常在犊牛出生时就注射补充维生素 E 和硒。如果是注射维生素 A、维生素 D、维生素 E，记住维生素 E 的剂量与治疗白肌病所需的剂量不一样。注射补充维生素 A、维生素 D、维生素 E 和硒时，维生素 E 还用作防腐剂。治疗白肌病时，额外按每 18 千克体重 50 毫克维生素 E 的剂量予以补充。

日粮中补充维生素 E 和硒可以预防该病。阿尔伯塔省的部分地区土壤中缺乏硒，所以本地生产的部分粗饲料也缺乏硒，因此在补硒之前需要对饲料进行分析。日粮中硒的最低建议水平为 200 毫克/千克，有些情况下，可能需要较高水平的补充量。另外，在产犊前 60 天，需要对肉牛母牛每天补充 200～500 国际单位的维生素 E。

商业性补充料中硒的补充量受加拿大农业和农业食品部监管。按照目前的法规，饲料厂可以添加的硒水平见表 6－4。

表 6－4 牛饲料中允许补充硒的水平汇总

饲料类型	允许添加的硒水平
限饲饲料	每头牛每天的摄入量不超过 3 毫克
全价饲料	每千克饲料不超过 0.3 毫克
微量元素补充盐	自由舔食的微量补充盐，每千克不超过 120 毫克
矿物质补充料	自由舔食的矿物质补充料，每千克矿物质不超过 30 毫克

青草和谷物是维生素 E 的良好来源。但是，变质的脂肪能破坏维生素 E，因此只能在拌料时添加含有油脂的成品饲料，且混合后的饲料只能储存较短的几天时间。

硒能有效地通过母牛的胎盘输送给胎儿。注射亚硒酸钠治疗硒缺乏症和补充硒的方法已经使用了几十年时间了，尽管这能给动物快速补硒，但补充的部分硒只能维持 28～45 天。在产犊前 1～2 个月注射硒是一种有效的策略。此外，还可以在妊娠后期的 3 个月给牛补充含硒的矿物质补充料，以保证犊牛硒水平正常。

但是，硒不能转运到母乳中。如果在产犊后只给母牛补充硒，那么犊牛体内的硒大概只能够用 3～5 个月的时间。如果不给犊牛直接补硒，这些犊牛可能出现断乳体重减轻或其他硒缺乏的症状，补硒的方法可以是注射或饲喂含硒的矿物质补充料。

不要过量饲喂硒，如果过量就可能产生中毒。

6. 脐带炎

细菌经过没有愈合好的脐带进入身体引起脐带炎。脐带处发热、肿大和脆弱是脐带炎的主要症状，患脐带炎的犊牛常常拒绝吃乳，伴发的症状还包括腹泻、脱水和精神不振。如果细菌感染进入血液，会出现关节肿大和疼痛，犊牛不愿站立。严重病例的预后不良。

治疗包括给予抗生素、彻底清洗脐带并进行引流等方式。预防措施包括 3 个关键方面：在犊牛出生后 6 小时以内确保提供足量的初乳（1.5～2.0 升）；产犊环境干净卫生；确保母牛有充足的营养。如果要称重犊牛，则不要接触犊牛的脐带。如果脐带比较短，感染就很容易沿着脐带进入犊牛体内。温暖潮湿的环境很容易滋生细菌，这种情况下弱犊很容易发生脐带炎。

如果牛群中脐带炎比较高发，可以在犊牛出生时用抗生素预防处理。非常有价值的牛在发生严重病例时可能需要进行手术，术者应该沿着血管向上检查到膀胱或肝以确保所有的被感染物都被清理。

7. 乳腺炎

乳腺炎是指乳腺的炎症，引起乳腺炎的病原菌超过 100 种。和奶牛的乳腺炎不一样，肉牛的大多数乳腺炎不是急性就是慢性。

急性乳腺炎常常发生在产犊以后，由于产乳量高的母牛发生漏乳，环境中的病原菌进入了乳腺，其中的一个或几个乳区受到感染便会变大变硬。有些病原菌能产生气体，所感染的乳区出现坏疽。挤乳时，出来的更像水而不是乳。兽医推荐注射抗生素并同时在乳腺内用药。持续对受感染的乳区挤乳可帮助排出病原菌。

慢性乳腺炎最常见的情况是上个泌乳季感染后就一直未痊愈。这些受感染的牛常常有瓶状的乳头，导致犊牛不能很好地嘬住吸乳，牛奶滞留，而滞留的牛奶是培育病原最好的地方。挤出的分泌物常常非常浓稠而且颜色发黄。慢性乳腺炎常见的病原菌是棒状杆菌，这种菌感染后不经过治疗是不会被清理干净的，随着时间的推移，整个乳区都会出现坏疽，成为瞎乳区。

为了治疗慢性乳腺炎，兽医可能建议养殖户对受感染的乳区进行干乳。可以通过乳头给予所使用的药品。一个乳区干乳而其他乳区正常泌乳，不是那么太容易。兽医可能建议养殖户在犊牛断乳后进行干乳期治疗。

生产过程中应淘汰乳房下垂和乳头结构不好的母牛，选择乳房结构好的后备母牛。这有助于维持较长的生产寿命。

8. 疣

一种病毒（组病毒）经过皮肤擦伤进入牛的身体引起的疣。它能通过直接接触或皮下注射的针头、耳标和注射器械发生的间接接触进行传播。

受影响的牛头部和颈部出现菜花样损害，也可能出现在全身，年轻牛常常受到影响。

正常情况不需要治疗，因为大多数疣都会自发脱落。有些情况下使用自体疫苗（用养殖户牛场的疣来制作）非常有效。疣也可以通过手术来去除，手术去除有助于牛快速建立免疫力，其他的疣就会自行退化。有时疣会生长在配种公牛的阴茎上，兽医在做精液检查时才能发现，可以手术去除，一旦康复，牛很少会复发。

除非疣开始生长并感染大面积的牛，一般不会造成经济损失。

预防性措施包括隔离患病的牛，将手术器械彻底消毒。

9. 癣

多种真菌都能引起癣的发生，常发生于长时间舍内饲养并密切接触的牛只。因为动物随着时间能够建立起免疫力，所以年轻牛较成年牛更容易发病。该病通过直接接触或受污染的垫料和梳毛设备间接接触而进行传播。

最常看到的是牛的头部或颈部出现突出于皮肤表面的灰白色圆痂，也可以出现在全身的任何地方。这些损害常常不痒，能自发清理干净。除非扩散到全身的大面积区域，否则一般情况下癣不会降低生产表现。

治疗受影响的牛时要特别小心，癣很容易传给人，而人癣非常难治疗。治疗时请戴上手套，结束后彻底清理。用一个硬刷子摩擦患处，然后表面用药（如一种温和的碘溶液）。不能将这个刷子用作其他用途。一般推荐1周分开处理2次。

作为预防措施，应确保饲喂的矿物质补充料含有充足的维生素A。维生素A对于皮肤健康非常重要，常常进行单次注射来治疗癣。

当牛放到草场放牧时，因为阳光能杀死真菌，且青草中有大量的维生素A，癣就会自发痊愈。

对梳理牛毛的剪发工具进行彻底消毒。因为没有发病的动物毛发中也可能携带这种真菌孢子。使用2.5%的苯酚、0.25%的次氯酸钠、2%的甲醛与1%的苛性碱混合液对圈舍或建筑物进行消毒，均有良好的效果。

也可以通过接种疫苗进行预防，尽管比较贵，但很有效。对于问题很严重或参加选美比赛的牛来说是一个不错的选择。

10. 尿结石

尿结石是由尿里面的矿物质盐形成的结晶，小的结石可以堵塞尿道。

尿结石常发生于去势牛以及小范围的公牛，因为公牛的尿道长而窄，很容易卡住结石。初始的表现为伸腰、后肢踢打腹部、摆动尾巴或撒尿时很用力。尿道完全堵塞会导致尿道或膀胱撕裂，这个阶段由于膀胱过度充盈而导致的疼痛感消失。尿道撕裂导致腹部皮下变大；膀胱撕裂导致尿液蓄积在腹部，外观看起来像发生了臌气。

饲喂硅酸盐含量高的饲料或磷含量高于钙含量的饲料，常常会导致尿结石的发生。阿尔伯塔省南部放牧的高牛茅草中硅酸盐含量高，因此尿结石的发病率较高。

饲喂高水平的谷物，如肥育场的肥育项目，常导致尿结石的形成并堵塞尿道。因此，任何饲喂高精日粮的饲喂项目都必须注意保持适当的钙含量，全混日粮中钙磷比例为（1.5～2）：1。

有时无血去势的牛阴茎受到挤压也能出现这种情况。可以通过手术把后面的阴茎拉出，截短，然后引流尿液。如果早治疗，大多数兽医能够取得 75% 的手术成功率。

如果尿道和膀胱还没有撕裂，直接屠宰也是一个选择。如果已经发生了撕裂，手术就是唯一的治疗方法。早治疗更容易成功。

在该病的高发地区，晚去势是一个不错的预防措施，这样可以让尿道长大一些。

预防措施还包括：

①用于肥育的犊牛不应去硅酸盐含量高的草场放牧。

②提供充足的饮水。如果牛场出现了尿结石病例，就应该检查饮水的供应。冬天给水加热能够改善饮水量。

③通过增加盐的摄入量，可以诱导牛增加饮水量。如果每千克体重能摄入 1 克盐，那么增加的饮水量就会清除形成的尿结石。在谷物预混料中添加 15% 的盐，作为犊牛 4 月龄左右的爬入式饲料，这种方法可以持续到犊牛 1 岁左右，可以减少尿结石的形成。如果提供的是舔食的散盐，摄入的盐量可能不会把饮水量提高到足够水平。

④日粮评价。如果有严重的尿结石问题，进行日粮评价是减少发病率的最重要措施。

11. 脊椎炎

脊椎炎是一种关节炎，会导致脊椎的骨质增生，对脊髓造成压力，导致后半身不同程度的瘫痪。

脊椎炎通常发生于年龄较大、体重过大的公牛。公牛后肢可能逐渐变虚弱，也可能会突然发生瘫痪。公牛可能出现醉酒样的步态，或仅仅是后肢的跛行，且看上去比较忧郁，或茫然，此时如果拉一下尾巴，牛就可能倒地。

这种情况没有治疗方法可用。如果公牛还能走路，推荐进行紧急屠宰，有些情况下可以获得全部的屠宰价值。

配种季的早期是脊椎炎多发时期，母牛很少发生该病。

三、给药

纵观整个肉牛场的管理周期，几乎没有一个时期不需要给一些牛提供一些药品。如果能够进行准确的处理并给予这些药品，养殖场就能维持和改善牛肉的质量。如果正确处理，母牛和犊牛经历的应激也少，消费者也因产品质量改善而受益，而养殖场的盈利也能得到改善。

给动物用药时，请参照以下建议：

①向兽医咨询所有药品的给药方法。

②注射前正确地保定动物。

③在颈部或肩前进行皮下注射，如果可能的话使用浇淋用药。大多数新疫苗和抗生素都能进行皮下注射，这样就不会对肌肉造成损害。

④如果有必要进行肌内注射，要在颈部注射，而不是在肉品价值更高的臀部。

⑤保持注射部位的干净卫生。

⑥注射时每 10～25 头动物换一个针头，这可以减少脓肿和针头变脏引起的问题。

⑦仔细阅读并遵守药物使用说明：遵从推荐的剂量、治疗的频次和疗程；遵从给药途径；严格遵守停药期规定并保存良好的记录；按照标签要求储藏药品。

⑧稀释疫苗时使用转移针头。

⑨按 1 小时的时间准备用量，不要混合太多的疫苗。

⑩疫苗应保存在避光凉爽的地方，以防变质。

⑪不同疫苗所使用的针头要分开。

⑫不要在针管内混合抗生素或疫苗。

⑬遵守正确的注射操作规范。

⑭选择说明书中推荐的注射部位。

⑮选择的注射部位所损伤的肉品价值应最低。

⑯保持针管、疫苗容器和针头干净卫生。

⑰按照注射部位、途径和产品，选择合适的针头大小。

⑱保证注射动物后所使用的针头不要接触到容器里的疫苗。

⑲如果针头变弯、变钝、有毛刺，则不可继续使用。

⑳建立良好的记录系统，记录每头牛的给药历史。

1. 避免抗生素残留

加拿大屠宰的肉牛很少发现药物残留的问题，这表明大多数肉牛场和兽医对抗生素的使用都很负责任。不过，消费者对肉和奶中药物残留的担忧程度非常高。

养殖户应定期向兽医咨询牛场适用药物，遵从药物的标签说明，遵守停药期规定以避免残留。停药期是指从药物使用到动物的肉奶产品可供人类消费的时间间隔。停药期长短根据所用药物的种类、剂量和给药途径而有差异。在所标明的停药期内，药物的残留水平不会达到绝对的零水平，停药期有助于维持较低的残留水平以满足人类对健康的要求。

动物健康产品可以通过很多途径给药。养殖场应遵从标签说明，决定最佳的给药途径。如果养殖户不能确定，应咨询兽医。

2. 给药方法

表6-5罗列了家畜养殖业所使用的给药途径以及英文缩写。

表6-5 不同给药途径及英文缩写

给药途径	缩写	给药途径	缩写
关节内注射	IA	肌内注射	IM
乳腺内注射	IMM	鼻内给药	IN
腹腔注射	IP	瘤胃内给药	IR
子宫内给药	IU	静脉注射	IV
皮下注射	SC		

（1）注射。

①注射器械。给药时使用恰当的器械是维持高品质牛肉的重要环节。污染的针头可以传播疾病，引起脓肿。

当接种疫苗时，每10～15头牛更换一个针头。当针头变弯、变钝或有毛刺时也需要更换。一次性针头较钢针更好，既锋利，又比较便宜，且一次性针头在肉品包装厂也可以被金属探测器所识别，增加了肉品行业的安全性。

在使用注射器前，清洁药物瓶盖，将无菌针头插入瓶内。这个针头就留在原处，每个注射器都通过这个针头来取药，可以避免污染瓶内剩余的药品。

市场上有多种自动注射器销售，注射牛数量较多时常常需要使用它们。这些注射器注射剂量的准确性已经经过很多年的验证。疫苗的注射剂量一般是2毫升，准确的注射量非常重要，在疫苗接种前应校对所有的器械，以保证准确的剂量。

根据不同给药途径、牛的大小和所注射产品的黏稠性选用合适的针头大小。皮下注射使用1.5～2厘米的16或18号针；肌内注射使用2～4厘米的16或18号针；静脉注射使用3～6厘米的14或16号针。如果可能，进行皮下注射而不是肌内注射。大型动物最常使用的是16号针；新生犊牛使用20号针；如果不是很确定，咨询兽医以选用合适的针头大小（号越大，针头越细）。如果针头断了，则应立即标记该动物，尽量把断针拿出来。如果断针没有被拿出，永久标记这头动物，做好记录，包括该牛的牛号，在运输前打电话给肉品包装厂，以便分开加工。

②皮下注射。皮下注射的理想部位就是任何皮肤比较松的地方。该部位要便于操作，且不会对操作者造成伤害，颈部和肩前的皮肤就可以满足这些要求。胸骨前松软的皮肤褶和胸部靠近肘的皮肤也被用于皮下注射。新型保定架

的设计，使得这些部位的注射也很方便。

这种皮下注射所用的针头较短。如果使用的针较长，则需按一定角度注射，用食指和拇指把皮肤提起来（图6-7），然后把针头全部插入，与皮下的结构平行。确保针头没有插在皮内，就不会阻塞针头，可以很容易地把药物送到皮下。

③肌内注射。肌内注射的药物吸收较快，注射部位要有大量的肌肉，并远离关节和骨头，一般在颈部注射。避免在臀部注射，是为了避免这些部位的肉品价值下降。所有的肌内注射，特别是大剂量的药物注射，都会造成这个区域出现瘢痕，从而使肉品价值下降。

确保在注射前把动物完全保定好，选用16号或18号针头，长短取决于动物的大小。插入针头前，把针头从注射器上拿下来，用拇指和食指抓住针屁股，插入所要注射的部位（图6-8）。然后把注射器和针头接上，轻轻回抽，看看是否有血。如果有血，就要换一个地方注射。如果不换地方，药物就可能直接进入血液，而有些药品可能引起过敏反应。注射应该缓慢进行，太快的话动物会比较痛。

大多数产品都进行皮下注射，这样可以避免对肌肉造成损害，而吸收过程也只是延长了几分钟而已。

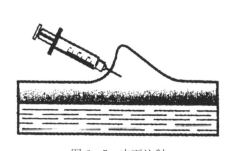

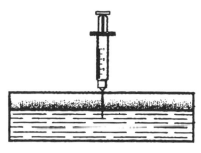

图6-7　皮下注射　　　　　　　　　　图6-8　肌内注射

④静脉注射。在进行静脉注射之前，养殖户应首先寻求兽医的建议。静脉注射将药物直接输入血液，并立即发挥作用，没有肌肉损伤的问题。注射过程中动物的保定很关键，这是一种必须掌握的技术。一般由兽医来进行静脉注射，因为他们有能力和知识去做好这项工作。他们知道什么药物可以进行静脉注射。某些药品的注射必须要慢，以防止心脏骤停。兽医应该提供建议或辅导进行静脉注射。

⑤结膜下注射。如果红眼病比较严重，结膜下给药可以起到很好的治疗效果。结膜下注射最好使用较细的20号针头，把牛头保定好，然后向外向上翻

卷眼睑，把针扎入结膜之下注射。因为针扎入的地方非常靠近眼睛周围的敏感区域，所以养殖人员应严格按照兽医要求的步骤操作。永远向眼球相反方向的扎针，以防动物突然移动。结膜区域只能注射很小的剂量（1～3 毫升）。

（2）通过饮水给药。

有些药物是为饮水给药设计的，幸运的是，病牛经常停止采食，但不会停止饮水。

可以把药加进大的储水罐或通过一个加药器将药按预先设定的剂量打进水管。为了确保饮水给药的有效性，给药时不要再提供其他的饮水源。养殖户需确保所使用的药能够进行饮水给药，且直到水被饮用完，所使用药物的有效性都能得到维持。

大多数通过饮水给药的产品都有一定的香味，这样饮水量就不会被抑制。香味剂（如草莓或苹果明胶）能够掩盖药的苦味。牛对水的味道特别敏感，甚至水中加氯也能降低 24～36 小时的饮水量。

遵从所有药物的停药期。记住：计算所有牛的给药量，因为很多健康牛也同时给药。

（3）通过饲料给药。

有些药物添加在日粮里以进行预防或治疗疾病，从而改善动物的健康。对于任何形式的给药，如果饲料添加剂处理不当，可能导致出现药物残留的问题。

（4）经口灌服。

经口灌服的关键是让牛有时间吞咽。通常会使用 750 毫升不易打破的瓶子制作一个灌药器，且药品必须具有刺激吞咽的味道。不建议进行矿物油灌服，很有可能一部分会进到肺里。

操作员把牛保定在保定架里，站立在牛头的左侧，把右手放在牛的鼻子旁边、眼睛的下方。然后把手滑进牛的嘴里，抓住牛的上颚（无牙的上颌），动物自然会把嘴张开，允许你往里面灌东西；不要把牛头抬得太高，也不要把灌药器抬得太高，否则嘴里的药品就会太多；在灌服过程中，牛会咀嚼和吞咽，最好是一次吞咽一小部分。灌服过程中注意不要把指头放在牛的臼齿之间，并且要一直保持手抓住上颚直至灌服完成。

（5）胃管送服。

除非养殖户得到很好的培训，否则不建议使用胃管。胃管可以用来减轻瘤胃臌气或灌服大量的液体。大多数牛的胃管的直径为 13～19 毫米，管壁厚而坚韧，胃管至少有 2 米长。

对新生犊牛（小于 2 月龄）来说，可以使用人用灌肠导管或特殊的胃管。胃管稍微硬一些，有一个喇叭状的头可以刺激吞咽。操作员可以通过触摸来保证胃管进入食管而不是进入了气管。这些胃管可被用来给新生犊牛灌喂初乳或治疗腹泻时灌服电解质。

把动物很好地保定在保定架里，经口插入胃管。对于成年动物，可在嘴里放一个中间有孔的扩张器，胃管可以从中间穿过。扩张器能防止牛咀嚼胃管并刺激吞咽动作。胃管穿过扩张器通过脖子时，可以在外面进行触摸，但也并不是经常能够触摸到胃管。一般情况下胃管不会进入气管。

检查从胃管里出来的瘤胃内容物的气味，可确认胃管是否进入瘤胃。如果仍不确定，则可以向管子里吹气，如果在牛左侧最后一根肋骨处可以听到气泡声，也能确保胃管进入瘤胃了。另外，如果牛咳嗽或呕吐，则说明胃管插进气管了，应立即拔出来，重新仔细地插管。如果直接将液体泵进肺里会造成牛的死亡。

（6）投药枪。

很多药物都被做成了胶囊或药丸，可以使用投药枪来投药。瘤胃磁铁就可以这样投送。

投药前首先要做好良好的保定工作。投药枪只能放在舌根的突起后才能投药。如果操作不当，就可能造成口腔或咽喉组织的严重损伤。投药时操作要快且仔细，避免造成口腔损伤。

塑料投药枪很容易被嚼烂，使用几次后就应该淘汰。不锈钢投药枪在每次使用后都应该消毒。

如果药丸被吞咽，母牛就会舔鼻子，这表明药被吞下去了。如果投药操作不正确就会导致呕吐、流涎，或药丸被吐出来。

（7）子宫内用药。

①药片。产犊后在子宫内放置药片的作用很小，且这样的做法很可能引起新的感染。操作者应该用消毒液清洗阴门，并在处理每一头牛时都使用新的一次性手套。在胎衣被充分清理后，药片应该分散放置到子宫里，并尽可能地放到很里面。大多数兽医现在都建议进行系统性抗生素治疗，他们认为那是治疗子宫内感染的更好做法。

②子宫冲洗。子宫冲洗是使用类似于人工配种的细管将液体药品投送到子宫里。没有经验的人建议不要尝试这种做法。只有少数几种产品可以用来冲洗子宫。子宫很容易受到刺激并留下疤痕，导致不育，因此，应遵守停药期规则，使用兽医推荐产品进行冲洗。

（8）体表用药和浇淋用药。

体表用药是指在动物的外表用药，这种用药方法主要被用来处理癣、虱子、外伤和红眼病。当大面积用药时，如控制皮蝇，必须遵从厂家的使用说明，操作者应穿戴防护服，并使用橡胶手套，以防药液飞溅。

浇淋用药也需要正确运用。雨雪可能干扰药物的吸收，体表过脏也可能影响毛囊对药物的吸收，使用浇淋器械必须合理操作，如果药品发黏就不要再使用。

（9）乳腺内用药。

处理前，应将乳腺中的乳汁彻底挤干净。来自感染乳区的乳、苍蝇、人的手都很容易传播疾病。操作时应遵从产品说明中的用药指南，遵守药物标签上的停药期，只使用一次性注射器。

治疗前，乳头末端必须用酒精或有效的药浴液进行消毒。针管内的所有药物必须全部注入乳头导管里。当你进行乳腺内用药时，使用短的注射针（3毫米）并部分插入可以减少将病原菌带入乳头的机会。用药后可按摩乳区以促进药物的分布。治疗后，应再次使用消毒剂或药浴液消毒乳头。

四、患病牛的护理

1. 及早发现疾病的征兆

肉牛的一些异常活动和外貌特征能显示它们不是很舒服。在认识到这些异常前，养殖户必须非常熟悉所饲养的健康牛的正常行为、习惯和外貌特征。疾病的最初表现常常比较轻微，很容易被忽视，早点发现这些症状就能及早进行治疗，以便快速康复和快速控制形势。

最早出现的疾病表现是行为的改变。表现为：停止采食，不愿站立和行走，不再合群，踢打腹部（疼痛），呼吸加快，强迫行走时出现呻吟或气喘，易怒，不能控制身体的运动（抽搐），兴奋或狂躁，以及过度努责。

另一个发生疾病的表现就是外貌的改变，表现为姿势异常、体况损失、脱毛、关节肿大、耳朵耷拉、流鼻、口鼻结痂或毛色无光。

一旦观察到明显的症状，养殖户应立即对出现症状的动物进行仔细检查。可先进行全身检查，再进行细节检查。从一定距离外进行全身观察，避免打扰到动物，这可以让养殖户了解一些受到干扰后可能不会再出现的异常行为；从不同角度观察动物以了解什么系统受影响最大；注意动物的全身状态，评价动物体况和被毛外观；注意呼吸的频率和深度，以及有无异常的分泌物。

全身检查以后，把病牛和健康的牛隔离。利用保定架或头颈夹保定动物，以进行更仔细的检查。测量动物的重要体征包括体温、脉搏和呼吸频率。记录开始检查时的体温，以及动物平静后的体温水平。解读这些重要体征与正常水平的差异，有助于你向兽医更好地描述病情。

2. 监测体温

动物的体温是由基础代谢、身体的肌肉运动和身体的热量损失来产生和维持的。大约85%的热量损失都是通过皮肤完成的，其余的热量损失是通过肺、消化系统和泌尿系统来完成的。异常的体温常常是疾病出现的指标。当动物的体温高于正常的范围，就认为是发热。

家畜的体温不是很稳定。一般来说，动物体温根据生理活动、妊娠阶段、一天内的时间和外界环境而有所差异。成年牛正常的直肠温度为 38.5℃，一般来说牛的体温不会超过 41.7℃。如果体温升高到 40.5℃，就应立即通知兽医。犊牛的正常体温范围为 37.7～39.2℃。

3. 监测脉搏

脉搏反映的是心跳的速率和力量。测量脉搏需要一些练习，解读脉搏更需要一些经验。尽管家畜养殖户不经常测量脉搏，但知道怎么测量脉搏并了解正常的脉搏范围还是很有用的。

脉搏的变化甚至比体温的变化还大，受动物年龄、体格大小、运动、生理和精神状态所影响。影响脉搏的疾病状态包括发热、气喘、腹部疼痛以及急性炎症。测量脉搏最常用的位置在下颌的下缘、前腿上部的内侧、尾根的底侧。正常的脉搏范围为 60～70 次/分。

4. 观察呼吸

呼吸包括吸气和呼气。吸气，胸部扩张，导致空气进入到肺里。呼气是指将气体从肺里排出去。当你检查动物的呼吸时，需检查以下内容：

①每分钟的呼吸频率。与正常范围 10～30 次/分进行比较。

②注意呼吸的特征。检查呼吸的节奏，也就是呼气和吸气的节律性。正常呼吸时，肋骨和腹壁可以观察到扩张和放松。异常呼吸表明牛可能生病。

③聆听呼吸的声音。除了动物在运动或工作时外，正常牛的呼吸非常平静。鼻塞、打喷嚏、气喘、呼吸时有异常声响或呻吟都表示生理活动存在异常。

④检查呼吸困难的情况。

5. 动物的治疗

在开始治疗前，正确的诊断非常重要。这需要一定的诊断技术和区分相似症状但是不同疾病的能力。许多养殖户可自行处理一些疾病问题，但养殖户应清楚自己的能力水平并和兽医建立很好的合作关系。

当养殖户注意到病牛后，越早联系兽医，病牛得到成功治疗的机会就越大。在等待兽医到来时，将病牛隔离到合适的空间内，准备必要的保定设施和其他设备；如果动物在户外，安排临时的牛棚以备天气恶劣时使用；如果在夜间，提供充足的照明；提供大量的温水、肥皂和干净的毛巾；如果需要后续治疗，在兽医离开前确定自己的理解和处理方法正确。

所有疾病的治疗都必须有良好的护理，良好的护理是治疗成功的关键。良好的护理可以保持动物所处的环境干净舒适，便于帮助动物完成自己不能完成的基本功能。尽管目前有很多有效的药物可以使用，但治疗本身并不能使动物快速完全康复，准确的药物治疗和必要的护理联合作用才能取得最好的结果。以下为一些必要的护理工作：

①提供充足干净的垫料，既能保证环境舒适，又便于维持冬天的体温。

②气温较高时提供凉棚和良好的通风，防止热应激。

③每天提供新鲜的饲料。每次饲喂前都清理剩料，并补充少量新鲜饲料。不愿意采食的动物也常常采食嘴边的饲料。确保动物的警觉性并能够自行吞咽。

④饲喂容易消化的碳水化合物，即提供快速的能量来源，补充维生素和蛋白质，具体剂量请咨询兽医。

⑤提供新鲜干净的饮水，并经常更换饮水。病牛经常会把口水流到水和饲料里，产生一种气味，使得适口性变差。对不能自行饮水的牛用胃管补充水。

⑥如果动物不能站立，则可维持一个它们感到舒服的姿势，也可以使用草捆保持它们处于直立姿势。牛不应该靠左侧平躺，那样很容易发生臌气，导致意外死亡。

⑦每隔 3 小时给卧地不起的牛翻 1 次身，白天和夜间都需要，这样能防止由于身体的突起部位与地面持续接触发生褥疮。

⑧经常清理粪便，不要弄脏动物的腿、皮肤和生殖器。

⑨发生呼吸疾病的动物口鼻周围常出现分泌物干燥后的结痂。可弄湿并清理，以使动物呼吸更畅通。

⑩隔离患病动物并采取生物安全措施。把动物安排在一个没有或很少产生应激的地方，以方便进行处理。

总之，养殖户应全面考虑并体恤患病动物，对患病动物要有耐心，提供康复的机会。

6. 卧地不起动物的护理

卧地不起是指动物在没有帮助的情况下不能站立、维持站立或走路。动物常不可控制地倒地在不合适或不方便的地方。如果要转移卧地不起的动物，请采用以下程序：

①少于 3 米的短距离转移，可以在干燥的垫料上拖动。通过笼头和在前肢上系一条绳子来用力。在后躯绕一条绳子也很有用。

②较长距离的转移，必须依靠托盘，也可以用帆布和麦秸护住草场的大门，然后将动物移到托盘上侧卧，然后用拖拉机进行拖动。注意不要把耳朵和尾巴夹在架子和地面之间。

卧地不起的牛需要很好的护理。把动物置于一个排水较好的地方，提供较厚的干燥垫料。很多卧地不起的牛，如果地面状况好的话是可以站立的；如果地面很滑，它们就没有想要站立的欲望。坚硬湿滑的地面（如水泥地）非常危险，应该尽力避免。

虚弱的牛喜欢躺卧，身体压迫靠地一侧的血管、神经和肌肉，卧地不起的牛必须每隔 3 小时翻 1 次身，白天和夜间都需要翻身。养殖户应确保动物处于正常的躺卧姿势，也可使用草捆把身体垫起来。

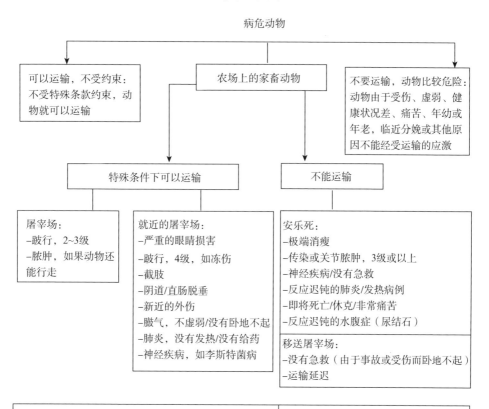

病危动物

可以运输，不受约束：不受特殊条款约束，动物就可以运输

农场上的家畜动物

不要运输，动物比较危险：动物由于受伤、虚弱、健康状况差、痛苦、年幼或年老，临近分娩或其他原因不能经受运输的应激

特殊条件下可以运输

不能运输

屠宰场：
–跛行，2~3 级
–脓肿，如果动物还能行走

就近的屠宰场：
–严重的眼睛损害
–跛行，4 级，如冻伤
–截肢
–阴道/直肠脱垂
–新近的外伤
–臌气，不虚弱/没有卧地不起
–肺炎，没有发热/没有给药
–神经疾病，如李斯特菌病

安乐死：
–极端消瘦
–传染或关节脓肿，3 级或以上
–神经疾病/没有急救
–反应迟钝的肺炎/发热病例
–即将死亡/休克/非常痛苦
–反应迟钝的水腹症（尿结石）

移送屠宰场：
–没有急救（由于事故或受伤而卧地不起）
–运输延迟

跛行分级：
1 级：能观察到跛行，能跟上牛群，没有明显的疼痛
2 级：不能跟上牛群，爬坡困难，装在卡车后面的隔断里
3 级：需要帮助才能站立，但能自由行走，隔离。装在卡车后面的隔断里
4 级：需要帮助才能站立，不愿行走，牵拉可以走动，不能走坡路
5 级：不能站立或不能维持站立，不应该运输，除非兽医确认并使用适当的特殊设备并遵守各省的条例，安乐死或移送屠宰场

要求：
–联邦动物健康有关的法规
–家畜处理和看护实践和法典的推荐做法
–需要在卡车上隔离的动物必须提供保暖和防风措施，并有充足的垫料
–失明的动物放在较小的隔断里，有一头安静的牛陪伴或单独隔离
–屠宰前严格遵守药物的停药期规定

图 6-9　病危动物处理指导

将体重很大的牛翻身，对两个人来说也比较困难。但是可以将一条 3 米长的绳子放到身体和屁股下面，绳子的一头系到靠地的牛蹄上，拉动绳子的另一头，这样一个人就很容易给牛翻身。

如果养殖户试图让牛站立起来，可以把前腿叉开，把后腿绑起来并保证两腿之间有 60 厘米的距离，当动物试图站立时，一侧腿就可以支撑另一侧的腿。也可以使用臀部助力架帮助牛站立，可以分担一些重量。每天可以进行 2 次，每次站立 15 分钟。也可以使用全身的担架带分散全身的体重，减少单个关节的负重。使用这些设备也可以进行牛的转运。

病牛、受伤或瘫痪的牛忍受着很大的痛苦，不能使用坚硬的工具进行装卸和运输。这些动物应该予以屠宰或安乐死。在任何情况下，病牛、受伤或瘫痪的牛都不能运输到活畜拍卖场或远距离的屠宰场。如果动物没有药物残留，还有一些肉品的残值，就近屠宰也是一个选择。

五、人兽共患病

人兽共患病是指动物可以传染给人的疾病。养殖户在日常生产管理工作中必须谨慎小心，做好防护措施。额外的预防措施还包括处理人兽共患病时特别的消毒处理。免疫力低下的人或服用免疫抑制药的人，应该避免和动物接触。

如果对突然死亡的动物进行尸体解剖，需要和兽医合作。因为兽医比较有经验，你可以从兽医那里得到更全面的有关人兽共患病的信息。

兽医应该检查任何表现奇怪神经症状的动物，不管是什么品种的动物，都应该检查有没有什么咬伤。

加拿大联邦政府要求报告最为严重的人兽共患病，并保存这些疾病目录以备用。

布鲁氏菌病是常见的人兽共患病，会导致人间歇性发热和牛流产。过去，很多兽医都因为处理牛的胎衣不下而接触了这种病原，感染了布鲁氏菌病。人能传染布鲁氏菌病，也是加拿大努力根除该病的一个主要原因。对牛进行治疗时，应使用产科手套以免接触布鲁氏菌和其他许多可能感染牛生殖道的疾病。

炭疽，是另外一种人兽共患病，幸运的是这种病现在很少见。人被感染一般表现为比较轻微的皮肤型炭疽。

癣是最常见的人兽共患病，人患该病比牛患该病更难治疗。处理患病牛时需要戴上手套，在患病牛身上使用的器械应使用良好的真菌消毒剂彻底消毒，并且这些器械不能再用在健康牛身上。

狂犬病是最令人恐惧的人兽共患病，其可导致人死亡。尽管在阿尔伯塔省很少见但也有发生。阿尔伯塔省的灭鼠行动使得狂犬病病源不能进入其境内，臭鼬是另一个潜在的病源，还有蝙蝠。任何表现奇怪行为的动物都应该被认为是疑似感染者，需要提交实验室鉴定。有时患有狂犬病的动物可能还没来得及诊断就死亡。人、宠物和牲畜都应该及时进行疫苗注射。

近几年，汉坦病毒感染的诊断越来越多。人感染该病症状最初和流感很相似，随后发展到肺炎。人通常都是通过麝鼠的粪便而感染该病，对房子进行防鼠处理可以防止该病。处理鼠的粪便时，应该先用漂白剂湿润后再进行清理。处理鼠的粪便时请戴上口罩，防止吸入该病毒。

在牛场还可以感染许多其他的人兽共患病。每一种家畜和宠物都有一个人兽共患病目录。要熟悉养殖场所在地区的人兽共患病目录，做好人员和牛群的防护。

六、生物安全措施

生物安全措施是指防止疾病随引入牛种传播从而保证牛群健康的措施。

2001 年英国暴发口蹄疫，使得生物安全广为关注；由于传染病有很多种，生物安全措施一直是动物健康管理中的重点。

没有一个标准的生物安全措施适用于任何养殖场。不同的品种、不同的养殖目标所对应的控制措施是不同的。但是，以下几个性价比高的措施应该被采用。

预防措施包括：

• 不要从不了解的牛群购买牛。

• 做好人员流动记录。

• 做好来访人员消毒工作。

• 竖立一个提示牌：所有的来访者必须报备并在牧场日志上签字。

• 询问来访者他们的场舍有无接触性传染病，以及最近是否拜访过其他牧场。

• 不允许过去 14 天去过口蹄疫疫区的国家的来访者进入（包括牛场的员工）。

• 为来访者准备一个 50∶50 水醋消毒池，以确保你和来访者所穿的靴子在进入你的牛场前后都擦洗干净。

• 给来访者提供鞋套。

• 对所使用的设施如拖车和保定架，都进行清洗和消毒。

• 不要从别的国家向加拿大人输送肉奶产品。

• 首先保证健康牛和病牛隔离饲养，然后治疗病牛（最大限度地减少牛群污染，如腹泻）。

• 离开饲养病牛的隔离区域时，使用消毒剂对靴子进行消毒，并更换工作服。

• 用于治疗病牛的注射器等器械要进行清洗和消毒。

• 区分饲喂初乳的胃管和治疗犊牛腹泻的胃管。把生病的牛与其他牛群分开饲养，最大限度地减少接触。

• 正确处理病牛舍的粪便，并对圈舍进行清洗消毒。

• 参观别的农场时，确保执行和自己牛场同样等级的生物安全措施，防止把疾病带回自己牛场。

• 如对某些疾病的扩散有疑虑，则需要和兽医讨论是否有必要采取一些预防措施。

• 因为有些病能够传给人，一定要小心。

• 彻底洗手，在某些情况下处理病牛时戴上手套。

本 章 小 结

健康管理：能使养殖场收益最大化。

初乳管理：确保所有的初生犊牛都能获得足量的优质初乳，并保证随时有冷冻初乳可用。

预防犊牛腹泻：制定疫苗接种和管理方案以最大限度地减少这类致死性疾病。

去势：犊牛趁早去势。

公牛配种可靠性检查：公牛是牛群一半遗传潜力的来源。确保公牛有繁育能力。繁殖是肉牛繁育场最重要的生产特性。有些牛群多达 20％的公牛繁育力低下。1998 年的统计显示只有 50％左右的牛场检查他们的公牛。

公牛选择：使用易产的公牛，特别是后备牛，避免难产及后续的怀孕问题。

怀孕检查：对于发现空怀牛非常重要。必要时就可以淘汰空怀牛，淘汰空怀牛能减低冬季饲喂的饲料成本，历史上，夏末和秋初的牛价较高，净收益就增加。怀孕检查的另一个好处是缩短产犊季。怀孕检查还能发现可能存在的繁殖问题。

饲料分析和体况评分：在持续代谢需要面前，任何一种营养物质的摄入量突然减少或过多，都能诱发代谢性疾病。饲料分析可以和断乳时的体况评分合并进行。体况评分能够了解在冬季饲喂期间母牛是否需要增加体重，还是可以损失一点体况。饲料分析能让你更好地平衡日粮以满足牛群增加体重或损失体重的需要。

疾病预防：准确的牛群管理是牛群健康项目取得成功的关键。预防疾病能够改善牛群的生产效率并减少治疗成本。

维持生物安全：疫苗接种项目必须作为整体生物安全项目的一部分。与你的兽医一起检查新购的牛和监督来访者。接种主要传染病如 IBR 和 BVD 的疫苗。在 1998 年，只有 40％的养殖户进行疫苗接种；但是疫苗接种的应用率逐年提高。繁殖损失是肉牛场最大的健康损失。

尸体剖检：死于牛场的大多数牛都应该进行尸体剖检。找到死亡原因能够帮助发现管理问题并做出改变，了解死亡是否可以避免以及是否涉及接触传染性病原。

与你的兽医一起制定适合你们牛场的健康项目。你的兽医也能帮助你执行上面提到的计划。

第七章
牛虫害及其控制

为了使繁育场效益更高，必须建立一个有效的虫害控制项目。牛场里长年都会遇到各种体外和体内的虫害。每年，昆虫和其他寄生虫都通过降低增重、减少哺乳牛的奶量、损害牛皮和牛肉、传播疾病、严重时致牛死亡，造成牛场的经济损失。

本章将讨论牛体外和体内虫害的生命周期、造成的影响和控制措施。还会讨论杀虫药、剂型、应用方法和安全性的问题。

一、体外寄生虫

阿尔伯塔省主要的体外寄生虫有皮蝇、牛虱、疥癣、黑蝇、角蝇、蚊子、家蝇、厩蝇、牛蝇和牛虻。本章提供的信息有助于养殖户了解虫害的问题，并理解其生命周期、影响和控制这些虫害的知识。

1. 皮蝇

阿尔伯塔省常见的皮蝇有 2 种：常见皮蝇和北方皮蝇，牛是两种皮蝇的唯一宿主。

两种皮蝇的生命周期很相似。幼虫春季出现在牛背上，和牛打交道的人都对其很熟悉。蛆样的幼虫掉在地上，在土里化蛹，然后形成皮蝇成虫。皮蝇成虫外观和蜜蜂相似，在春夏季节非常活跃。它们不叮咬牛，只是在被毛里产卵。

产卵几天以后，虫卵孵化，非常小的幼虫立即在牛皮上挖洞并钻入。幼虫在牛身体里迁徙好几个月，常见皮蝇会到达食管；而北方皮蝇会到达椎管。幼虫在这些部位再待几周时间，然后迁徙到牛的背部，待在皮肤下面。在这个阶段，它们与外界形成呼吸孔，此时称作蛆虫，对牛皮产生了损害。等到春季，蛆长大成一个虫包，就掉到地上，开始了又一个生命循环。

（1）损伤的类型和经济损失。

皮蝇是造成阿尔伯塔肉牛经济损失的主要虫害。由于阿尔伯塔省对拍卖场的监测和罚款措施，目前的感染的程度和发病率较低。由于发病率很低，拍卖场于 1988 年终止对皮蝇虫害的检查。但是，如果养殖户停止处理虫卵，皮蝇虫害则会再次发生。

除了虫蛹阶段外，其他每个生命阶段都对宿主动物造成损害。北方皮蝇在产卵时节袭击和惊扰牛，牛会跑动并甩动尾巴来驱赶皮蝇；当牛穿过围栏和其他障碍物时，就会使牛受伤。皮蝇还会导致增重减少和产乳量降低，犊牛的断乳重也会下降 20 千克。

如果冬季去势牛上的幼虫得到控制，每天可能多增重 0.1 千克。如饲养超过 180 天的时间，就意味着每头去势牛能多增重 18 千克。

屠宰牛上的蛆虫对胴体和牛皮都能造成相当大的损害，导致价格降低和评级下降。1999 年，根据加拿大牛肉质量审查委员会的估计，每头牛的损失多达 150 加元。幼虫在肌肉组织中迁徙会对胴体造成损伤。胴体修理所需的工作时间是家畜养殖业的一个间接损失。皮蝇幼虫在牛体内迁徙所造成的体重损失和牛皮损伤使养殖户遭受了很大的经济损失。超过 5 个皮蝇的虫孔就能使牛皮价值下降。

（2）控制措施。

在秋季对肉牛和干乳奶牛应用系统性杀虫药或广谱的内外寄生虫药都能有效地控制皮蝇。内外寄生虫药也能用于体内驱虫。一般来说，使用一种内外寄生虫药一次就能处理四类寄生虫（牛虱、线虫、皮蝇和疥癣），这些杀虫药可以通过喷洒、注射、浇淋或局部处理等多种方式施用。因此，越来越多的养殖户现在都使用内外寄生虫药（特别是浇淋用药）。一般第 1 次霜冻后就立即进行处理较 11 月份晚处理效果更好。

使用杀虫药后要连续观察几天时间。如有不良反应出现，请联系兽医。

2. 牛虱

阿尔伯塔省常见的牛虱有 2 种：叮咬牛虱和吸血牛虱。叮咬牛虱以皮肤的外层、皮屑和死亡组织为食，而吸血牛虱以血液为食。

吸血牛虱更为常见，它们的嘴很细，可以刺穿皮肤，吸食血液。叮咬牛虱的嘴比较大，它们会在皮肤上移动并采食表面的碎片。牛虱的叮咬会使得牛感觉非常痒，会猛烈摩擦身体，因此，可以在牛身上看到一片皮肤没有毛，或由于舔舐，有些地方的毛变湿（图 7 - 1）。

吸血牛虱肉眼看像是一个蓝色的斑块，常常出现在牛的颈部、眼睛、乳房以及阴囊周围。在牛虱非常多的动物身上，还可看见白色的虫卵。虫卵常被发现附着在牛毛上。叮咬牛虱肉眼几乎看不见。

（1）生命周期。

牛虱为牛所特有，并通过接触传给另外一头牛，它们永久寄生，并在宿主身上度过一生。在宿主动物上可以发现虫卵、若虫和成虫。雌性牛虱把虫卵粘在牛毛上；虫卵在 1～2 周内孵化，新孵化出的若虫和成虫很相似，只是小一点；若虫在 2～3 周内变成成虫。成虫每天产 1～2 个卵，连续产卵 2 周，在 1 个月内

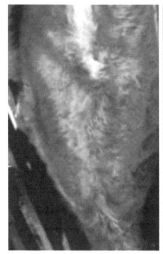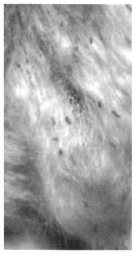

图 7-1 牛虱

完成整个生命周期。牛虱全年都能出现，但在冬春季节非常明显和严重。

（2）损伤的类型和经济损失。

牛虱感染的症状变化很大，过度舔舐、摩擦身体、毛发脱落等症状均有发生。极端情况下还会导致牛出现贫血。吸血牛虱严重感染时，牛脸部和胸部出现蓝色斑块，其是由牛虱消化的牛血形成的。严重病例还表现被毛粗糙、脏乱、油腻以及被死亡牛虱释放出的血液所污染。牛虱的叮咬刺激皮肤，使得牛为了缓解瘙痒而拼命摩擦身体，不断地摩擦可能导致体表出现开放的伤口，这些伤口可能为其他传染性病原的侵入提供了方便。叮咬还使得动物紧张、不安、停止采食，不能按正常的速度增重。

脱毛是牛虱严重感染的一个表现。很多其他原因也能导致脱毛，如癣、矿物质缺乏和过敏反应。

牛虱感染的确诊需要对皮肤表面进行仔细检查。检查时应该在明亮的地方对牛进行保定，如图 7-2 所示，对每个阴影位置的被毛进行仔细检查。检查时应该把牛毛剪掉，并刮拭皮肤。

据 2000 年的报道，在加拿大，牛虱每年造成肉牛和奶牛 3 000 万加元的损失。养殖户为了处理牛虱，每年需要花费 800 万～1 000 万加元。由于牛的血液损失、烦躁和行为改变使得生产效率下降而造成生产损失；牛对牛虱吸食行为的反应，造成牛皮价值降低，也造成了损失；牛为了缓解皮肤瘙痒而摩擦身体，导致牛场设施和设备的破坏，也是额外的损失。

研究显示通过对牛虱的处理，每头牛每天能提高增重 0.05～0.54 千克，增重的多少取决于牛虱感染的严重程度。

图 7-2　检查牛虱感染的区域

（3）控制措施。

控制牛虱可从以下 4 个方面进行：充足的营养；良好的养殖条件，包括提供凉棚和干净的垫料；遗传；策略性治疗。提供充足的凉棚和垫料，以及进行策略性治疗是最适合肉牛场的 2 个方面。

提供充足的垫料和凉棚能保持动物干净干燥，减少牛的应激。由于牛在温度不适宜时需要消耗额外的能量，应激对免疫力造成影响，两个因素联合使得动物更加容易感染牛虱。干净且没有应激的动物经常梳理被毛，能频繁地舔舐身体的大部分区域，这个行为能有效地减少牛虱的感染。

应用有效的处理方法也是减少牛虱感染的关键。但是，牛虱不可能是虫害处理的唯一目的。将牛虱的管理融入牛场寄生虫管理的整体方案并对其制订相应的整体处理计划非常重要。因此，处理牛虱的时间应尽可能地与皮蝇和体内驱虫相一致。

处理时间还应该与牛虱的生命周期相配合，以防止牛虱数量大增。处理时间最好是在秋季或冬初，在牛虱繁殖的高峰（1 月）之前。如果需要驱除其他寄生虫，晚一点再处理一次也可以。

评价是否需要再次处理，所用产品的有效时间就非常重要。杀灭成虫后虫卵还会孵化，需要药效足够长以杀灭最后产的卵所孵化的若虫。因为虫卵温度较低时发育较慢，所用药品的药效也必须覆盖牛虱可能的最长发育时间。冬季的极端低温也会影响所用药品的有效性。

为了预防牛群牛虱的大量感染，应该在秋季尽早检查牛虱感染的迹象。对每年都会发生牛虱感染的重点牛进行检查尤其重要，这些牛经常是整群牛感染的源头，应该尽快淘汰。牛虱喜欢较低的气温，因此秋季或春季牛虱会大量繁殖。阿尔伯塔省的气候条件特别适合牛虱生存。

牛虱感染严重的情况下，动物会由于血液损失而变得贫血、虚弱，可能需要输血并补铁。如果任何牛被发现有牛虱感染，则牛群或多或少都会被感染，应该全面检测并处理。

应用内外寄生虫药可以杀死吸血牛虱，这些产品药效足够长，可以杀死孵化的虫卵，确保对吸血牛虱100％的杀灭。叮咬牛虱不连续进食，因此比较难杀灭。浇淋杀虫剂可能是处理叮咬牛虱的有效方法；处理皮蝇的产品也能有效杀灭牛虱，但药效没有内外寄生虫药那么长；在草场持续使用药物自动处理器或粉末袋也是一个有效办法。

秋季使用浇淋杀虫剂或内外寄生虫药进行预防性处理，可以有效控制这个时期牛虱的数量。这通常和为控制皮蝇而进行的系统性杀虫是同一时间。前面已经提到，注射内外寄生虫药可以杀死吸血牛虱和皮蝇，但不能杀死叮咬牛虱。养殖户在杀虫前应该和兽医进行讨论，无论选择什么方法处理都需要遵守停药期规定。

可以在冬天进行第2次处理，确保不会出现严重感染。

3. 疥癣

疥癣是由寄生在牛皮肤上或皮肤里的4种非常小的螨虫所引起的接触传染性皮肤病。当牛之间发生身体接触时螨虫或虫卵就会从一头传播到另一头，导致该病的传播。疥癣还能通过垫料、建筑或饲槽传播。该病大多发生在冬天以及动物可能紧密接触的时候。和牛虱一样，螨虫喜欢凉爽的天气。尽管各个年龄段的牛都能传，但公牛通常是最早染病的牛，具体原因不明。

引起牛疥癣的4种螨虫中，加拿大常见的有足螨和犬螨，其他两种（痒螨和蠕形螨）非常少见。

（1）损伤的类型和经济损失。

足螨疥癣，常称为腿疥癣，多发生于蹄部、腿部、尾根和腋窝。由于疥癣导致剧烈的皮肤痒，常见流液体的结痂。

犬螨疥癣，这种螨虫会深入皮肤里面，导致剧烈的瘙痒。受影响的牛损失了采食的时间，较正常牛增重较慢。

螨虫采食和寄居的行为会使牛产生剧烈的瘙痒，受影响的牛在柱子、树和料槽上摩擦身体以缓解瘙痒，但这种摩擦会导致身体局部或大面积脱毛。

当牛摩擦出血时，皮肤的伤口就会渗出液体，这种渗出液变硬，形成结痂，称作疥疮。疥疮可能出现在大腿内侧、颈下、胸下以及尾根周围。严重情况下损伤面积很大，皮肤变厚，外观似大象皮。

疥癣传染扩散的速度取决于3个因素：传播的螨虫数量，传染的部位，宿主的易感性。

严重感染螨虫的牛在10～14天就出现肉眼可见的损伤。

疥癣造成的损害与牛虱造成的不同。但是，养殖人员可能将疥癣和牛虱症状相混淆。

因为螨虫非常小，肉眼根本看不见，必要时应咨询兽医。通常需要使用显微镜检查损伤部位深刮来的样品才可能确诊疥癣。

疥癣可能成为一种严重的疾病，所有的疑似病例都应该向 CFIA 报告。

（2）控制措施。

多种药物对于疥癣的治疗效果良好。同样的药既可以用于浇淋，也可以用于注射。内外寄生虫药也被用来治疗牛虱和内寄生虫。秋季使用内外寄生虫药，可以控制所有寄生虫，包括螨虫。实际上，在草原省份，这些内外寄生虫药的使用，使得疥癣的发病率较低。养殖户在处理之前应联系兽医以确定是否有螨虫存在，然后确定最适合的处理方法。

为了预防疥癣和疥疮，可以采取以下措施：

①清理饲养患病牛的圈舍，并在新购牛到来前添加新的垫料。

②对用于患病牛的梳毛工具或其他器械进行消毒。

③将患病牛与其他牛隔离开来，然后进行处理。

④在把后备牛和其他牛群混合之前检查是否有螨虫。

⑤避免牛群拥挤。

⑥确保动物营养充足，体况差的牛较体况好的牛更加易感。

4. 黑蝇

加拿大有名称的黑蝇（图 7 - 3）超过 100 多种，没有名称的就更多。但是，只有少部分的黑蝇被录入加拿大害虫目录。在阿尔伯塔省，有 2 种黑蝇是严重的虫害。

黑蝇是叮咬牛的最小蝇类之一。雌性成虫以血为食，导致人、家畜和野生哺乳动物以及鸟的烦躁和不适。黑蝇具有隆起的背，也称为沙蝇或野牛蚋。

黑蝇的生命周期有 4 个阶段。前 3 个阶段是卵、幼虫和蛹，都存在于流水中。虫卵被雌性黑蝇产在水上或水中。幼虫附着在石头或水下的植物上。它们通过一种过滤采食法获得食物。幼虫转变为蛹后，还保留在原地，直至成为成虫。成虫黑蝇采食动物的血液和植物的汁液。雌性成虫寻找宿主时，会成群结队地袭击牛和其他动物。夏季，黑蝇生命周期中每个阶段的时间长短和繁殖代数因种类不同而有差异。在北方的森林，可能只在 6 月和 7

图 7 - 3 黑蝇

月出现。

（1）损伤的类型和经济损失。

黑蝇成群结队地飞到宿主动物上，进入宿主的鼻孔和嘴巴里。如果它们被吸入体内，会形成黏液包裹的黑蝇球，可能导致动物机械性哽噎或窒息。它们在皮肤的开放区域如眼、耳、鼻、嘴，或者爬进被毛去叮咬。叮咬造成动物的剧烈瘙痒、肿胀和烦躁，并持续好几天时间。缺乏经验（以前没有遇到过黑蝇）的牛会在黑蝇严重的攻击下死于窒息和过敏性休克。由于增重减慢、产乳量减少，黑蝇活跃期间会造成养牛业的巨大损失；由于乳房受到损伤，犊牛断乳体重也会受到影响；公牛阴囊和阴茎鞘也会由于叮咬而导致配种能力降低。

（2）控制措施。

通过使家畜尽可能地远离黑蝇的栖息地而保护它们不受黑蝇的影响；提供牛棚可以让动物在黑蝇活跃期间进入牛棚以躲避攻击；使用杀虫剂或驱虫剂来处理动物和执行幼虫杀灭项目。

在黑蝇攻击非常厉害的时候，牛会在灌木丛或半黑的牛棚里寻求庇护。因为黑蝇不会飞进黑暗的地方，所以黑暗的牛棚能够使牛有所解脱。通常有三面墙和一个屋顶的牛棚就足以起到保护作用。例如：宽 6 米、深 12 米（前到后）、高 2.5 米，即两个侧墙和一个后墙，以及一个屋顶，就可以为 20 头成年牛提供庇护。牛很快会学会使用牛棚来躲避黑蝇。

杀虫剂处理必须覆盖牛身体的大部分区域才能起到作用，使用时应遵从标签的使用说明。在屠宰前必须严格遵守停药期规定。

在放牧环境下，静电喷洒器可以有效地应用杀虫剂或驱虫剂。带电的药物小颗粒会黏附在动物的被毛上。这种喷洒器的好处是不用保定牛或把牛赶到牛舍里就能大面积地覆盖牛体，需要的药量也比较少，处理一头动物几乎不用什么时间。

背部摩擦器带有杀虫剂或驱虫剂，也能保护动物不受黑蝇的侵扰，极大地减少了处理动物的麻烦。自由用药的设备可放置在草场或运动场，方便动物随时使用。强制用药设备可设置在围栏围起来的矿物质补充处或饮水处，或者牛棚的入口处，动物每次进入和离开这些场所时都能使用。强迫用药较自由用药效果好。

大面积根除黑蝇不可行。但是，在黑蝇幼虫生长的部分溪水、河流使用杀虫剂，能够较好地控制黑蝇数量。通过在其生命周期的合适时间控制水位或使用幼虫杀虫剂，可以大幅减少黑蝇的数量。如果了解黑蝇的繁殖地点，仔细计算注入水体的幼虫杀虫剂浓度，就能够有效杀灭幼虫，减少黑蝇数量。

幼虫控制项目的目的就是使用一次幼虫杀虫剂能够尽可能多地杀灭幼虫。

一旦知道黑蝇幼虫的栖息地，当大量幼虫聚集时，就可以进行有效控制。

小规模的杀虫项目包括通过在小船上喷洒未稀释或已经稀释的杀虫剂。取决于需要的数量和溪流的类型，水缸、水桶、便携式喷洒器等不同方式都可以使用。

当考虑使用幼虫杀灭项目时，应首先咨询有经验的专业人员来监测幼虫的数量情况，制订有效的控制措施。

在阿尔伯塔省需要申请许可才能向流水中使用杀虫剂。申请表格可以从阿尔伯塔环境办公室获取或网上下载。

5. 角蝇

角蝇是一种体型较小的黑灰色蝇类，大约只有家蝇或厩蝇的一半大小（图7-4）。它们在动物身体上休息时头部向下，很容易辨认。角蝇聚集成堆，喜欢停留在动物阴面一侧。和其他叮咬蝇类不同，它们一直生活在宿主动物上。角蝇1次的吸血量就能达到其自身体重的5倍，每天可以吸食多达38次，日夜不停地吸食后，它们离开宿主动物只是为了去新鲜粪便上产卵。

雌性角蝇在粪便上产下红棕色的卵，然后立即回到牛身上。幼虫孵化

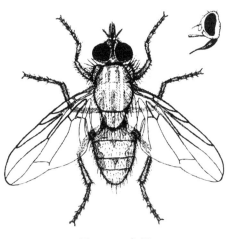

图7-4　角蝇

出来后会迁徙到土壤中，发展成为桶状的黑色蛹。几天后，就变成了成虫。然后一代一代地连续繁殖。角蝇以幼虫和蛹的方式过冬。

角蝇的生命周期非常短，只有14天。因此，一个放牧季就可能繁殖多达5代。

（1）损伤的类型和经济损失。

角蝇是对肉牛养殖影响最恶劣的叮咬蝇类，在阿尔伯塔省大部分地区7、8月份数量最多，角蝇以血液为食。在角蝇影响严重的牛群，1头公牛身上就有3 000～4 000只角蝇，每头母牛和去势牛身上也能有300～400只角蝇；8月中旬每头母牛身上最多能有1 500只角蝇。角蝇更喜欢公牛。犊牛在青春期（大约6月龄）之前不会受到攻击。

雄性和雌性角蝇都有可以用来吸食血液的喙。研究显示每头牛上的角蝇数量达到40只，就需要立即进行处理，否则动物的生产表现和效率会降低。角蝇和牛蝇都能够大大降低放牧牛的增重表现。

（2）控制措施。

角蝇由于日夜停留在牛身上，是最容易控制的一种虫害。为了取得效果，任何蝇类控制项目均应该取得 95％或更好的有效性。养殖户在日常饲养生产中应注意公牛身上的角蝇，以决定是否要进行杀虫处理。

以下措施可以控制角蝇：

①自动处理设备。提供背部摩擦器和粉末袋等自动处理设备，可以有效控制角蝇。将这些设备放置在舔砖或饮水处等牛每天都要去 1～2 次的地方，效果最好，但要注意添加并维持有效的杀虫剂。

②耳标。自 20 世纪 80 年代就开始使用杀虫剂耳标来控制角蝇了。这种耳标能够提供大约 90 天的保护。一对母子提供一个耳标，对两者都有很好的保护效果。因为蝇类最喜欢攻击的是成年动物，所以一般将耳标戴在成母牛身上。为了达到最好的效果，杀虫剂耳标在刚开始放牧时就应该戴上。一旦耳标戴在牛身上，当牛回头舔舐或摩擦肩部时就开始释放化学药剂。蝇类很快能产生抗药性，养殖户需要和兽医检查哪种耳标最有效。

③浇淋产品。伊维菌素，一种浇淋用的内外寄生虫药，根据标签，能对角蝇提供大约 5 周的保护。

（3）角蝇杀虫剂抗药性的管理。

耳标处理或背部摩擦器处理的牛身上又出现了角蝇，就表明角蝇对杀虫剂产生了抗药性。目前在加拿大，只有角蝇对合成除虫菊酯的抗药性得到证实。但是，在杀虫剂的大面积使用下，任何杀虫剂都会面临抗药性的问题。如合成除虫菊酯耳标，连续使用几年后就出现了抗药性。如果角蝇对一种合成除虫菊酯产生抗药性，就对所有这类杀虫剂具有抗药性。抗药性一旦建立，就能持续好多年。

如果可能，可以连续几年使用不同种类的杀虫剂，如合成除虫菊酯、氨基甲酸酯和有机氯杀虫剂。检查杀虫剂耳标的有效成分，不同品牌的产品可能使用同一类杀虫剂，购买时比较产品，既可以节省钱，又可以避免连续几年使用同样有效成分而带来的副作用。改变用药方式，也能阻止虫害对任何一类杀虫剂产生抗药性并延长它们的有效性。但是，由于牛群种类或牛群管理系统下用药方式的限制，这种改变杀虫剂种类的能力也很有限。

养殖户如果怀疑牛群对杀虫剂有抗药性，就应该联系杀虫剂代理商或政府有关部门以获得改变控制措施的建议。为了减少有抗药性角蝇在冬季的繁殖，在角蝇活动季结束前换用另一种杀虫剂；在第 2 年，继续使用去年夏末所使用的同一种杀虫剂。

6. 蚊子

阿尔伯塔省大约有 35 种不同的蚊子。蚊子需要水来完成其生命周期。生命周期有 4 个阶段：卵、幼虫、蛹和成虫。成虫把虫卵产在水上或水源的附近。如果接触到水，虫卵就会孵化，产生幼虫。幼虫可以生活在草场的死水里，也能生活在路边的沟渠里。幼虫到了岸上发育成为蛹。几天后就形成了成虫。

雌性蚊子吸食动物的血液，而雄性蚊子采食植物的汁液。大多数蚊子一个放牧季只能繁殖一代。但是，由于卵不是同一时间孵化，连续的洪水可能导致一个放牧季里好几批虫卵孵化。有些蚊子以成虫越冬；而有些蚊子以虫卵越冬，早春孵化。这些孵化早的蚊子品种在树叶刚发芽时数量就大幅增加，对牛的危害最严重。

（1）损伤的类型和经济损失。

雌性蚊子在产卵前需要采食一次血液，清晨或傍晚，蚊子对牛的攻击最猛烈。在蚊子攻击期间，牛会表现一些行为变化，如踢打、在高处聚集、互相舔舐以缓解蚊子的叮咬。

牛受到蚊子侵扰所引起的行为变化会导致相当大的损失。受影响的地区，哺乳牛的产乳量下降，犊牛的增重减少。血液损失导致增重表现差和母子的体况损失。极端情况下，小犊牛可能由于忧虑和血液损失而死亡。

（2）控制措施。

所有的蚊子在变成成虫前都需要在水中孵化。消除春季冰雪融化形成的水坑或充满雨水的沟渠等死水，能够大大减少蚊子的数量。

利用自动药物涂刷设备，能频繁使用速效杀虫剂或驱虫剂，保护牛不受蚊子的攻击。

当地政府组织的区域性控制项目，也是减少蚊子的一条途径。

7. 家蝇

家蝇呈灰色，胸部有四个条纹。家蝇令人讨厌的习性以及携带病原的能力威胁着公共健康。家蝇与人的活动紧密相关，它们采食不同的有机质并在其上繁殖。牛舍和肥育场有大量的有机废物，非常适合家蝇的繁殖。

家蝇的生命周期有 4 个阶段：卵、幼虫、蛹和成虫。虫卵被产在粪便、腐烂的垫料或青贮窖里，整个生命周期可以在 2 周内完成。家蝇在牛舍内以成虫的方式越冬。

（1）损伤的类型和经济损失。

家蝇携带动物疾病的角色并没有被广泛研究，而它们之所以被怀疑携带很多种疾病，是因为它们能很容易接触粪便和患病牛的伤口。

家蝇会令家畜持续烦躁，并导致其体况损失。在家蝇活动季节，牛的眼睛常常出现炎症且会通过家蝇在牛群内传播。

（2）控制措施。

通常准确的消毒程序能够清除家蝇。每周定时清理料槽边、青贮窖及其他场所的腐烂饲料，减少家蝇用于产卵的场所。保持圈舍干净干燥，在家蝇活动季节，每周定时收集和喷撒粪便。

其他的控制方法包括使用含杀虫剂的喷剂喷洒墙壁、使用苍蝇粘纸和有毒的饵料。

8. 厩蝇

厩蝇也称叮咬家蝇或犬蝇，和家蝇很相似，呈棕灰色，但外面的四个条纹是断断续续的，腹部呈棋盘外观。休息时，厩蝇的面部下方有一个尖锐并向前的喙（图7-5）。这种蝇休息时喜欢停在厩舍或其他农场建筑物的向阳面，且面部向上，背对地面。

厩蝇没有特定的宿主，会攻击牛、猪、马、犬、甚至人。

厩蝇的生命周期和早期阶段和家蝇很相似。整个生命周期可以在24天完成。一个放牧季厩蝇可以繁殖好几代。粘有粪便、尿液和泥土的湿饲料和干草，都是厩蝇非常好的繁殖媒介。有时候，湖边腐烂的杂草和草坪割草后腐烂的碎草也是厩蝇的繁殖场地。

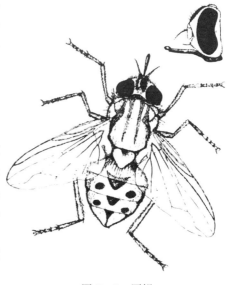

图7-5　厩蝇

（1）损伤的类型和经济损失。

雌性和雄性厩蝇都会叮咬牛，最常叮咬的部位是腿。当厩蝇数量很多时，牛从天亮到天黑都在被叮咬而不停地跺蹄和抖动肢体，不能获得任何休息。厩蝇能用喙刺穿皮肤来吸血，会使牛感觉很痛。

研究显示厩蝇能影响架子牛的增重，降低奶牛的产乳量。

（2）控制措施。

消除厩蝇的繁殖地是最经济有效的控制措施，但这种方法一般都被忽视。掩藏幼虫的物料堆积常常是厩蝇大面积暴发的原因。这些物质包括粪便、肥育场和农场建筑物周边堆放的陈旧干草和麦秸。

对厩蝇常常停留休息的农场建筑物外表面进行杀虫剂喷洒，能够有效控制厩蝇。每天给牛的腿部和下半部喷药，每头牛30～60毫升。

9. 牛蝇

牛蝇是影响牛的一种重要的非叮咬蝇。它和家蝇很相似，但体型略大一些，颜色略黑一些（图7-6）。牛蝇的蛹是白色的，而家蝇的蛹是棕色的。仔细检查牛蝇和家蝇，可以发现它们的眼睛不一样。

牛蝇和家蝇的生命周期很相似。可以在草场牛的粪便中发现其卵、幼虫和蛹。成虫牛蝇长大约8毫米。因为生命周期很短，一个放牧季就可以繁殖很多代。它们的成虫在动物圈舍、树皮下或其他可以躲避的地方越冬。

牛蝇在白天很活跃，它们喜欢自然光，并且会避免自己进入昏暗的建筑和有风的地方。它们是很坚强的蝇类，可以飞行好几千米。

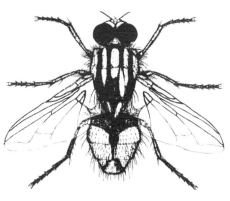

图7-6　牛蝇

（1）损伤的类型和经济损失。

牛蝇采食黏液和泪水，会落在牛的面部、钻进眼睛和鼻孔，故持续令牛烦躁。牛蝇数量很多时，牛聚成一堆，试图用尾巴把牛蝇赶走。这导致采食时间减少，增重也就减少。在有些牛蝇数量大的地区，红眼病和眼部擦伤常有报道。牛蝇还可以传播疾病，每头牛有50个或更多牛蝇就被认为数量很大，可能导致体况损失而造成损失。

（2）控制措施。

牛蝇不进入昏暗的牛舍，因此动物应该一直在舍内饲养；在药物自动处理器上配备药布设在闲逛区域的粉末袋能够提供有效的控制；带有杀虫剂的耳标也有效。

10. 牛虻

很多种类的牛虻攻击牛、马、猪、犬、鹿和其他哺乳动物。成年牛虻较大，长20～25毫米。

牛虻每年只能繁殖一代，通常是在8月份中下旬产卵。虫卵落在湿地水生植物的茎和叶上。幼虫以蚊子的幼虫和其他水生昆虫为食。幼虫迁徙到潮湿的土壤，在靠近池塘岸边的腐烂有机质里化成蛹。蛹冬眠过冬，在第二年的6月末7月初形成成年牛虻。

成年牛虻非常能飞，可以飞很长时间去攻击动物。牛虻喜欢阴凉处，通常攻击在阴凉处休息的牛。

（1）损伤的类型和经济损失。

雌性牛虻在白天活动，断断续续进食，它们攻击牛并以牛的血液为食。牛虻的叮咬非常痛，会使牛流很多血，被叮咬的牛常会移动躲避，然后牛虻被迫飞向下一个猎物。牛虻有一个特殊的习性，它们叮咬7次才进食。一摊血会吸引很多牛虻。

被叮咬的牛会停止采食，然后聚成堆寻求保护。这些行为导致增重减慢、产乳量减少。每个放牧季每头牛的体重损失可能多达 45 千克，产乳量估计损失 20%～30%。聚成一堆的动物常常因为相互之间的腿踢或角顶而受伤。

（2）控制措施。

繁殖地点的牛虻很难控制，因为它们停落在湿地里。另外，由于牛虻飞行距离较远，繁殖地点可能非常远。

夏季经常使用驱虫剂，或在牛虻活跃的夏季将牛饲养在舍内，可以提供保护。不过，对于放牧的牛群，这些方法都不是很实用。

以下因素决定了在草场或牧场很难控制牛虻：

①牛虻体型较大，需要较大剂量的杀虫剂才能致死。

②牛虻在动物身上采食时间很短，也就是说和杀虫剂的接触时间不足以杀死牛虻。

③用在自动处理设施上的杀虫剂对牛虻来说刺激很大，它们会马上飞走。

牛虻会在牛周围飞来飞去，在杀虫剂喷洒不到的地方（腹下或腿部）攻击动物。幸运的是，牛虻只在每年特定的时间段出现并攻击牛群。

二、体内寄生虫

1. 胃肠道线虫

胃肠道线虫（圆线虫）可引起急性或慢性疾病。动物通过采食带有幼虫的饲料（通常是草场的草）而被感染。在理想的环境下，从幼虫到成虫差不多需要一个月的时间。染病动物排出的粪便中含有胃肠道线虫的卵，这些卵需要潮湿黑暗的环境来孵化。

（1）损伤的类型和经济损失。

胃肠道线虫造成的损失较为隐蔽，如增重减少、产量下降、体况损失，有些情况下食欲减退。少数急性病例会表现为腹泻、脱水、贫血或水肿。草场的年轻牛发病率较高，成年牛、舍饲和肥育场的牛也偶有发病。

多种胃肠道线虫可以影响牛的生长及正常生理活动。绦虫也是胃肠道线虫的一种，很少看到有动物感染，除非数量特别大，否则不会对牛产生明显影响。

（2）控制措施。

许多驱虫药对成虫、幼虫及其在胃肠形成的包囊有良好的杀灭消除效果，许多浇淋和注射的药物也对成虫和幼虫有效。这些产品也同时用于牛虱和皮蝇的治疗。支持性治疗，包括良好的营养和充足的牛棚，对于严重感染的牛也很重要。

阿尔伯塔省的大多数牛在每年秋季都进行驱虫，这使得胃肠道线虫的感染率很低。通过治疗，感染被消除，增重就会得到改善。犊牛在夏天进入草场之前进行驱虫，整个夏季的增重能够增加 11 千克。

不同牛场的控制措施有所不同。定期让兽医进行粪便检查，有助于制定有效的驱虫方案。大多数兽医认为如果每克粪便中的虫卵数超过 25 个，则情况比较严重。但是这种情况下，动物的临床表现还不够明显。

采取相应的预防措施可避免胃肠道线虫侵害：避免拥挤，切忌各个年龄段的牛混合饲养，因为年老牛会成为年轻牛的主要感染源；轮牧和翻耕草场能够阻止动物再次接触虫卵，因为粪堆被破坏后，虫卵暴露在阳光和干燥的环境中被杀死。

2. 肺线虫

肺线虫病是由牛肺线虫引起的一种急性或慢性传染病。动物通过采食带有肺线虫幼虫的食物而被感染。潮湿的天气和田地状况能够使大多数虫卵都孵化成幼虫。幼虫躲藏在感染牛的粪便中。一旦动物采食了带有幼虫的饲料，幼虫就迁徙到肺。成年肺线虫生活在动物的呼吸道里。

这种情况在牛场年复一年地出现，草场有低洼地和泥沼时这种情况更加明显。幼虫可以在草场上越冬。

（1）损伤的类型和经济损失。

该病通常在年轻动物身上出现，许多染病的牛没有明显的异常。临床症状包括持续咳嗽、呼吸困难、采食量差、体况损失或早期阶段的腹泻，常见染病牛的被毛褪色。如果出现了细菌或病毒的继发感染，就会出现发热。持续感染可能导致肺炎，对动物健康影响比较严重。有些动物可能死于肺线虫感染。兽医进行尸体剖检时，在死亡动物的气管里能看到肺线虫的成虫。

（2）控制措施。

有些驱虫剂能够杀死幼虫和成虫，对染病的牛群应该进行全群处理。如果有肺炎引起的肺的严重损伤，染病牛的治疗可能需要使用抗生素。

年老牛是年轻牛的主要感染源。因此，可能的话不要把不同年龄的牛放在同一个草场放牧。

在问题草场，养殖户应该在放牧开始时和夏季中期进行驱虫处理。芬苯达唑可以混合在谷物、夏季矿物质补充料中饲喂进行驱虫，使用这种药需要兽医的处方，因此，建议在有肺线虫发病史的草场使用。

如果养殖户在草场发现犊牛咳嗽、精神不好的牛，就应该进行粪便检查以确认是否被这种寄生虫感染。这个检查需要几个小时的时间，很多兽医诊所都有足够的设施进行该项检查。

治疗临床病例时，仔细观察在动物好转前是否有恶化的临床表现。这是因为被杀死的寄生虫必须被动物咳出来，而有些牛在这个过程中会出现过敏性肺炎，可能需要抗生素来处理这个情况。

三、寄生虫药和杀虫剂产品

用于控制动物体外和体内虫害的药物可以分为两大类：寄生虫药和杀虫剂。寄生虫药包括驱虫剂和内外寄生虫药；杀虫剂包括几个化学家族的系统性和接触性杀虫剂。

1. 寄生虫药

寄生虫药是指能杀死寄生虫的药物或化学物质。

（1）驱虫剂。

驱虫剂是用来控制马、犬和牛体内线虫的药物。理想的驱虫剂应该：容易给药、对成虫和幼虫有广谱的驱虫效果、可以和其他药物配合使用、停药期不能太长（有残留）、使用成本低。

驱虫剂可以多种途径给药。可以对单个动物进行灌服、涂抹药膏和注射用药，也可以添加在饲料或舔砖中供大群动物使用。

（2）内外寄生虫药。

内外寄生虫药是较新的一类寄生虫药，可以有效对抗广谱的体外寄生虫、螨虫和体内寄生虫。它们被用来处理和控制某些动物的体内和体外寄生虫。服用一次内外寄生虫药就能处理多种寄生虫。可以使用内外寄生虫药处理的内外寄生虫有肺线虫、皮蝇、角蝇、螨虫和牛虱。内外寄生虫药可以通过体表、注射或口服（药丸）用药，具体的操作方法取决于药物的有效成分和注册的标签用法。

2. 杀虫剂

杀虫剂是一种被用来控制家畜节肢动物类虫害的特殊化学药品，其对哺乳动物的毒性很小，但对昆虫及其相关动物的毒性很大。这些杀虫剂可分为系统性杀虫剂和接触性杀虫剂。

系统性杀虫剂：不管这些杀虫剂如何使用，这些化合物最终被吸收进宿主的血液系统，然后被寄生在宿主体内的寄生虫所吸收。蝇毒磷、倍硫磷、益灭松和敌百虫等有机磷化合物都是系统性杀虫剂，它们可以被应用到体表控制寄居在动物身体里的皮蝇幼虫。

接触性杀虫剂：这些化合物只有和寄生虫直接接触性时才有毒性。可以直接应用到宿主动物的体表控制寄生虫。鱼藤酮和马拉硫磷属于接触性杀虫剂。

3. 寄生虫药与杀虫剂的剂型

杀虫剂和寄生虫药有很多种不同的剂型。有的剂型可以直接使用，有的剂型需要在使用前进行稀释和混合。

（1）注射型。

这种剂型的有效成分（如伊维菌素）可以注射进动物的身体，进入血液系统发挥作用。这些剂型可用来杀灭体内寄生虫和体外寄生虫。虽然目前来说注射型寄生虫药还有使用，但口服和体表用药更为常见。

（2）可湿性粉剂。

这种剂型的有效成分被吸附在一种可用水变湿的载体物质上。这种剂型用水混合形成的是悬浮液，而不是溶液，除非持续搅动，否则这种物质就会沉淀。这种剂型常被用来喷洒。使用可湿性粉剂后的泵，如果不用水进行彻底冲洗，就会被阻塞或破坏。混合和使用可湿性粉剂时要仔细遵从标签的说明，这有助于避免喷洒困难和设备出现故障。

（3）干粉剂。

干粉剂常常是为干法使用而特殊准备的剂型。可使用惰性粉末将有效成分稀释到较低的浓度。这种剂型被直接用到动物的皮肤上。

可湿性粉剂不应该当作干粉剂来使用，就相同浓度的有效成分而言，可湿性粉剂的吸收率通常较粉剂大。

（4）乳剂和可乳化的浓缩物。

乳剂是包含乳化剂的一种液体物质，使得有效成分处于均匀的浓度。与可湿性粉剂相比，使用时不需要太多的搅动。乳剂可以直接喷洒到动物的体表。

4. 寄生虫药与杀虫剂的使用方法

养殖户熟练掌握常见杀虫剂和寄生虫药的使用方法和技术非常重要。大多数杀虫剂和寄生虫药的包装上都有这种产品的特殊信息、用法、正确的混合方法和处理技术。仔细阅读标签并遵照执行，这对于保护牛群和环境都很重要。特别是要阅读产品说明中有关的使用信息：

- 化学品对什么类型的寄生虫（如节肢动物）或其他虫害有效；
- 推荐使用的宿主动物的生产阶段；
- 使用时是否有任何限制；
- 对不同种类的虫害或不同品种不同发育阶段的虫害使用不同的剂量；
- 推荐的使用方法；
- 食品动物的停药期。

（1）注射。

在颈部进行肌内和皮下注射。不要在臀部和大腿进行肌内注射，原因是这些部位的肉品价值高，注射能够导致肌肉出现明显的损害、瘢痕或变硬。如果标签说明既可以皮下注射又可以肌内注射，那就进行皮下注射以减少组织损害的风险。如果可能，使用注射之外的给药方法（如浇淋）。

（2）喷洒。

稀释后的液体杀虫剂可以进行高压喷洒，压力大约为 24×10^5 帕。因为要彻底弄湿皮肤，每头母牛需要喷洒 7～14 升，犊牛需要喷洒 5～7 升。

（3）喷雾。

手动控制的电动喷雾器可用来喷洒少量高浓度的杀虫剂。喷雾能很好覆盖牛的被毛。喷雾器还能对小的封闭场所进行消杀。

（4）墙面滞留喷雾。

将杀虫剂喷洒到墙面、顶棚和围栏达到药液快要流淌的地步，这种用法只需要非常小的压力（$5.5×10^5$ 帕）。喷洒墙面可以用来控制在墙面上休息的家蝇和厩蝇。通常，在喷洒前将家畜从建筑物内赶走，并应避免喷洒到饲料和饮水。

（5）背部摩擦器。

背部摩擦器是使用杀虫剂的一种便宜又有效的设备。市面上有很多种背部摩擦器，养殖户也可以自己制作背部摩擦器。一种简单的做法是用帆布将一根长 5～6 米的铁丝或链条裹上好几层，定期用所选用的杀虫剂油性混合物进行浸泡，这些设备就能长年用来控制各类虫害。

（6）浇淋。

这是为系统性杀虫剂设计的快速而简单的用药方法，能用来控制皮蝇。通常是将油或水乳化的高浓度溶液沿动物的脊梁进行浇淋。最常用的剂量为每50 千克体重 15～30 毫升。冬季用这种方法处理牛虱比较有用。

浇淋用药的一个缺点是在药物被吸收前可能被雨雪冲走。动物正常的梳理被毛行为也能使药物在吸收前脱离体表。

（7）局部处理。

局部处理使用较高浓度的杀虫剂，通过一种特殊的器具来给牛用药。局部处理的一般剂量是 4～20 毫升，具体取决于牛的体重。使用这种方法可以很有效地控制皮蝇和牛虱。

（8）撒粉末。

少量的动物可以用手撒一些杀虫剂粉末或用一个撒粉末的罐子将其撒到牛身上，然后用手刷进毛里。养殖人员处理时要戴上合适的塑料手套。粉末杀虫剂对牛虱和角蝇有效。

（9）粉末袋。

粉末袋是用涂了防水层的结实的帆布袋做成的自动处理设备。这些袋子悬挂在门上或安装在饮水或矿物质补充料的入口处，当动物的背与粉末袋接触或摩擦，少量的杀虫剂粉末就被涂撒到牛身上。

牛场可以自己制作粉末袋，这是一种处理牛虱、角蝇和其他昆虫的经济做法。

（10）杀虫剂耳标。

带有杀虫剂的耳标是给牛使用杀虫剂的简单做法。当牛梳理自己时，缓释的杀虫剂就可以撒到牛的被毛上。角蝇和牛蝇可以通过这个方法进行有效控制。

5. 寄生虫药和杀虫剂的抗药性

寄生虫能够对杀虫剂和寄生虫药产生抗药性。这是很多年重复使用一种或多种相似产品的结果。20 世纪 90 年代，阿尔伯塔省就证实角蝇对合成除虫菊酯产生抗药性。

与细菌对抗生素的抗药性一样，节肢动物对驱虫剂的抗药性是在田间慢慢出现的。但是，过去几十年基本上没有新式的化学药品被用作驱虫剂，抗药性的问题可能会更加普遍。节肢动物出现抗药性大概需要 9～10 代的繁殖。

一种虫害失去控制可能是该种虫害出现抗药性的迹象，特别是在其他虫害得到控制的情况下。除检查抗药性外，也要检查杀虫剂或寄生虫药是否受到天气状况或错误使用方法的影响。

养殖户需要通过轮流使用不同的杀虫剂和寄生虫药来防止或延迟抗药性的出现。例如：为了控制角蝇，可以在连续几年里交叉使用合成除虫菊酯、氨基甲酸酯和有机氯杀虫剂。改变作用方式也有助于防止虫害对某一种杀虫剂和寄生虫药产生抗药性，延长它们的有效使用时间。但是，由于牛的类型、牛群管理系统下处理方法的兼容性，不同控制药物之间的交叉使用能力可能受到限制。

6. 使用杀虫剂的安全性

加拿大《虫害控制产品法》对动物虫害控制产品的使用进行监管。该法及其条例对杀虫剂产品的注册标准、生产、储藏、展示和使用有具体的规定，以确保其有效性和安全性。阿尔伯塔省的《环境保护和改善法》和《杀虫剂应用环保条例》也对该省杀虫剂的使用、处理和丢弃有相应的规定。

（1）个人安全。

①确保杀虫剂有明确的标签。

②按照标签说明处理和储藏杀虫剂。

③在小孩接触不到的地方储藏杀虫剂。

④使用杀虫剂的原始包装容器，并储存在上锁、通风和不受天气影响的地方。

⑤按推荐剂量使用杀虫剂。

⑥使用杀虫剂时穿戴防护衣（手套、呼吸面具和服装）。

⑦使用杀虫剂后立即用肥皂和水彻底洗手。

⑧按照标签说明丢弃空的杀虫剂包装容器。

⑨防止湖水、溪流、池塘、水坑或饮水源被杀虫剂污染。

（2）动物安全。

①遵从杀虫剂处理和储存的标签说明。

②按推荐剂量使用杀虫剂。

③不要用杀虫剂处理病牛、消瘦和正在恢复期的牛。

④不要用杀虫剂处理小于 3 月龄的犊牛。

⑤不要用杀虫剂污染动物饲料和饮水。

⑥不要在开放水体 30 米以内储存和混合杀虫剂。

⑦不要在饲料、饮水、饲料搅拌机或粉碎机附近储藏杀虫剂。

⑧不要在动物接触得到的地方储藏杀虫剂。

⑨不要使用已经被杀虫剂污染的饲料或饮水。

⑩防止动物接触已经被杀虫剂处理过的饲料。

⑪保持动物远离杀虫剂包装容器。

⑫遵从屠宰前停药期（用药和屠宰之间的时间）的规定以避免肉奶产品中药物的残留。

⑬检查标签是否有禁止不同杀虫剂或产品配合使用的说明。

⑭不要重复使用杀虫剂的包装容器。

本 章 小 结

昆虫和其他寄生虫对牛的影响包括增重减少（母牛和犊牛），母牛泌乳量减少，牛皮和肉品的损害，以及死亡。

阿尔伯塔省的主要体外虫害有皮蝇、牛虱、螨虫、黑蝇、角蝇、蚊子、家蝇、厩蝇、牛蝇和牛虻。主要的体内虫害有胃肠道线虫和肺线虫。杀虫剂、合理的草场和牛舍管理、充足的营养都对降低虫害对牛的影响有重要作用。根据虫害的种类不同，采取针对性控制措施。

牛场用来控制虫害的药剂可以分为两大类：寄生虫药，包括驱虫剂和内外寄生虫药，可以用来控制广谱的昆虫、螨虫和体内寄生虫；杀虫剂，用来杀死环境中的节肢动物（昆虫和蜘蛛）。杀虫剂和寄生虫药有很多种不同的剂型，包括注射型药品、可湿性粉剂、干粉剂、乳化剂和可乳化的浓缩物。根据剂型，可以采用不同的用药方式（注射、喷洒、喷雾、墙面滞留喷雾、背部摩擦器、浇淋、局部处理、撒粉末、粉末袋和耳标）。如果可能，养殖户应该在连续的年份交叉使用不同类型的杀虫剂以防止虫害对任何一类产生抗药性。

大多数杀虫剂的包装容器都包括有关产品的具体信息，包括用途及准确的混合、处理和储存方法。阅读和遵从这些标签上的用法指南，这对于保护你本人、你的家庭、你的牛和环境都很重要。

Chapter 第八章
牛场控制动物的设施

　　牛场设施的设计主要是为动物提供必要的空间、遮棚、饲料、饮水，并为控制动物提供便利，这些设施必须适合具体的环境、使相关工作方便高效。

　　良好的动物控制设施必须能节省人力，并将动物限制在一个没有危险的环境下。设计良好的控制系统必须满足：①节省工作时间并满足操作人员的工作需要；②增加操作人员的安全性；③最大限度减少动物治疗和控制期间的受伤和应激。

　　任何控制设施的操作都必须依据动物的行为特点、系统设计以及工作人员的技术和操作水平来进行。

　　需要控制的动物数量、工作人员的数量以及所需要的时间都影响动物控制系统的设计。

一、行为控制

　　"逃走或是反抗"是动物感受到威胁时的共同反应，当然也包括牛。安全空间是动物的私人空间，如果你进入它的安全空间，动物就会离你远一点；当你退出这个区域，动物就会停止离开或回到原来区域。

　　安全空间的大小取决于动物的驯化度或温顺性、工作人员接近的方向以及动物反应的敏感状态。牛会选择离开接近它的人，即使在安全空间以外，从动物肩后方 45°～60°方向靠近，动物也会转身离开。如果压迫感太强，动物就会紧张、转身或快速逃离。温顺动物安全区域的半径可能在 1.5～7.5 米，易怒动物可能达到 90 米（图 8 - 1）。

　　牛有很广的视野范围，超过了 300°，这得益于牛眼睛的位置，因此，牛不用转动头就能看见它身后的情况。牛也有一定的视野盲区，它们会在人或其他动物靠近时转身观察。牛尽管也有深度概念，但当它们抬头走路时很难感受到地面的深度。

　　牛很容易被明与暗空间的转换所惊吓。因此，牛抗拒从明亮的空间进入黑暗通道。当牛只进入通道或保定架，任何看上去会阻挡牛只去向的栏杆阴影都会使它们畏缩不前。

　　因此，工作围栏和保定架的设计要尽可能地减少死角，这样就会减少动物

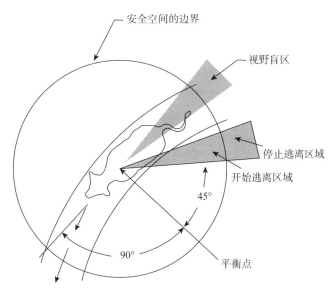

图 8-1 安全空间示意

落入陷阱的感觉，减少逃出工作人员控制的欲望。围栏和通道的设计要有一定的弧度，使牛经过工作人员时感觉就是在逃走。圆形设计的拥挤区和个体通道最多可减少 50% 的工作时间。

个体通道以及通道附近的墙壁最好是完全封闭的，以减少阴影，并最大限度地减少外部移动物体所带来的打扰。密封的墙壁还能降低动物肢体陷入挡板之间所造成伤害的可能。

现代控制设施的设计，让动物经过工作人员时感觉它们是在逃走。从最开始的集中等候区（经过通道、拥挤区的控制门和个体通道）到最后的保定架，动物都能顺利移动。

控制系统就是为了控制动物，不能兼用。饲喂牛的地方应该设在不同区域，需要时能很方便地进入控制围栏。

二、控制系统的构成

牛的控制设施是牛场经营必不可少的一部分。设计和建造良好的控制设施能够使工作进行得更容易、更安全和更快速。全天候状况下所有牛舍和所有区域的牛都应该能方便地进入控制系统。控制系统主要包括：集中等候区、拥挤区、挑选区、个体通道、装载台和通道、保定架和兽医通道、称重台、病牛舍（可选）。

围栏应该足够高，各个牛舍中最能跳跃的牛也能被围住。围栏高度一般在1.8 米以上，围栏底部应该有 30 厘米的空间，以保证操作人员在受到牛攻击时可以从下面滚过。粗糙的原木木板比处理加工过的木板结实。

1. 集中等候区

通往集中等候区的通道应该仔细规划（图 8 - 2）。大门应该像一个陷阱，以保证牛只可以很容易进入。扇形移动的围栏可以引导牛只进入这个区域。越靠近拥挤的地方，围栏应该越结实。

集中等候区形状的设计，必须模拟动物逃走的心理。最好将围栏设计成扇形，通道连接到拥挤区和个体通道；也可以设计成一个狭长的通道，宽 5.4～6.0 米，效果也不错。

如果情况比较特殊，集中等候区应该配备完整的侧栏，以避免不必要的阴影影响牛只的进入。

2. 拥挤区

拥挤区是用来将动物从大群的集中等候区移往单独行走的个体通道的区域（图 8 - 3）。拥挤区空间应该足够大，最多一次能容纳 10 头牛，动物在该区域可以转向或移动。

图 8 - 2　进入集中等候区的通道　　　　图 8 - 3　拥挤区和通道

拥挤区应该有完整的侧栏和坚固的控制门。完整的侧栏就像马的眼罩，使得围栏外面的事物不能影响到牛。拥挤区只有一个出口能够进入个体通道，牛在拥挤区中只能将个体通道作为唯一的逃生方向。圆形的拥挤区控制效果很好。

拥挤区的大门必须很重，但又能方便操作员移动。拥挤区的大门通常长 3.6 米，可以转动 180°～300°。大门应该有一个棘齿状的门闩，可以阻挡动物后退以防止造成人员伤害。大门应该能很容易升降，即使有积雪也能正常工作。一般有商业出售的钢制门，固定在钢柱上，可以使用很长时间，是一个很经济的解决办法。

3. 挑选区

挑选区应该和集中等候区有相同的容积。对于大多数繁育场来说，3 个挑选区便可以满足使用需求。挑选区必须能使牛退回到集中等候区或者进入拥挤区进行重新处理。

对于小牛群来说，如果这个系统只需一个人工作，就会效率很高，但这就需要仔细规划控制门的位置，以方便引导牛从挑选区进入个体通道。

4. 个体通道

个体通道使得牛只依次进入个体通道或称重台。这个通道两侧应该完全封闭，对于体格比较均匀的成年牛，通道宽 70～80 厘米。如果是控制犊牛或体格较小的牛，个体通道应该窄一些（表 8-1）。

表 8-1　个体通道的最小宽度（厘米）

通道的类型	动物大小		
	272 千克以下	272～544 千克	544 千克以上
直立墙壁的通道	45	55	70
宽度变化的通道（80 厘米高度）	45	55	70
宽度变化的通道（底部）	37～40	40	45

许多工作通道的上部宽 70～80 厘米，而底部宽 40～45 厘米，以便控制体重在 272 千克以下的犊牛（图 8-4）。

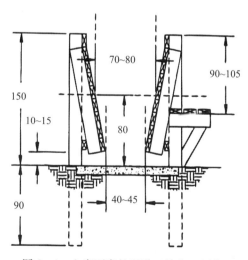

图 8-4　上宽下窄的通道（单位：厘米）

离地面 80 厘米以上的部分，宽度应该为 70～80 厘米。这样的设计既可以控制牛群中最大的公牛，也可以防止大多数犊牛在通道内转向。

只有一半高度的宽度是变大的通道，建造容易一些，也能使用（图 8－5）。在立柱竖立起来后，在底部钉上斜柱。既能支撑立柱，也能支撑里面的侧栏。

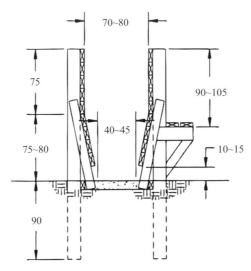

图 8－5　上部等宽、下部变窄的通道（单位：厘米）

底部的宽度为 40～45 厘米，离地面 80～90 厘米处的宽度为 70～80 厘米，之上的侧栏直立。

宽度变化的通道有时会导致牛卧倒或挣扎着后退。如果牛只在通道内卧倒，工作人员应该退出其安全空间，让其在放松情况下自行站立起来。

通道高度至少应该有 1.5 米，外面设有站台，方便人员工作；站台宽 40 厘米以上，距离通道顶部有 90～100 厘米的距离。如果必要，最好设置台阶方便人员上下。个体通道长至少 6 米，但不超过 15 米。如果牛能看见前面两个身位的空间，就不会觉得是进入一个死角。

弧形的个体通道是利用牛自然绕着走的习性设计的。弧形通道的最大弧度为 15°，也就是说这个通道所对应的外圆半径为 4.8～7.5 米。

隔离门是个体通道的一部分。隔离门设在个体通道的入口和出口，以防止其他的动物进入，有助于创造一个安全且没有应激的控制空间。常见的隔离门有 3 种类型：

①双向隔离门（图 8－6）。常用在个体通道的出入口、个体通道和保定架之间、进行兽医检查或直肠检查的地方。个体通道入口（拥挤区和个体通道之间）的隔离门应该有一个开口（可以看见前面的情况），这样牛才能将其当作逃生路径。这也能预防动物出现畏缩不前的情况。

②单向隔离门（图 8－7）。允许动物进入个体通道，但不能向后退。一般

设在距离保定架 3.6 米的地方。

　　③单向链式门（图 8-8）。门上悬挂一个铁链，允许动物向前移动但不能向后退。成年牛和犊牛需要不同的固定高度。一般铁链的下垂距离为 20～30 厘米。

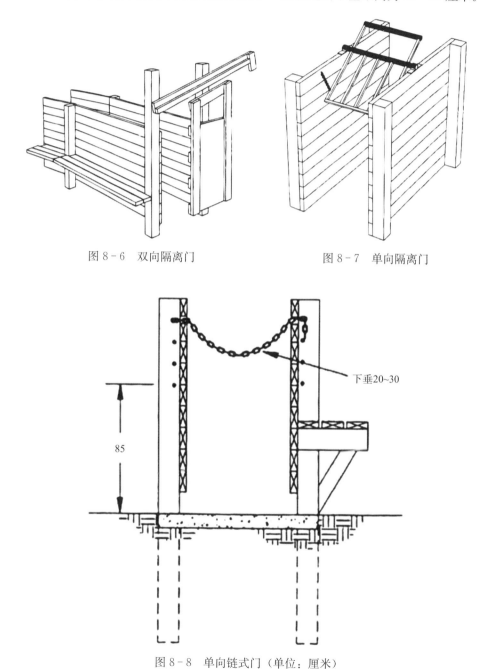

　　　图 8-6　双向隔离门　　　　　　　　图 8-7　单向隔离门

下垂20~30

85

图 8-8　单向链式门（单位：厘米）

5. 装载台和通道

通向装载台的导向通道应该和个体通道有一定的角度，直接经过拥挤区的控制门进入。两个通道之间的控制门就成了一个封闭门，两个方向都不能移动。通往装载台的通道长度不应超过两头牛的身长。一旦领头的牛畏缩不前，这种通道能最大限度地减少工作难度。装载台通道的弧度像一个"狗腿"，这样牛就看不见通向卡车的坡道。设计 3 个 15°角，一个在装载台通道的入口，一个在通道的中间，一个在坡道的底部，将会有很好的效果（图 8-9）。

对于单个动物而言坡道的宽度为 75～88 厘米，对于一群动物的宽度为135～180 厘米；坡道长度大约为 4.8 米。坡道的顶端有一个装载平台，为进出卡车的牛提供很好的立脚处。

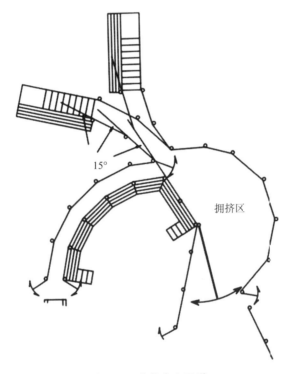

图 8-9　装载台和通道

另一个选择是长条形装载平台，同样效果不错。宽度为 70～80 厘米，长度为 4.8 米，地面到卡车的高度可以调节。

6. 保定架和兽医通道

保定架（图 8-10）可以外购。保定架应放置在个体通道的末端出口。不管保定架是什么型号，都应该提供人性化的保定，不要伤害到动物，且各种体格的牛均能使用。为了兽医的工作方便，应在保定架后面设置 60 厘米宽的出入口。

图 8-10　保定架

7. 称重台

称重台既可以是单独的体重秤，也可以是一个工作平台；既可以是机械秤，也可以是电子秤；既可以是活动的，也可以是固定的。体重秤是获得单头牛准确体重记录所必需的工具，大多数繁育场并不需要对一群动物进行称重。

避免将体重秤放置在通道当中，踩踏会增加了毫无必要的负荷。可以在个体通道和保定架之间设置一个平行的通道来解决这个问题。有些控制系统会在保定架的前端放置一个活动秤来对动物进行称重；而又有些控制系统给保定架配备一个电子称重系统，电子系统包括显示屏及放置在保定架下面的电子秤。

如果使用的是地磅，则所放置的地方要方便对饲料和牛进行称重。地磅可以对一群牛进行称重，但需要增加一个笼子来把牛围起来。地磅也可以安装在料场，可以方便卡车出入。

8. 病牛舍

病牛舍对任何牛场都是有必要的，对大型牛场更是不可或缺。它减少了每次从牛群中挑选需要治疗牛只的麻烦，对病牛来说最大限度地减少了应激。

病牛舍应该有顶棚和良好的垫料，并应靠近其他工作设施。空间不需要太大，每头牛需要 4~6 米^2 的牛舍面积，按照牛群面积大小的 5% 来设计即可。

9. 圈舍和牛棚

相对于单独的低温，牛在泥泞场地、大风和过度潮湿天气中承受的痛苦更多。挡风墙和一面开放的牛棚就能给牛提供很好的保护。在冬季和初春的产犊季，一个干燥、没有贼风的环境有利于母牛产犊。规划良好的圈舍能够节省人力、时间和饲料，还能使投入成本最少。

良好的树丛就能成为非常好的挡风墙。在挡风墙的下风处 30～45 米处建造牛舍，就能在下雪天气把雪完全挡住而不会影响到牛舍。此外，挡风围栏也是一个选择，挡风墙围栏至少应该高 2.4 米，70％～80％的面积有挡板，而 20％～30％的面积保持开放。

为了保护牛不受雨、雪、风和极端低温的影响，可以使用一面开放的牛棚。牛棚一般自然通风，最常见的就是柱形建筑。一面（单坡）屋顶的牛棚建造成本最低。坡度向后（屋檐水向后流），阳光可以照到牛棚的后面。

一面开放的单跨度建筑能够提供较深的庇护，减少进入牛棚的雪量，方便拖拉机和清粪车的进入。一面开放的牛舍，有助于调节冬季的温度，但如果只是依赖自然通风可能会面临潮湿的问题，凉爽干燥的产犊环境较温暖潮湿的环境好。为了解决潮湿问题，一般常见的做法是在这样的牛舍后面围一个产犊舍，保持充足的垫料，并使用加热灯或红外线灯照射。除非有很好的保暖、通风和加热设备，否则不要把牛舍完全密封起来。

10. 控制和饲养动物设施的设计

表 8-2 中罗列了不同控制设施针对不同体格牛的推荐值。表 8-3 中提供了肉牛饲养场有关设施的推荐值。当计划和设计牛场设施时，可以用来作为参考。

表 8-2　肉牛围栏和控制设施的建议尺寸

设施	单位	牛体格大小		
		272 千克以下	272～544 千克	544 千克以上
集中等候区				
-立即工作	米²/头	1.3	1.5	1.8
-需要过夜	米²/头	4.1	4.5	5.4
个体通道/直立围栏				
-宽度	厘米	45	55	70
-理想长度	米		7.2	
个体通道/斜立围栏				
-底部宽度	厘米		55	
-1.5 米高度的宽度	厘米		80	
-理想长度（最小）	米		7.2	

（续）

设施	单位	牛体格大小		
		272千克以下	272~544千克	544千克以上
个体通道及肥育场的围栏				
-建议高度	米		1.5	
-立柱在地下的深度	米		0.9	
控制系统和公牛舍的围栏				
-建议高度	米		1.5	
-立柱在地下的深度	米		1.2	
装载台				
-宽度	厘米		75~80	
-长度（最小）	米		3.6	
-坡度	高度：长度		1.4	
坡道的高度				
-鹅颈形拖车	厘米		38	
-皮卡	厘米		70	
-厢式卡车	厘米		100	
-双层车	厘米		250	
连接处/集中通道				
-宽度	米		3.6	

表8-3　肉牛场设施的推荐尺寸

设施		单位	母牛和犊牛	犊牛到227千克体重	周岁到340千克体重	肥育牛到500千克体重
没有遮阳棚的肥育场						
牛舍面积	水泥地板①	米²/头	7.2	3.6	4.05	7.2
	-泥土②	米²/头	27	13.5	22.5	27
	-垫料堆积③	米²/头	3.15	2.25	2.7	3.15
有遮阳棚的肥育场						
牛舍面积	-水泥地板	米²/头	4.5	2.25	2.7	4.5
	-泥土	米²/头	27	13.5	22.5	27
遮阳棚	-地板面积	米²/头	2.7	1.35	1.8	2.7
	-最小净高	米	3	3	3	3
漏缝地板						
每头牛所需面积（100%漏缝）		米²/头	2.7	1.0	1.44	2.43
一般指导原则			0.4~0.53米²/100千克活重			

（续）

设施		单位	母牛和犊牛	犊牛到 227 千克 体重	周岁到 340 千克 体重	肥育牛到 500 千克 体重
产房						
没有漏缝		3.0 米×3.0 米/舍	20 头/舍	—	—	—
饮水						
面积		米²/100 头	0.36	0.36	0.36	0.36
平均每日需要量		升/544 千克活重	42	19	30	38
热天平均每日需要量		升/544 千克活重	60	38	57	76
料槽						
限饲		厘米/头	66～76	46～56	56～66	66～76
自动饲喂	-只喂粗饲料	厘米/头	20	15	20	20
	-完全日粮	厘米/头	15	12.5	15	15
	-谷物或精饲料	厘米/头	7.5	5.0	7.5	7.5
到咽喉的最大高度		厘米	30	46	46	56
最大距离（咽喉到最远的料槽地板）		厘米	86	50	76	86
限制粗饲料饲喂（电网或饲料围栏）		厘米/头	50～60	30～40	40～50	50～60
饲料仓库						
干草（没有青贮）		千克/（头·日）	11.8	5.4	6.8	5
青贮（60%水分）		千克/（头·日）	27～34	16	—	11
青贮（没有干草）		千克/（日·100 千克活重）	—	—	4.5～5	—
谷物和精饲料（10%水分）		千克/（日·100 千克活重）	1～2	0.7～0.9	4.5～5	7
垫料储存						
漏缝地板之外		千克/（头·日）	2.27	1.36	1.82	2.27
粪便储存						
用作垫料		米³/（头·日）	0.032	0.016	0.022	0.032
不用于垫料		米³/（头·日）	0.027	0.014	0.019	0.027

注：
①水泥坡度为 2%～4%。
②土坡坡度为 4%～8%。
③垫料堆的坡度为 25%，锯末、刨花、麦秸都能用作垫料。

（1）工作区域的选择。

所有控制系统都是由很多的单元组成。在拥挤区、处理区和装载区设计好以后，还应该将它们和其他工作区域结合起来，以满足牛场的所有经营活动。良好的工作区域能使牛的流动很顺畅，并为工作人员提供工作的便利。设计时注意各个工作区域结合流畅，对于控制系统的正常运转也是非常重要。

设计工作区域首先要考虑的就是场地的限制因素。设计工作必须考虑场地的大小、地形地貌、和其他相关设施的协调运作以及车辆停放等因素。工作区域的布局，很大程度上是由个人喜好以及特定牛场控制牛的具体方法所决定的。

图 8-11 展示了多种可能的设计方案。包括如下元素：

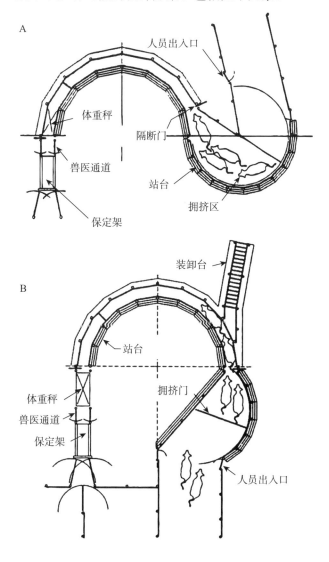

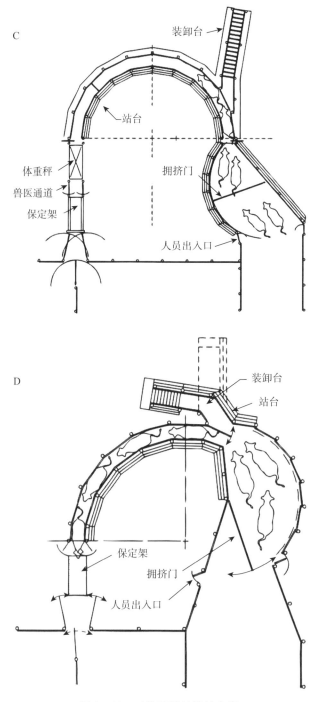

图 8-11　工作区域的设计方案

- 进入和离开这些设施牛的流动方向；
- 拥挤区的大小、弧度和操作人员的位置；
- 通道长度、类型（半圆、1/4 圆、S 形或直线形），走向和工作侧的设计；
- 称重台的设计（单独或群体，牛和卡车连体）和位置（工作区域的一部分还是连接在外部）；
- 装载台和卡车装车系统的设计和位置，以及卸车系统。

（2）确定围栏控制系统布局的步骤。

①准备工具。确定围栏控制系统布局一般需要一个 15～30 米的卷尺，100 个 10～15 厘米长的钉子，2 种颜色的测量标识带，60 米的绳子和 1 个木工锤，以及相应的建筑材料。

一般选择最常见的建筑材料。如果使用木材，那么原木比加工处理过的木材要好，规格为 5 厘米×15 厘米的比 5 厘米×20 厘米的经济实惠，长度以 4.8 米的最好，受力立柱的间距为 8.4 米。木材的长度要一致。

②确认位置。如前面所述，工作区域的设计必须考虑牛场的特点、个人的喜好和特定牛场控制牛的做法。如果牛已经有品牌印，控制系统的布局必须考虑牛身上品牌印的位置。在保定架中，打印品牌的位置必须在保定架的圆弧内侧。

一旦确定了符合场地特点的建筑计划，装卸台的位置必须方便卡车的停放。这也决定了控制系统其他部分的位置。

选择一种颜色的测量标识带，并用 2 个钉子将这个标识带钉在装卸台的末端，钉子间距 1～1.6 米，具体距离取决于个体通道的宽度。使用另外一种颜色的标识带标记大门的柱子。

③装卸台的布局（图 8-12）。标识带使用与装卸台末端同样的颜色。每一个拐弯的夹角为 15°，标记物间隔 1～1.6 米。

注意使用标记的钉子，要放在每个立柱要竖立的确切位置。大多数立柱为 15 厘米×15 厘米，高度为 2.7 米，地下 1/3，地面 2/3。

按 1 米宽标识的装卸台，内侧净宽度为 75 厘米。按 1.6 米宽标识的，内侧净宽度为 1.37 米。

④弧形个体通道的布局。弧形围栏、工作通道和拥挤区的几何布局在图 8-13 和图 8-14 以及表 8-4 和表 8-5 中有详细的解释。

- 确定工作通道的圆心（图 8-13），根据适当的半径（R）画一个圆弧。使用一个长的卷尺来画这个圆弧，将卷尺的一端固定起来作为圆心。
- 沿着外侧圆弧，标记柱子的位置，间距为 S。
- 在圆心和外侧柱子的连线上、距离外侧立柱长度为 W 的位置确定内侧

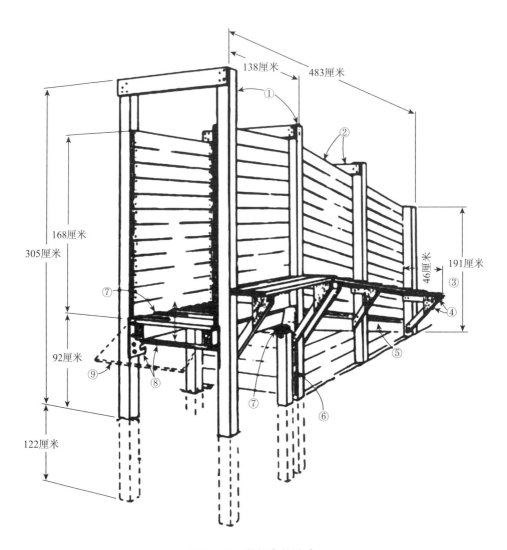

图 8-12　装卸台的设计

　　①柱子 15 厘米×15 厘米。②侧墙和横梁 5 厘米×15 厘米。③站台高度取决于整个围栏系统的高度。④站台填充材料。⑤坡道地板。⑥其他坡道材料：实土铺上碎石，防腐木板固定在立柱上。⑦可调高低的装卸台面。⑧可调整的台面的附属配件。⑨如需要，使用复合板延长装卸台面。

柱子的位置。

•切割适当长度的木板来完成通道的制作。

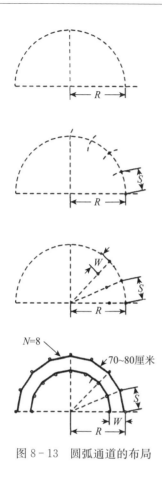

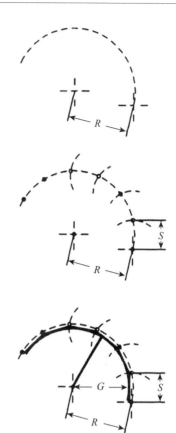

图 8-13　圆弧通道的布局　　　　　　　图 8-14　拥挤区的布局

表 8-4　不同大小个体通道的具体参数

（假设使用 15 厘米×15 厘米的柱子和 5 厘米厚的木板）

通道半径（R）	外侧立柱间距（S）	隔断数（N）	立柱间距（W）	
			71 厘米宽通道	81 厘米宽通道
2.4 米	1.25 米	6	1 米	1.1 米
3.6 米	1.88 米	6	1 米	1.1 米
	1.45 米	8	1 米	1.1 米
4.8 米	1.88 米	8	1 米	1.1 米
	1.25 米	12	1 米	1.1 米
6 米	1.88 米	10	1 米	1.1 米
	1.35 米	14	1 米	1.1 米
7.2 米	1.88 米	12	1 米	1.1 米

⑤确定保定架的位置。圆弧通道完成后，应确定安装保定架两个柱子的位置，在保定架的后面留一个门（兽医通道）。

⑥圆形拥挤区的布局。确定拥挤区的圆心（图 8-14），作为悬挂拥挤区移动门的门柱，按所需的半径（G）画一个圆弧。沿弧线标识立柱的位置，间距 1.2～1.8 米。在圆心位置立一个柱子，安装移动门，完成拥挤区的建设。

表 8-5　圆形拥挤区立柱间距为 1.2 或 1.8 米的参考值（米）

立柱间隔	移动门长度	拥挤区半径	立柱间隔	移动门长度	拥挤区半径
	2.4	2.6		2.4	2.68
	3.0	3.18		3.0	3.25
1.2	3.6	3.78	1.8	3.6	3.83
	4.2	4.38		4.2	4.43
	4.8	4.95		4.8	5.00

⑦计算所需的材料。数一下所标记的柱子位置，计算出所需的木板数量与柱子数量。如果围栏都是用木板密封起来的，赶牛就比较容易。

⑧开工。建造围栏时，先钉最底下的一块木板，这样地面到木板的距离都是均匀的 30 厘米。每个木板之间留 15 厘米的距离。所有的柱子都应该使用防腐处理的木材，并埋在地下 90 厘米，高出地面至少 1.8 米，但通往拥挤门的通道立柱高出地面 1.5 米就足够了。

⑨围栏系统设计的检查表。表 8-6 为设计围栏的平面结构提供了一个检查表。在规划时可以使用这个表格来作为指导。

表 8-6　围栏系统设计的检查表

序号	规划工作的有益提示
1	确保所设计的围栏系统在牛的数量增加时可以满足使用
2	确保围栏系统和清理、维护所使用的机械设备相匹配
3	重复检查所有有关牛空间需求的尺寸
4	通道的宽度不应超过 60 厘米
5	计划中至少要有 2 个挑选围栏：一个面积是等待区的 60%，另一个面积是等待区的 40%
6	留出空间，在靠近拥挤门的地方以后再加一道门，就可以有另一个挑选围栏
7	为了节省时间和方便工作，在节约成本的基础上设计尽可能多的人员通道
8	确保在拥挤门附近有一个电源插座，可以为电动剪毛器、去角器、品牌烙印和电加热器供电

（续）

序号	规划工作的有益提示
9	安装一个场地照明灯，选在牛碰不到的位置
10	设置合适的弧度，避免任何可能会导致牛受伤的拐角
11	通道不应该有黑暗、没有照明的角落
12	根据工作要求设计围栏的平面图
13	围栏系统的位置应该是牛平常喜欢去的地方
14	为便于牛的走动，不要建造直行的通道
15	装卸台的位置应该方便卡车和拖车停靠
16	确保车辆、机械在日常工作的时候碰不到电源线
17	确保所有的门都固定牢靠且高度合适，以保证安全
18	确保工作区旁边有一个场所可以存放注射器、药品、记录本、耳标等物品
19	任何木头和木头接触的地方都应用防腐剂处理
20	在粗糙木板的钉子上都应使用垫圈
21	处理围栏时应该用15厘米的钉子，处理门时用10厘米的钉子

三、草场护栏

1. 护栏的类型

肉牛场的草场护栏是用来围住牛和管理放牧。最常见的两种护栏是带刺的铁丝护栏和高强度的光滑铁丝护栏。此外，带电护栏也是一个选择。传统的带刺护栏和高强度铁丝护栏都是通过物理屏障来围住牛。

带电护栏是利用牛的心理学来围住牛。牛接触到带电护栏会被伤到，所以它们就会害怕从而避免接触。只要正确安装和维护，任何类型的护栏都能起到围住牛的作用。

（1）带刺的铁丝护栏。

带刺的铁丝护栏是传统的草场护栏。典型的特征（图 8 - 15）为立柱上有3～5 根铁丝，间距25～40 厘米（主要取决于草场的地形）。平地草场也可以使用图 8 - 16 的建造方式。

带刺的铁丝护栏是一道物理屏障，牛接触到护栏的尖刺时会感到疼痛。带刺的铁丝护栏对于建造者而言比较麻烦。

高强度光滑铁丝护栏现在使用比较广，是护栏建设的另一个选择。它造价低、结实、容易安装，较带刺的铁丝护栏需要的维护少。高强度光滑铁丝护栏可以是带电或不带电。如果是带电，高强度铁丝护栏通常被认为是永久的。

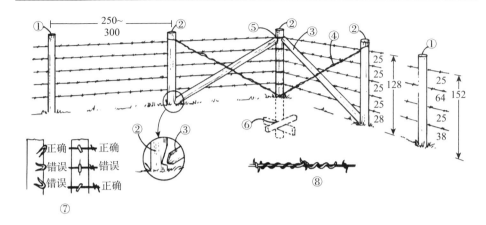

图 8-15 草场带刺的铁丝护栏（单位：厘米）

①经防腐处理的直径 10 厘米的木柱或钢柱；②间距 2.4 米、高 1.5 米的柱子之间用 5 根铁丝护栏，间距 2.1 米、高 1.35 米的柱子之间用 4 根铁丝护栏；③斜向支撑的柱子的直径为 15 厘米；④斜向支撑的铁丝索，至少在两个地方缠绕拉紧；⑤从拐角的柱子开始架设；⑥固定柱子；⑦固定方法，使用 4～5 厘米的金属零件，按斜向下的位置固定，允许铁丝有 2 毫米左右的活动度；⑧连接头处，2 根铁丝交叉互相缠绕至少 4 次。

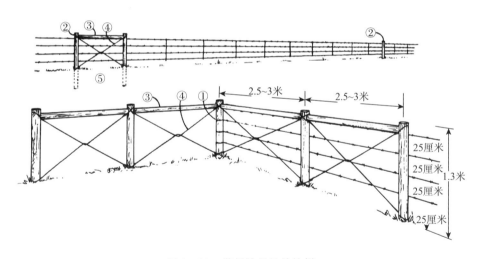

图 8-16 带刺铁丝悬挂护栏

①从拐角的立柱开始安装铁丝；②所有的柱子直径为 15 厘米，并经防腐处理，高 2.1 米，间距 13.2～30 米；③支撑横杠直径最小 10 厘米；④斜向支撑铁丝（中间交叉缠紧）；⑤拉紧后立柱间距为 21 米。

不带电的高强度铁丝护栏在间距 9 米的两根柱子间有 4～10 根铁丝，两根柱子间还有铁丝间距固定器（图 8-17）。

柱子上打孔穿过铁丝或把铁丝钉在柱子的一侧。按照表 8-7 所示固定好

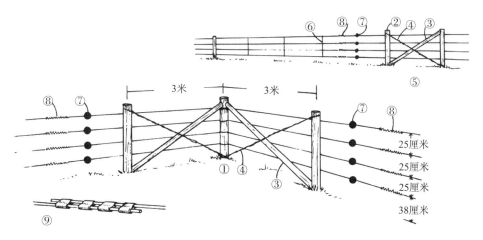

图 8-17 高强度光滑铁丝护栏

①拐角处；②支撑立柱，直径15厘米，高2.4米，经防腐处理；③斜向支撑栏杆；④支撑铁丝，交叉拉紧；⑤支撑架；⑥间距固定器；⑦铁丝拉伸绞盘；⑧拉伸弹簧；⑨铁丝连接处使用压接套管。

间距。高强度铁丝的最低标准是12.5号高强度镀锌光滑铁丝，最低断裂负荷1 250磅/英寸[①]，最小拉伸强度为180 000磅/英寸^2。

使用线内永久拉伸器或拉伸绞盘使张力达到250磅，并在每一根铁丝上安装一个张力弹簧以应付铁丝的拉伸。张力弹簧和线内拉伸器绝不能放置在支撑结构里，最好是在支撑区域的中间。

高强度悬挂护栏最好用在平地，其在坡地的使用有一些限制。陡坡或坡地柱子间的距离应该缩小到2.6～3.2米，具体取决于坡度上的位置（图8-18）。

表 8-7 高强度光滑铁丝护栏的线间距离

护栏的使用	铁丝的数量	护栏最上面的铁丝到地面的距离（厘米）	铁丝的间距（厘米）									
			地面到第1根铁丝	第1和第2根铁丝	第2和第3根铁丝	第3和第4根铁丝	第4和第5根铁丝	第5和第6根铁丝	第6和第7根铁丝	第7和第8根铁丝	第8和第9根铁丝	第9和第10根铁丝
代替3或4根带刺铁丝	4	100	38	20	20	22	—	—	—	—	—	—
草场和牧场护栏	4	115	38	25	25	27	—	—	—	—	—	—

---

① 1磅约合454克，1英寸约合2.54厘米。

（续）

护栏的使用	铁丝的数量	护栏最上面的铁丝到地面的距离（厘米）	铁丝的间距（厘米）									
			地面到第1根铁丝	第1和第2根铁丝	第2和第3根铁丝	第3和第4根铁丝	第4和第5根铁丝	第5和第6根铁丝	第6和第7根铁丝	第7和第8根铁丝	第8和第9根铁丝	第9和第10根铁丝
中到高强度	5	114	40	18	18	18	20	—	—	—	—	—
放牧情况	6	116	33	15	15	15	18	20	—	—	—	—
小型和大型动物，并阻止野生动物	8	115	10	12.5	12.5	12.5	15	15	17.5	20	—	—
代替网状护栏，适合大多数家畜动物（带电的话可阻止猎食者进入）	10	115	10	10	10	10	12.5	12.5	12.5	12.5	12.5	12.5

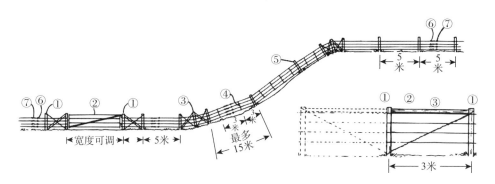

图 8-18　高强度光滑铁丝护栏的布局

①大门、护栏终点、护栏拐角使用的结构；②大门；③护栏支撑，每间隔 400 米或坡度变换处（立柱间距最多 15 米）；④铁丝间距固定器 3 米；⑤支撑立柱，直径 12.5 厘米，长 1.8 米；⑥拉伸绞盘（调节铁丝张力）；⑦张力弹簧。

（2）带电护栏。

带电护栏可以是永久护栏，也可以是临时护栏。永久护栏一般用作边界护栏，并对猎食动物进行控制。临时护栏常常把动物限制在较小的区域，进行高强度放牧管理。根据功能差异，带电护栏可能使用 1、2、3 或更多根铁丝（表 8-8）。高强度铁丝护栏也可以带电以提供高水平的草场限制（图 8-19）。

如果动物被很好地训练，带电护栏能够围住放牧的肉牛。训练牛最简单的方式就是把牛放在小的带电铁丝围栏内，让它们接触带电的铁丝护栏。

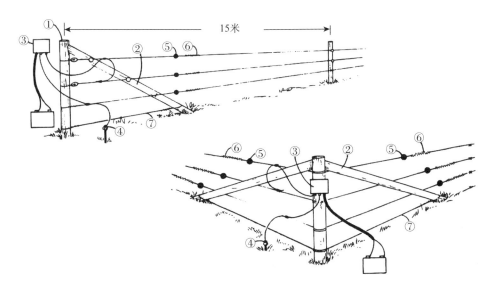

图 8-19　带电光滑铁丝护栏

①拐角立柱，15 厘米粗、2.4 米长；②斜角支撑；③充电器；④接地铁柱和连线；⑤铁丝拉伸绞盘；⑥铁丝张力弹簧；⑦支撑铁丝。

表 8-8　带电护栏铁丝的间距

护栏用途	最上层铁丝到地面的距离（厘米）	铁丝间距（厘米）			
		地面到第 1 根铁丝	第 1 到第 2 根铁丝	第 2 到第 3 根铁丝	第 3 到第 4 根铁丝
分隔草场的单根铁丝（没有犊牛）	75	75	—		
限制成年牛和犊牛的 2 根铁丝护栏	92	50	42	—	
用于轮牧和不同动物的 3 根分隔护栏	92	33	28	31	—
用于轮牧和放牧管理的 4 根分隔护栏	98	15	18	25	30

　　大多数动物好奇心很大，当限制在一个较小的区域，都会去接触铁丝，被电击后就会避免接触铁丝。通过这种方式可以对牛进行训练，通常需要 2～3 天。

　　一旦训练后，动物就会躲开带电的铁丝，它们甚至害怕通过曾经有过带电护栏的地方。在带电护栏中间安装大门，并确保动物能很明显地区别护栏和大门的不同之处（图 8-20）。例如，在短的木质护栏中间安装木门、金属门或轻质塑料门。为了维持门两边的护栏带电，可把电线埋在地下。电线可以用

PVC管保护起来，绝缘线穿过PVC管和两边的铁丝护栏连接起来。

建议所有的带电护栏至少每隔90米安装一个警示牌。

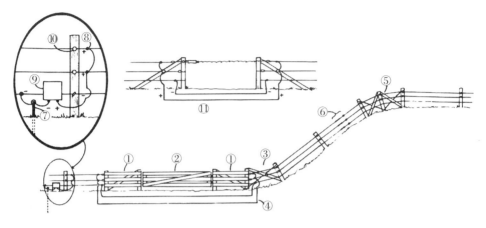

图8-20 永久带电护栏

①圆木或木板护栏；②大门（确保牛通过的大门与带电护栏要有明显的区别，这样牛在通过大门时才不会畏缩不前）；③终点结构；④越过大门位置的绝缘线；⑤坡度变化时的支撑结构；⑥铁丝拉伸绞盘和张力弹簧；⑦接地线铁柱；⑧充电器的连接；⑨充电器；⑩绝缘体；⑪运送设备或人使用的大门。

2. 建造护栏的材料

推荐使用经防腐处理的木柱，起终点立柱、拐角立柱（图8-21）和护栏内立柱都用这种材料。起终点立柱和拐角立柱顶端直径15厘米，护栏内立柱直径8厘米或更大一些。当建造悬挂护栏时，要使用间距固定器。间距固定器可以是木质、金属或塑料材质。

（1）铁丝。

带刺铁丝有2种类型：高强度单股铁丝和双股铁丝。绝不能对带刺的铁丝护栏通电。

高强度光滑铁丝一般是一卷45千克，有12.5、13和16.5号铁丝。12.5号一般用于永久护栏，而13和16.5号用于临时带电护栏。临时带电护栏还会用到轻质导电体等材料。

（2）建造护栏的五金零件。

卡子可以用来固定高强度光滑铁丝护栏和带刺的铁丝护栏。有特殊的卡子可以允许光滑铁丝滑动。固定铁丝时允许铁丝在卡子中活动很重要。

当建造带电护栏时，应在铁丝和立柱间使用

图8-21 拐角立柱和高强度光滑铁丝以及压接套管

绝缘体，如果不使用绝缘体，当立柱变湿时可能损失高达 1 100 伏的电。图 8-22 列举了市面上的几种绝缘材料。

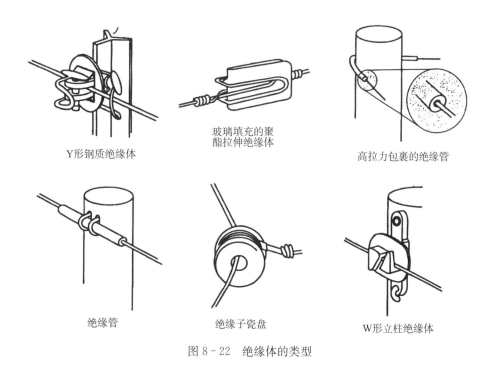

Y形钢质绝缘体　　玻璃填充的聚酯拉伸绝缘体　　高拉力包裹的绝缘管

绝缘管　　绝缘子瓷盘　　W形立柱绝缘体

图 8-22　绝缘体的类型

（3）铁丝的连接。

铁丝连接的地方，必须使用正确的连接方式，特别是高强度铁丝护栏和带电护栏。可使用方结和 8 字形结（图 8-23）。铁丝的连接也可以使用"西式捻接"或压接套管等五金配件。

压接套管需要特殊的压接工具（图 8-24）来进行正确连接。正确处理的压接套管连接处和铁丝本身一样结实。这种方法主要用于铁丝连接处或与终端立柱的连接。

线夹和无焊线夹很容易使用，能够快速地把引线连接到火线上。

为了防止线夹连接处的腐蚀，可使用不干密封剂并用电工胶布缠绕。也可以使用冷镀锌涂料。

弹性连接器和电源开关可以用来连接电源和护栏结构，其在护栏维护和维修时很容易从护栏上拆下来。

大门把手是一种连接到大门立柱上、内装弹簧的塑料绝缘体。可以帮助养殖人员轻松打开带电护栏上的大门且不会触电。

（4）连接不同金属材质的材料。

方结　　　　　　　　8字形结　　　　　　　西式捻接

图 8-23　铁丝连接和打结法

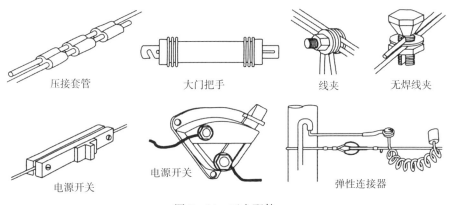

压接套管　　　　　大门把手　　　　　　线夹　　　无焊线夹

电源开关　　　　　电源开关　　　　　　　　弹性连接器

图 8-24　五金配件

如果必须把不同材质的金属连接起来（如钢铁和铜），就需要特殊的线夹和密封剂。腐蚀能使通电能力大大降低，而这些产品可以降低腐蚀速度。避免在护栏上使用不同材质的金属，因为即使处理方法正确也会发生腐蚀。

（5）带电护栏控制器。

带电护栏控制器能够产生很大的电流，短时间产生很大的电能。通过护栏的电脉冲，使动物产生心理障碍。有些护栏控制器，可以调节脉冲的长短和时间。所有在加拿大出售的护栏控制器必须符合加拿大标准协会的有关标准。

带电护栏控制器可以使用120伏电源、太阳能或电池。大多数带电护栏控制器都标明该控制器可以充电的单股护栏的长度。如使用多根铁丝，可充电的长度需要除以护栏的铁丝根数。

3. 护栏建造

护栏包括好多个部分：拐角结构、终点结构、大门、立柱、铁丝和其他五金配件。在拐角和终点需要把15厘米粗2.4米长的木柱打进地里面作为支撑结构。

为了使拐角和支撑结构更牢靠，立柱可以通过反向的斜拉铁丝固定。拐角和终点处立柱的间距取决于护栏的类型和地质条件。非悬挂护栏，8～10厘米粗的立柱间距4.5～6.0米；悬挂护栏的间距可以高达15米，但每3米应该有一个铁丝的间距固定器；如果是带电的光滑铁丝护栏，立柱间距可以高达15

米，可以不用铁丝间距固定器。如果地势不平，立柱间距就要缩小。线内的支撑结构可以根据坡度进行调整，通过减少立柱的拉力而使护栏更坚固。

中断通电性和接地线可以减少雷电引起的损失。护栏应该在每隔一段距离（干燥处 50 米，湿土处 90 米）接一根地线。接地线时将 1.8 米长镀锌的钢钎或钢管埋进黏土，或将 3 米长的钢钎或钢管打进沙土或石块。另外，每隔 500 米铁丝的导电性应中断一次。

大多数带电护栏都有雷电保护装置，但雷电的损害还会时常发生，因此，最好使用避雷针和地线。

带电护栏的安全性和维护：

①在对护栏维护前，首先应切断充电器，或安装足够多的电源开关。

②一次只使用一个护栏充电器。

③测试护栏的电压时，工作人员应戴上橡胶手套或橡胶底的鞋以减少任何电击伤害。潮湿的手和脚能使电击增强。

④养殖人员在电源线附近工作（头顶或地下）时要小心。

⑤在雷雨天不要站在护栏附近。

⑥绝不能用手握紧带电的护栏。

⑦沿带电护栏至少每隔 90 米设置一个警示牌。

⑧不要私自维修护栏的充电器。如果充电器不工作，则应送到厂家的服务点去维修。

⑨保持所有的带电铁丝处于拉紧状态，不接触树木或其他东西。

⑩所有的带电护栏都需要定期维护。

⑪每天检查电压。

⑫定期眼观检查护栏。

⑬观察有无断线、绝缘体坏掉、铁丝松动或任何东西落到护栏上。

⑭雷雨或雪暴后应彻底检查护栏。

⑮定期维护护栏。

⑯去除任何接触到护栏的植物。

⑰任何接触到火线的植物都能使电流导入土地，降低护栏的有效性。

⑱通过剪草或除草剂来控制植物的高度。

本 章 小 结

质量好、功能强的控制设施能使工作变得容易、安全和快速。这些设施的设计要求包括需要的空间、牛棚、饲料、饮水、废物处理和控制家畜。然后这些设施的布局还需要结合场地的自然特征，并使养殖场的整体工作更加有效和便捷。

控制设施的主要构成：集中等候区、拥挤区和门、挑选围栏和门、工作通道和门、装卸台和通道、保定架和兽医门、称重台和病牛舍。

养牛户需要仔细考虑，计划每一部分的尺寸和位置。本章提供了这些布局和尺寸的推荐值，有助于养殖户建造控制设施，以满足他们的工作需求。

牛舍设施的良好规划能够节省人工、工作时间和饲料，并保持成本最低。挡风墙和前面开放的牛棚能够提供足够的保护。冬天和早春季节产犊，特别是当天气比较恶劣时，一个干净、干燥和没有贼风的环境就比较理想。

草场护栏最常见的两个类型是带刺的铁丝和高强度光滑铁丝。带刺的铁丝传统上用于草场护栏。高强度光滑铁丝较带刺的铁丝造价低、更坚固和容易工作，还很容易买到。高强度光滑铁丝还能用于带电护栏，而带刺的铁丝不行。

护栏的建造需要很多部件：拐角结构、终点支撑、大门、立柱、铁丝和其他五金配件。铁丝的根数和间距取决于铁丝的类型和护栏的用途。护栏立柱的间距取决于护栏的类型和具体的地形。

坚固安全的护栏取决于所使用的材料、建造方法和维护。安全措施和定期的维持对于带电护栏尤其重要。

附录　代表性企业

昆明齐牛驿农业科技有限公司

齐牛驿是一家小型的种养结合小农体，养有肉用型西门塔尔牛小家系一群，云岭牛改良型小家系一群；酿酒小作坊一个，自种饲料玉米、山地狗尾草。

代理经销法国 GD、肉牛王等进口全品系冻精，长期致力于牛育种、养殖、买卖交流。

将心注入，种好草，配好种，喂好料，做好防，养好牛，宰好肉！

浙江海正动物保健品有限公司

海正药业始创于 1956 年，2000 年上海证券交易所上市，是中国最大的抗生素、抗肿瘤药物生产基地之一，多个产品品种通过美国 FDA（＞50 个）、欧盟 EDQM（＞18 个）认证，专注于创新药、生物药、仿制药和高端原料药的研发、生产和销售。每年 R&D 投入占营业收入 10％以上。海正药业始终遵循"成为广受尊重的全球化专业制药企业"的愿景，拥有 5 大生产基地、700＋名专职研发人员、50＋单元实验室，累计申请专利 900＋项，其中已获发明专利 300＋项，为行业提供创新成果与优质产品，是一家集研产销全价值链、多业务板块、多治疗领域、跨区域发展的综合型生物制药科技集团。

海正动保作为海正药业控股子公司，传承海正制药工匠精神和品质，斥资 8 亿元打造国际化动保企业，拥有富阳化药、昆明疫苗两大生产基地，建成包括注射液、片剂、浇泼剂、滴剂、消毒剂、细菌灭活疫苗、细胞毒灭活疫苗等多剂型多条生产线基地（通过中国农业部 GMP 认证、澳大利亚农业部 APV-MA 认证），实现系列化、专业化全面发展。致力于研发、制造、销售和服务，秉承"执著药物创新，成就健康梦想"的神圣使命，为农场动物和伴侣动物，提供完整有效的动物健康解决方案。

布瑞丁

北京布瑞丁公司简介

北京布瑞丁畜牧科技有限公司主要从事牧场社会化专业服务及牧场相关产品的研发与推广。其中，专业服务包括牛群遗传改良规划和选配服务（包括乳或肉牛杂交体系）、繁殖包配和胚胎移植服务。牧场相关优质产品有牛育种产品：美国ST、Ai-Total、丹麦微蝌（Viking）和荷兰CRV等国际育种公司的荷斯坦、红牛、娟姗、安格斯（黑或红）、海福特、比利时蓝和西门塔尔牛（美系和德系）冻精与种用胚胎。公司定位是为牧场做好繁育专业服务，实现社会化专业服务。

育 选种源，
繁 择技术

北京布瑞丁进口遗传物质

——冻精与胚胎

 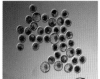  

育种
Breed

包配
AI

OPU&MOET胚移
OPU&MOET

北京布瑞丁繁育服务

——育种、包配和胚移

昆明齐牛驿
农业科技有限公司

浙江海正动物保健品有限公司
Zhejiang Hisun Animal Healthcare Products Co.,Ltd.

 **海禄牧业**
HALO FARMING

良种活畜进口一站式服务专家

海禄牧业成立于2015年，是以种畜进口为主营业务的公司，主要产品涉及广泛，包括奶牛、肉牛、奶羊、肉羊、羊驼和赛马等。海禄与伊利、蒙牛、光明、君乐宝、新希望、皓月等大型企业都建立了长期紧密的合作关系。除此之外，海禄同样为广大社会牧场提供同等质量的专业服务。

海禄牧业在澳洲拥有一座高品质种牛培育基地，毗邻澳大利亚南部最大活畜运输港口——波特兰港，同时，海禄在澳大利亚自有牧场周边租赁了大量土地，使海禄的澳洲基地面积达5万余亩。海禄凭借多年从事种畜进口的实力和丰富经验，与全球最大的活体动物出口公司——澳大利亚农牧业出口有限公司（澳之萃AUSTREX）建立了长期的战略合作伙伴关系，从海外到海内，从种畜的收购、育种、装运到国内引种场的全产业链自主把控，海禄为国内畜牧业企业提供品质优良、性价比更高的进口良种种畜。

在中国，海禄牧业拥有一座国内高级别的活畜进口引种场，占地570余亩，负责中国境内种畜进口和隔离业务。该引种场是目前全国占地面积最大、隔离量最大、技术最先进、设施最完善的标杆级引种场，单次隔离量可达两万头。另外，在东营、唐山、烟台各有1个合作引种场，均毗邻进口口岸，总进口量可达每年二十万头，业务能力位居行业前列。

作为一个年轻的企业，海禄牧业布局了上下游产业链，并在此基础上稳步发展、展望未来。通过引种及改良，打造更适合中国的种用肉牛品种，逐步摆脱对进口种质的依赖，坚持为中国畜牧业的发展贡献力量！

*海禄隔离牧场实拍图

海禄隔离牧场实拍图

*海禄澳洲牧场实拍图

以天津为中心打造全国领先的牛种源创新基地

种源堪比农业的"芯片",农以种为先。习近平总书记指出,要下决心把民族种业搞上去,抓紧培育具有自主知识产权的优良品种,从源头上保障国家粮食安全。2021年中央一号文件对"打好种业翻身仗"做出顶层设计,海禄牧业积极贯彻落实国家战略部署,依托天津的区位优势和天津港"中国种牛进口第一大港"的专业配套优势,构建连接海内外的"海上种源丝绸之路",以全球领先的自主创新育种技术,培育更适合我国的良种牛新品种,在天津打造"国际优质种牛交流中心"。

海禄牧业计划与国内顶尖科研院所展开深度产学研合作,使用基因组选择、分子遗传标记筛选、胚胎移植等高效技术建立现代肉牛繁殖技术体系,以"1中心+N基地"的产业模式,即以天津为中心的国内种质资源培育基地进行种源输出,在国内肉牛主产区建设多个优质商品化牛源扩繁基地进行种源繁殖,快速提升优质种牛存栏量,带动我国肉牛产业全面升级,弥补巨大的市场缺口和不足。

通过"引、育、繁"三步走战略规划,最终形成以种业安全为己任,以种业发展为核心,建立世界级"种牛基因库",并统一标准整合国内外牛产品资源,构建国内首屈一指的现代牛产品供应链企业,打响肉牛产业"津"字招牌,助力种子种业和乡村振兴国家战略。